21世纪高等学校规划教材 | 计算机科学与技术

C程序设计快速进阶大学教程

蒋光远 田琳琳 编著

清华大学出版社
北京

内容简介

本书按照快速了解、详细解读、深入研讨的顺序展开，目的是使读者尽快领略 C 语言的全貌，进而产生强烈的兴趣和深入探讨的愿望。依据此思想本书分为三篇：第一篇感知篇，通过一个简单任务驱动，让读者在很短的时间内了解 C 语言的主要知识点及 C 程序所能完成的任务；第二篇详解篇，逐步展开对每个知识点的详细研究，按照理解概念、语法规则、使用方式进行深入探讨，以掌握计算机语言的基本要素；第三篇进阶篇，分析、设计、实现一些有一定难度的案例，深层次运用各个知识点，进而培养读者结构化程序设计的能力。本书组织方式完全符合人类对语言的学习过程，即模仿、理解、应用，也符合软件工程迭代式开发过程的思想，对读者从事软件研发大有裨益。

本书封面贴有清华大学出版社防伪标签，无标签者不得销售。
版权所有，侵权必究。举报：010-62782989，beiqinquan@tup.tsinghua.edu.cn。

图书在版编目（CIP）数据

C 程序设计快速进阶大学教程/蒋光远等编著. —北京：清华大学出版社，2010.9(2022.8重印)
（21世纪高等学校规划教材·计算机科学与技术）
ISBN 978-7-302-23119-6

Ⅰ.①C… Ⅱ.①蒋… Ⅲ.①C语言－程序设计－高等学校－教材 Ⅳ.①TP312

中国版本图书馆 CIP 数据核字(2010)第 114251 号

责任编辑：梁　颖　徐跃进
责任校对：梁　毅
责任印制：宋　林

出版发行：	清华大学出版社	地　　址：	北京清华大学学研大厦A座
	http://www.tup.com.cn	邮　　编：	100084
社　总　机：	010-83470000	邮　　购：	010-62786544
投稿与读者服务：	010-62795954，jsjjc@tup.tsinghua.edu.cn		
质　量　反　馈：	010-62772015，zhiliang@tup.tsinghua.edu.cn		
印　装　者：	三河市铭诚印务有限公司		
经　　销：	全国新华书店		
开　　本：	185mm×260mm	印　张：20.25	字　数：490千字
版　　次：	2010年9月第1版	印　次：2022年8月第13次印刷	
印　　数：	12701～13500		
定　　价：	59.00元		

产品编号：036982-02

编审委员会成员

（按地区排序）

清华大学	周立柱	教授
	覃 征	教授
	王建民	教授
	冯建华	教授
	刘 强	副教授
北京大学	杨冬青	教授
	陈 钟	教授
	陈立军	副教授
北京航空航天大学	马殿富	教授
	吴超英	副教授
	姚淑珍	教授
中国人民大学	王 珊	教授
	孟小峰	教授
	陈 红	教授
北京师范大学	周明全	教授
北京交通大学	阮秋琦	教授
	赵 宏	教授
北京信息工程学院	孟庆昌	教授
北京科技大学	杨炳儒	教授
石油大学	陈 明	教授
天津大学	艾德才	教授
复旦大学	吴立德	教授
	吴百锋	教授
	杨卫东	副教授
同济大学	苗夺谦	教授
	徐 安	教授
华东理工大学	邵志清	教授
华东师范大学	杨宗源	教授
	应吉康	教授
东华大学	乐嘉锦	教授
	孙 莉	副教授
浙江大学	吴朝晖	教授

	李善平	教授
扬州大学	李　云	教授
南京大学	骆　斌	教授
	黄　强	副教授
南京航空航天大学	黄志球	教授
	秦小麟	教授
南京理工大学	张功萱	教授
南京邮电学院	朱秀昌	教授
苏州大学	王宜怀	教授
	陈建明	副教授
江苏大学	鲍可进	教授
中国矿业大学	张　艳	副教授
武汉大学	何炎祥	教授
华中科技大学	刘乐善	教授
中南财经政法大学	刘腾红	教授
华中师范大学	叶俊民	教授
	郑世珏	教授
	陈　利	教授
江汉大学	颜　彬	教授
国防科技大学	赵克佳	教授
中南大学	刘卫国	教授
湖南大学	林亚平	教授
	邹北骥	教授
西安交通大学	沈钧毅	教授
	齐　勇	教授
长安大学	巨永峰	教授
哈尔滨工业大学	郭茂祖	教授
吉林大学	徐一平	教授
	毕　强	教授
山东大学	孟祥旭	教授
	郝兴伟	教授
中山大学	潘小轰	教授
厦门大学	冯少荣	教授
仰恩大学	张思民	教授
云南大学	刘惟一	教授
电子科技大学	刘乃琦	教授
	罗　蕾	教授
成都理工大学	蔡　淮	教授
	于　春	讲师
西南交通大学	曾华燊	教授

出版说明

随着我国改革开放的进一步深化,高等教育也得到了快速发展,各地高校紧密结合地方经济建设发展需要,科学运用市场调节机制,加大了使用信息科学等现代科学技术提升、改造传统学科专业的投入力度,通过教育改革合理调整和配置了教育资源,优化了传统学科专业,积极为地方经济建设输送人才,为我国经济社会的快速、健康和可持续发展以及高等教育自身的改革发展做出了巨大贡献。但是,高等教育质量还需要进一步提高以适应经济社会发展的需要,不少高校的专业设置和结构不尽合理,教师队伍整体素质亟待提高,人才培养模式、教学内容和方法需要进一步转变,学生的实践能力和创新精神亟待加强。

教育部一直十分重视高等教育质量工作。2007年1月,教育部下发了《关于实施高等学校本科教学质量与教学改革工程的意见》,计划实施"高等学校本科教学质量与教学改革工程(简称'质量工程')",通过专业结构调整、课程教材建设、实践教学改革、教学团队建设等多项内容,进一步深化高等学校教学改革,提高人才培养的能力和水平,更好地满足经济社会发展对高素质人才的需要。在贯彻和落实教育部"质量工程"的过程中,各地高校发挥师资力量强、办学经验丰富、教学资源充裕等优势,对其特色专业及特色课程(群)加以规划、整理和总结,更新教学内容、改革课程体系,建设了一大批内容新、体系新、方法新、手段新的特色课程。在此基础上,经教育部相关教学指导委员会专家的指导和建议,清华大学出版社在多个领域精选各高校的特色课程,分别规划出版系列教材,以配合"质量工程"的实施,满足各高校教学质量和教学改革的需要。

为了深入贯彻落实教育部《关于加强高等学校本科教学工作,提高教学质量的若干意见》精神,紧密配合教育部已经启动的"高等学校教学质量与教学改革工程精品课程建设工作",在有关专家、教授的倡议和有关部门的大力支持下,我们组织并成立了"清华大学出版社教材编审委员会"(以下简称"编委会"),旨在配合教育部制定精品课程教材的出版规划,讨论并实施精品课程教材的编写与出版工作。"编委会"成员皆来自全国各类高等学校教学与科研第一线的骨干教师,其中许多教师为各校相关院、系主管教学的院长或系主任。

按照教育部的要求,"编委会"一致认为,精品课程的建设工作从开始就要坚持高标准、严要求,处于一个比较高的起点上;精品课程教材应该能够反映各高校教学改革与课程建设的需要,要有特色风格、有创新性(新体系、新内容、新手段、新思路,教材的内容体系有较高的科学创新、技术创新和理念创新的含量)、先进性(对原有的学科体系有实质性的改革和发展,顺应并符合21世纪教学发展的规律,代表并引领课程发展的趋势和方向)、示范性(教材所体现的课程体系具有较广泛的辐射性和示范性)和一定的前瞻性。教材由个人申报或各校推荐(通过所在高校的"编委会"成员推荐),经"编委会"认真评审,最后由清华大学出版社审定出版。

目前,针对计算机类和电子信息类相关专业成立了两个"编委会",即"清华大学出版社计算机教材编审委员会"和"清华大学出版社电子信息教材编审委员会"。推出的特色精品教材包括:

(1) 21世纪高等学校规划教材·计算机应用——高等学校各类专业,特别是非计算机专业的计算机应用类教材。

(2) 21世纪高等学校规划教材·计算机科学与技术——高等学校计算机相关专业的教材。

(3) 21世纪高等学校规划教材·电子信息——高等学校电子信息相关专业的教材。

(4) 21世纪高等学校规划教材·软件工程——高等学校软件工程相关专业的教材。

(5) 21世纪高等学校规划教材·信息管理与信息系统。

(6) 21世纪高等学校规划教材·财经管理与计算机应用。

(7) 21世纪高等学校规划教材·电子商务。

清华大学出版社经过二十多年的努力,在教材尤其是计算机和电子信息类专业教材出版方面树立了权威品牌,为我国的高等教育事业做出了重要贡献。清华版教材形成了技术准确、内容严谨的独特风格,这种风格将延续并反映在特色精品教材的建设中。

清华大学出版社教材编审委员会
联系人:魏江江
E-mail:weijj@tup.tsinghua.edu.cn

前言

从事了多年的 C 语言教学工作,怎样提高教学水平一直是萦绕笔者脑海的问题。总结学生学习中的问题,大致有以下三点:第一,学习过程的初期对计算机语言没有整体的认识,不了解 C 程序所能完成的功能,以及各知识点所扮演的角色,学习时没有明确的目的性;第二,C 语言本身知识点繁多、晦涩难懂,对于初次接触计算机语言的读者来说难于掌握,久而久之,产生畏难情绪,因而丧失了学习的兴趣;第三,只能初步了解各知识点语法规则,不能够融会贯通,并综合运用,更谈不上程序设计。

C 语言具备一般语言的特点,笔者认为计算机语言的学习能不能借鉴人类自然语言的学习方式?人类对自然语言的学习过程,总是从模仿开始,这个阶段只知道这么说,并不理解其语法规则;然后在生活、学习当中逐步懂得语言的结构及语法;最后,通过阅读、分析文章和撰写文件才能够熟练地应用语言。

C 语言的学习是为了软件的研发,回顾多年的软件研发经验,其中最困难的当然是了解用户的需求。如果不熟悉问题领域的需求,学习起来很困难。如何解决呢?我们通常采用迭代式的软件开发方法,因为开始很难详知开发问题领域的所有问题,可以选一条主线完成一个基本结构,然后经过多次迭代,每次软件有一定增量,使得每次的迭代产品都越来越接近目标系统。

于是,笔者萌生这样一个想法,C 语言对于初学来说,知识点繁多且难于理解,想一次完全掌握对于大多数读者来说相当困难。C 语言的学习与人类学习自然语言以及软件开发过程中理解问题域的知识非常相似,就可以把人类对自然语言的学习过程和软件开发过程的迭代方法应用到 C 语言学习当中来,我们称之为"三次迭代法"。

三次迭代法采用三个周期,每个周期有一定的增量,递增地学习各个知识点。具体方法如下:感知部分(第一次迭代)让读者在很短的时间内亲身感受到 C 语言的全貌,建立起对 C 语言的兴趣,分析典型样例,并给出相似的模仿习题;详解部分(第二次迭代)对 C 语言逐步展开介绍,对每个知识点按照理解、语法规则、使用方式的次序做深入探讨;进阶部分(第三次迭代)综合运用各个知识点分析、设计、实现一些有一定难度的案例,不但再次深层次运用各个知识点,而且培养了程序设计能力。这就完全符合了人类学习自然语言的过程,同时,三次迭代过程每次迭代都是对前一次的深化。

三次迭代法的教材组织与教学方法对传统模式的变革,类似于软件开发过程由"瀑布式开发"到"迭代式开发"演变,这种思路对读者从事软件研发也会大有裨益。

有了以上想法,笔者异常兴奋,废寝忘食,奋笔疾书,望早日呈书于读者面前,希望为 C 语言的学习者提供些许帮助。

鉴于笔者水平有限,书中难免有纰漏,欢迎广大读者多提宝贵意见。

编 者
2010 年 6 月

目 录

第0章 概述 ·· 1
    0.1 计算机的由来及组成 ··· 1
    0.2 计算机程序 ·· 3
    0.3 C语言发展史 ··· 4
    0.4 C程序基本结构 ··· 5
    0.5 C程序开发步骤 ··· 6
    0.6 集成开发环境 ·· 7
    习题 ·· 12

第1篇 感 知 篇

第1章 数据的基本操作 ·· 15
    1.1 数据的存储与输出 ··· 15
    1.2 数据的输入与运算 ··· 17
    1.3 数据的比较与判断 ··· 19

第2章 结构化程序设计初探 ·· 23
    2.1 重复与循环语句 ··· 23
    2.2 基本结构的组合 ··· 26
    2.3 模块化编程 ··· 29

第3章 数据结构 ··· 33
    3.1 数组 ··· 33
    3.2 结构体 ·· 35
    3.3 动态数组 ·· 38
    3.4 文件 ··· 41

第4章 算法描述和编码规范 ·· 46
    4.1 程序设计与算法描述 ··· 46
        4.1.1 程序设计与算法 ·· 46
        4.1.2 FC流程图 ··· 48
        4.1.3 NS盒图 ··· 48
    4.2 C语言编码规范 ··· 50

习题 ·· 52

第 2 篇 详 解 篇

第 5 章 数据类型与输入输出 ·· 55
- 5.1 C 语言要素 ·· 55
  - 5.1.1 字符集 ·· 55
  - 5.1.2 标识符与关键字 ·· 56
  - 5.1.3 可执行语句 ·· 57
- 5.2 数据类型 ··· 58
  - 5.2.1 理解数据类型 ··· 58
  - 5.2.2 变量 ··· 59
  - 5.2.3 常量 ··· 60
  - 5.2.4 整型数据 ··· 61
  - 5.2.5 浮点型数据 ·· 63
  - 5.2.6 字符型数据 ·· 65
- 5.3 输入与输出操作 ·· 67
  - 5.3.1 输入与输出的概念 ··· 67
  - 5.3.2 格式化输出函数 ·· 68
  - 5.3.3 格式化输入函数 ·· 71
  - 5.3.4 字符的输入与输出 ··· 73
- 5.4 编程错误 ··· 74
  - 5.4.1 语法错误和警告 ·· 75
  - 5.4.2 运行错误 ··· 76
  - 5.4.3 逻辑错误 ··· 76
- 习题 ·· 77

第 6 章 运算符与表达式 ·· 78
- 6.1 概述 ·· 78
- 6.2 算术运算 ·· 79
- 6.3 赋值运算 ·· 81
- 6.4 表达式中的类型转换 ··· 84
  - 6.4.1 隐式类型转换 ··· 84
  - 6.4.2 显式类型转换 ··· 85
- 6.5 自增与自减运算 ·· 86
- 6.6 关系与逻辑表运算 ··· 88
- 6.7 其他运算符 ··· 91
- 6.8 运算符的优先级与结合性 ·· 93
- 6.9 案例分析 ·· 94
- 习题 ·· 97

第7章　选择结构 ································· 99

7.1　理解选择结构 ······························· 99
7.2　简单分支语句 ······························· 99
    7.2.1　单分支 if 语句 ······················ 100
    7.2.2　双分支 if-else 语句 ················ 101
7.3　多分支语句 ································ 102
    7.3.1　嵌套 if 语句 ························ 103
    7.3.2　多分支 else if 语句 ················ 106
    7.3.3　switch 语句 ························· 108
7.4　案例分析 ···································· 111
习题 ·· 115

第8章　循环结构 ································· 117

8.1　理解循环结构 ······························· 117
8.2　循环语句 ···································· 118
    8.2.1　while 语句 ··························· 118
    8.2.2　do 语句 ······························· 119
    8.2.3　for 语句 ······························ 120
    8.2.4　几种循环语句的比较 ················ 122
8.3　循环条件 ···································· 122
    8.3.1　计数器控制循环 ······················ 123
    8.3.2　标记控制循环 ························ 123
8.4　循环嵌套 ···································· 125
    8.4.1　循环嵌套结构 ························ 125
    8.4.2　循环中的选择结构 ··················· 127
8.5　循环中的跳转 ······························ 128
    8.5.1　break 语句 ··························· 128
    8.5.2　continue 语句 ······················· 130
    8.5.3　goto 语句 ····························· 131
8.6　案例分析 ···································· 132
习题 ·· 139

第9章　数组 ······································· 142

9.1　理解数组 ···································· 142
9.2　一维数组 ···································· 142
    9.2.1　一维数组定义 ························ 142
    9.2.2　一维数组引用 ························ 144
    9.2.3　一维数组初始化 ···················· 145

9.2.4　一维数组案例分析 ································· 146
　9.3　二维数组 ··· 151
　　9.3.1　二维数组定义 ······································· 151
　　9.3.2　二维数组引用 ······································· 152
　　9.3.3　二维数组初始化 ···································· 152
　　9.3.4　二维数组案例分析 ································· 153
　习题 ··· 155

第 10 章　函数 ··· 157

　10.1　理解函数 ··· 157
　10.2　函数定义和分类 ·· 160
　　10.2.1　函数定义 ··· 160
　　10.2.2　函数分类 ··· 161
　10.3　函数调用和声明 ·· 163
　　10.3.1　函数调用 ··· 163
　　10.3.2　函数声明 ··· 164
　10.4　函数参数和函数值 ·· 166
　　10.4.1　形式参数与实际参数 ·························· 166
　　10.4.2　函数返回值 ······································· 168
　　10.4.3　数组作函数参数 ································· 169
　10.5　函数递归调用 ·· 173
　10.6　变量作用域与生存期 ······································ 176
　　10.6.1　变量作用域 ······································· 176
　　10.6.2　变量存储类别与生存期 ····················· 179
　10.7　内部函数和外部函数 ······································ 184
　习题 ··· 185

第 11 章　指针 ··· 187

　11.1　理解指针 ··· 187
　11.2　指向变量的指针 ·· 188
　　11.2.1　指针变量定义 ···································· 188
　　11.2.2　指针变量引用 ···································· 189
　11.3　数组与指针 ·· 193
　　11.3.1　一维数组与指针 ································· 193
　　11.3.2　二维数组与指针 ································· 197
　　11.3.3　指针数组 ··· 202
　　11.3.4　指向指针的指针 ································· 203
　11.4　函数与指针 ·· 206
　　11.4.1　指针作函数参数 ································· 206

11.4.2　数组名作函数参数 ………………………… 209
　　　11.4.3　返回指针值的函数 …………………………… 211
　　　11.4.4　指向函数的指针 ……………………………… 213
　11.5　字符串 ………………………………………………… 214
　　　11.5.1　字符数组与字符串 …………………………… 214
　　　11.5.2　字符串与指针 ………………………………… 216
　　　11.5.3　字符串函数 …………………………………… 218
　　　11.5.4　字符串程序举例 ……………………………… 222
　　　11.5.5　main 函数参数 ………………………………… 224
　11.6　动态空间管理 ………………………………………… 225
　习题 …………………………………………………………… 228

第 12 章　自定义数据类型 ……………………………………… 230

　12.1　结构体 ………………………………………………… 230
　　　12.1.1　结构体声明 …………………………………… 230
　　　12.1.2　结构体变量定义 ……………………………… 231
　　　12.1.3　结构体变量引用 ……………………………… 233
　　　12.1.4　结构体数组 …………………………………… 234
　　　12.1.5　结构体与指针 ………………………………… 236
　12.2　链表 …………………………………………………… 238
　12.3　枚举类型 ……………………………………………… 241
　习题 …………………………………………………………… 244

第 13 章　文件 …………………………………………………… 245

　13.1　文件概述 ……………………………………………… 245
　13.2　文件的打开与关闭 …………………………………… 246
　13.3　文件读写 ……………………………………………… 248
　　　13.3.1　字符读写函数 ………………………………… 249
　　　13.3.2　字符串读写函数 ……………………………… 251
　　　13.3.3　数据块读写函数 ……………………………… 252
　　　13.3.4　格式化读写函数 ……………………………… 256
　　　13.3.5　文本文件与二进制文件 ……………………… 256
　13.4　文件的随机读写 ……………………………………… 258
　13.5　文件检测函数 ………………………………………… 259
　习题 …………………………………………………………… 260

第 3 篇　进 阶 篇

第 14 章　函数进阶 ……………………………………………… 263

　14.1　分解与抽象 …………………………………………… 263

14.2 递归 …………………………………………………………………… 272

第 15 章　数组进阶 …………………………………………………………… 279

15.1 数据模型 ………………………………………………………………… 279
15.2 查找与排序 ……………………………………………………………… 289
  15.2.1 简单查找算法 …………………………………………………… 289
  15.2.2 简单排序算法 …………………………………………………… 294

第 16 章　数据管理 …………………………………………………………… 298

16.1 简单链表 ………………………………………………………………… 298
16.2 数据文件 ………………………………………………………………… 305

附录 A　ASCII 表 …………………………………………………………… 308

第 0 章 概述

0.1 计算机的由来及组成

1. 计算机发展史

社会上对先进计算工具多方面迫切的需要,是促使现代计算机诞生的根本动力。20 世纪以后,各个科学领域和技术部门的计算困难堆积如山,已经阻碍了学科的继续发展。电子计算机的开拓过程,经历了从制作部件到整机从专用机到通用机、从"外加式程序"到"存储程序"的演变。1938 年,美籍保加利亚学者阿塔纳索夫首先制成了电子计算机的运算部件。1943 年,英国外交部通信处制成了"巨人"电子计算机。这是一种专用的密码分析机,在第二次世界大战中得到了应用。

1946 年 2 月,美国宾夕法尼亚大学莫尔学院制成的大型电子数字积分计算机(ENIAC),最初也专门用于火炮弹道计算,后经多次改进而成为能进行各种科学计算的通用计算机。这台完全采用电子线路执行算术运算、逻辑运算和信息存储的计算机,运算速度比继电器计算机快 1000 倍。这就是人们常常提到的世界上第一台电子计算机。但是,这种计算机的程序仍然是外加式的,存储容量也太小,尚未完全具备现代计算机的主要特征。

新的重大突破是由数学家冯·诺依曼领导的设计小组完成的。1945 年 3 月,他们发表了一个全新的存储程序式通用电子计算机方案——电子离散变量自动计算机(EDVAC),推动了存储程序式计算机的设计与制造。

1949 年,英国剑桥大学数学实验室率先制成电子离散时序自动计算机(EDSAC);美国则于 1950 年制成了东部标准自动计算机(SFAC)等。至此,电子计算机发展的萌芽时期遂告结束,开始了现代计算机的发展时期。20 世纪中期以来,计算机一直处于高速度发展时期,计算机由仅包含硬件发展到包含硬件、软件和固件三类子系统的计算机系统。计算机系统的性价比平均每 10 年提高两个数量级。

计算机器件从电子管到晶体管,再从分立元件到集成电路以至微处理器,促使计算机的发展出现了三次飞跃。

第一代电子管计算机时期(1946—1959),使用真空电子管和磁鼓做主存储器。主要用于科学计算。其特点是操作指令是为特定任务而编制的,每种机器有各自不同的机器语言,功能受到限制,速度也慢。

第二代晶体管计算机时期(1959—1964),主存储器均采用磁芯存储器,磁鼓和磁盘开始用作主要的辅助存储器。计算机中存储的程序使得计算机有很好的适应性,可以更有效地用于商业用途。中、小型计算机,特别是廉价的小型数据处理用计算机开始大量生产。

第三代集成电路计算机(1964—1972),集成电路使得更多的元件集成到单一的半导体芯片上,半导体存储器逐步取代了磁芯存储器的主存储器地位,磁盘成了不可缺少的辅助存储器,计算机变得更小,功耗更低,速度更快。这一时期的发展使用了操作系统,使计算机在中心程序的控制协调下可以同时运行许多不同的程序,推动了微程序技术的发展和应用。

第四代大规模集成电路计算机(1972到现在),大规模集成电路(LSI)可以在一个芯片上容纳几百个元件。到了20世纪80年代,超大规模集成电路(VLSI)在芯片上容纳了几十万个元件,后来的(ULSI)将数字扩充到百万级。1981年,IBM公司推出个人计算机(PC)用于家庭、办公室和学校。20世纪80年代个人计算机的竞争使得价格不断下跌,微机的拥有量不断增加,计算机继续缩小体积。与IBM PC竞争的Apple Macintosh系列于1984年推出,Macintosh提供了友好的图形界面,用户可以用鼠标方便地操作。20世纪70年代以后,计算机用集成电路的集成度迅速从中小规模发展到大规模、超大规模的水平,微处理器和微型计算机应运而生,各类计算机的性能迅速提高。随着字长4位、8位、16位、32位和64位的微型计算机相继问世和广泛应用,对小型计算机、通用计算机和专用计算机的需求量也相应增长了。

新一代计算机是把信息采集存储处理、通信和人工智能结合在一起的智能计算机系统。它不仅能进行一般信息处理,而且能面向知识处理,具有形式化推理、联想、学习和解释的能力,将帮助人类开拓未知的领域和获得新的知识。

2. 计算机组成

计算机由运算器、控制器、存储器、输入装置和输出装置五大部件组成,每一部件分别按要求执行特定的基本功能。

1) 运算器或称算术逻辑单元(Arithmetical and Logical Unit)

运算器的主要功能是对数据进行各种运算。这些运算除了常规的加、减、乘、除等基本的算术运算之外,还包括能进行"逻辑判断"的逻辑处理能力,即"与"、"或"、"非"这样的基本逻辑运算以及数据的比较、移位等操作。

2) 存储器(Memory Unit)

存储器的主要功能是存储程序和各种数据信息,并能在计算机运行过程中高速、自动地完成程序或数据的存取。存储器是具有"记忆"功能的设备,它用具有两种稳定状态的物理器件来存储信息。这些器件也称为记忆元件。由于记忆元件只有两种稳定状态,因此在计算机中采用只有两个数码0和1的二进制来表示数据。计算机中处理的各种字符,例如英文字母、运算符号等,也要转换成二进制代码才能存储和操作。

存储器是由成千上万个"存储单元"构成的,每个存储单元存放一定位数(微机上为8位)的二进制数,每个存储单元都有唯一的编号,称为存储单元的地址。"存储单元"是基本的存储单位,不同的存储单元是用不同的地址来区分的,就好像居民区的一条街道上的住户是用不同的门牌号码来区分一样。

3) 控制器(Control Unit)

控制器是整个计算机系统的控制中心,它指挥计算机各部分协调地工作,保证计算机按照预先规定的目标和步骤有条不紊地进行操作及处理。

控制器从存储器中逐条取出指令,分析每条指令规定的是什么操作以及所需数据的存放位置等,然后根据分析的结果向计算机其他部分发出控制信号,统一指挥整个计算机完成指令所规定的操作。因此,计算机自动工作的过程,实际上是自动执行程序的过程,而程序中的每条指令都是由控制器来分析执行的,它是计算机实现"程序控制"的主要部件。

通常把控制器与运算器合称为中央处理器(Central Processing Unit,CPU)。工业生产中总是采用最先进的超大规模集成电路技术来制造中央处理器,即 CPU 芯片。它是计算机的核心部件。它的性能,主要是工作速度和计算精度,对机器的整体性能有全面的影响。

4) 输入设备(Input Device)

用来向计算机输入各种原始数据和程序的设备叫输入设备。输入设备把各种形式的信息,如数字、文字、图像等转换为数字形式的"编码",即计算机能够识别的用 1 和 0 表示的二进制代码(实际上是电信号),并把它们输入到计算机内存储起来。键盘是必备的输入设备、常用的输入设备还有鼠标器、图形输入板、视频摄像机等。

5) 输出设备(Output Device)

从计算机输出各类数据的设备叫做输出设备。输出设备把计算机加工处理的结果(仍然是数字形式的编码)变换为人或其他设备所能接收和识别的信息形式如文字、数字、图形、声音、电压等。常用的输出设备有显示器、打印机、绘图仪等。

通常把输入设备和输出设备合称为 I/O 设备(输入输出设备)。

0.2 计算机程序

计算机每做的一次动作,一个步骤,都是按照已经用计算机语言编好的程序来执行的,程序是计算机要执行的指令的集合,而程序全部都是用人们所掌握的语言来编写的。所以人们要控制计算机一定要通过计算机语言向计算机发出命令。

计算机所能识别的语言只有机器语言,即由 0 和 1 构成的代码。但通常人们编程时,不采用机器语言,因为它非常难于记忆和识别。

目前通用的编程语言有两种形式:汇编语言和高级语言。

汇编语言的实质和机器语言是相同的,都是直接对硬件操作,只不过指令采用了英文缩写的标识符,更容易识别和记忆。它同样需要编程者将每一步具体的操作用命令的形式写出来。

高级语言是目前绝大多数编程者的选择。和汇编语言相比,它不但将许多相关的机器指令合成为单条指令,并且去掉了与具体操作有关但与完成工作无关的细节,例如使用堆栈、寄存器等,这样就大大简化了程序中的指令。同时,由于省略了很多细节,编程者也就不需要有太多的专业知识。

高级语言主要是相对于汇编语言而言的,它并不是特指某一种具体的语言,而是包括了很多编程语言,如目前流行的 VB、VC、FoxPro、Delphi 等,这些语言的语法、命令格式都各不相同。

高级语言所编制的程序不能直接被计算机识别,必须经过转换才能被执行,按转换方式可将它们分为两类。

(1) 解释类:执行方式类似于人们日常生活中的"同声翻译",应用程序源代码一边由相应语言的解释器"翻译"成目标代码(机器语言),一边执行,因此效率比较低,而且不能生成可独立执行的可执行文件,应用程序不能脱离其解释器,但这种方式比较灵活,可以动态地调整、修改应用程序。

(2) 编译类:编译是指在应用源程序执行之前,就将程序源代码"翻译"成目标代码(机器语言),因此其目标程序可以脱离其语言环境独立执行,使用比较方便,效率较高。但应用程序一旦需要修改,必须先修改源代码,再重新编译生成新的目标文件(*.OBJ)才能执行,只有目标文件而没有源代码,修改很不方便。现在大多数的编程语言都是编译型的,例如 Visual C++、Visual FoxPro、Delphi 等。

计算机语言是人与计算机进行对话的最重要的手段。目前人们对计算机发出的命令几乎都是通过计算机语言进行的。与人之间的交流不仅仅依靠计算机语言,还有一些其他方式,比如人的自然语言、手势、眼神等。由此我们可以推测,在不久的将来,计算机与人类的交流将是全方位的,而不再仅仅依靠计算机语言。那时,人们将更方便、更容易地操纵和使用计算机。

0.3 C 语言发展史

C 语言是目前世界上流行、使用最广泛的高级程序设计语言。

对操作系统和系统应用程序以及需要对硬件进行操作的场合,用 C 语言明显优于其他高级语言,许多大型应用软件都是用 C 语言编写的。

C 语言具有绘图能力强,可移植性,并具备很强的数据处理能力,因此适于编写系统软件,三维、二维图形和动画,它是数值计算的高级语言。

C 语言的发展原型是 ALGOL 60 语言。

1963 年,剑桥大学将 ALGOL 60 语言发展成为 CPL(Combined Programming Language) 语言。

1967 年,剑桥大学的 Matin Richards 对 CPL 语言进行了简化,于是产生了 BCPL 语言。

1970 年,美国贝尔实验室的 Ken Thompson 将 BCPL 进行了修改,并用它的第一个字母命名为"B 语言",并且他用 B 语言写了第一个 UNIX 操作系统。

而在 1973 年,美国贝尔实验室的 D. M. RITCHIE 在 B 语言的基础上最终设计出一种新的语言,他取了 BCPL 的第二个字母作为这种语言的名字,这就是 C 语言。

为了使 UNIX 操作系统推广,1977 年,Dennis M. Ritchie 发表了不依赖于具体机器系统的 C 语言编译文本《可移植的 C 语言编译程序》。

1978 年,Brian W. Kernighian 和 Dennis M. Ritchie 出版了名著"The C Programming Language",从而使 C 语言成为目前世界上流行最广泛的高级程序设计语言。

1988年，随着微型计算机的日益普及，出现了许多C语言版本。由于没有统一的标准，使得这些C语言之间出现了一些不一致的地方。为了改变这种情况，美国国家标准化协会(ANSI)为C语言相继制定了一系列标准，现在用得最多的是1989年制定的 ANSI X3.159—1989(简称C89)，1990年，国际标准化组织 ISO 接受 C89 为国际标准 ISO/IEC9899：1990(简称C90)。C90 和 C89 基本上是一致的。本书以 C89 为标准进行论述。

1999 年，ISO 组织在保留 C 语言基本特征基础上，又增加了对面向对象的支持，命名为 ISO/IEC9899：1999(简称C99)。

各个软件厂商开发的 C 语言的编译系统，并不是完全支持标准 C。不同的厂商有的为了效率，有的为了方便，对 C 语言的功能和语法规则可能略有更改，所以，学习时要了解具体的编译系统。

0.4　C程序基本结构

任何一种程序设计语言都具有特定的语法规则和表达方法。只有严格按照语言规定的语法和表达方式编写，才能保证编写的程序在计算机中正确地执行，同时也便于阅读和理解。

为了了解 C 语言的基本程序结构，先介绍几个简单的 C 程序。

例 0.1　第一个 C 程序。

```c
#include<stdio.h>
int main()
{
  printf("Welcome to C Language World!");
  return 0;
}
```

这是一个最简单的 C 程序，其执行结果是在屏幕上显示一行信息：
Welcome to C Language World!

每个 C 语言程序必须包含一个 main 函数(有且仅有一个，好比每个家庭只能有一个一家之主一样)，程序从 main 函数开始执行，main 函数执行完毕则程序结束。在例 0.1 中，main 函数只包含一条语句 printf()。程序执行到 printf()时，去使用(专业词汇称为"调用")printf 函数。printf 的说明在头文件 stdio.h 中，如同读一篇文章时，不明白句子"学而时习之，不亦乐乎？"的含义，去查《论语》一样。

例 0.2　通过函数计算两个整数之和。

```c
#include<stdio.h>
/*计算两个整数的和*/
int add(int i1,int i2)
{
  int i3;
  i3 = i1 + i2;
  return i3;
}
int main()
```

```
{
    int i4 = 1;
    int i5 = 2;
    int i6 = add(i4,i5);
    printf("%d",i6);
    return 0;
}
```

例 0.2 程序从 main() 处开始执行,定义两个变量 i4、i5 并且赋值为 1 和 2;然后调用 add 函数,把 i4、i5 的值传递给 add 函数的 i1、i2,i1、i2 的值为 1 和 2,add 函数中计算出 i1 和 i2 的和赋值给 i3,通过语句 return i3 返回给 main 函数;main 函数把 add 函数返回的值赋值给 i6,通过 printf 函数输出 i6,return 0 结束 main 函数。

从上面程序例子,可以看出 C 程序的基本结构。

C 程序为函数模块结构,所有的 C 程序都是由一个或多个函数构成的,其中必须只能有一个主函数 main()。程序从主函数开始执行,当执行到调用函数的语句时,程序将控制转移到调用函数中执行,执行结束后,再返回主函数中继续运行,直至程序执行结束。C 程序的函数包含编译系统提供的标准函数(如 printf 等)和用户自己定义的函数(如 add 等)。函数的基本形式是:

函数类型 函数名(形式参数)
{
数据说明部分;
语句部分;
}

其中:

函数首部包括函数类型(如 int)、函数名(如 main、printf、add)和圆括号中的形式参数(如 int i1,int i2)。

函数体包括函数体内使用的数据说明(如 int i3;int i4)和执行函数功能的语句(如 i3=i1+i2;),花括号{和}表示函数体的开始和结束。数据说明和执行语句都必须以分号(;)结束。

0.5 C 程序开发步骤

开发一个 C 程序,按照顺序包括以下四步:

(1) 编辑。程序员用任一编辑软件(编辑器)将编写好的 C 程序输入计算机,并以文本文件的形式保存在计算机的磁盘上。编辑的结果是建立 C 源程序文件,扩展名为 c(如 welcome.c)。

(2) 编译。编译是指将编辑好的源文件翻译成二进制目标代码的过程。编译过程是使用特定环境的编译程序(编译器)完成的。不同操作系统下的各种编译器的使用命令不完全相同,使用时应注意计算机环境。编译时,编译器首先要对源程序中的每一个语句检查语法错误,当发现错误时,就提示错误的位置和错误类型的信息。此时,要再次调用编辑器进行查错修改。然后,再进行编译,直至排除所有语法和语义错误。正确的源程序文件经过编译后在磁盘上生成目标文件,如 welcome.obj。

（3）连接。程序编译后产生的目标文件是可重定位的程序模块,不能直接运行。连接就是把目标文件和其他分别进行编译生成的目标程序模块(如果有的话)及系统提供的标准库函数(如 printf)连接在一起,生成可以运行的可执行文件的过程。连接过程使用特定环境的连接程序(连接器)完成,生成的可执行文件存在于磁盘中(如 welcome.exe,连接的文件名不一定和源文件同名)。

（4）运行。生成可执行文件后,就可以在操作系统控制下运行。若执行程序后达到预期目的,则 C 程序的开发工作到此完成。否则,要进一步检查修改源程序,重复编辑→编译→连接→运行的过程,直到取得预期结果为止。

0.6 集成开发环境

为了编译、连接 C 程序,需要有相应的 C 语言编译器与连接器。目前大多数 C 环境都是集成的开发环境(IDE),把程序的编辑、编译、连接、运行都集成在一个环境中,界面友好,简单易用。

目前 C 语言的主流集成环境有 Visual C++ 6.0、DEV-C++、TurboC 等。Visual C++ 6.0 是 Windows 下的图形界面的集成环境,编辑、编译、调试等都可以可视化地进行,对 C 语言的学习者非常容易上手。Visual C++ 6.0 是微软公司的产品(微软有时不太遵守标准),对 C89 支持不是很好。但是从易用性角度考虑,本书采用 Visual C++ 6.0 环境进行介绍,所有例子都在 Visual C++ 6.0 中调试通过。

Visual C++ 6.0 为用户开发 C 和 C++ 程序提供了一个集成环境,这个集成环境包括源程序的输入和编辑,源程序的编译和连接,程序运行时的调试和跟踪,项目的自动管理,为程序的开发提供各种工具,并具有窗口管理和联机帮助等功能。

使用 Visual C++ 集成环境上机调试程序可分成如下几个步骤:启动 Visual C++ 集成环境,建立和编辑源程序,编译连接源程序,运行程序。下面详细介绍 Visual C++ 的上机操作方法。

1. 环境窗口介绍

Visual C++ 6.0 启动后,就产生如图 0.1 所示的 Visual C++ 集成环境。

Visual C++ 6.0 集成环境是一个组合窗口。窗口的第一部分为标题栏;第二部分为菜单栏,其中包括文件、编辑、查看、插入、工程、组建、工具、窗口、帮助等菜单;第三部分为工具栏,其中包括常用的工具按钮;第四部分为状态栏。还有三个子窗口:工作区窗口、编辑窗口、编译调试窗口。

2. 建立 C 源程序

生成源程序文件的操作步骤为:

（1）选择集成环境中"文件"菜单中的"新建"命令,打开"新建"对话框,如图 0.2 所示。

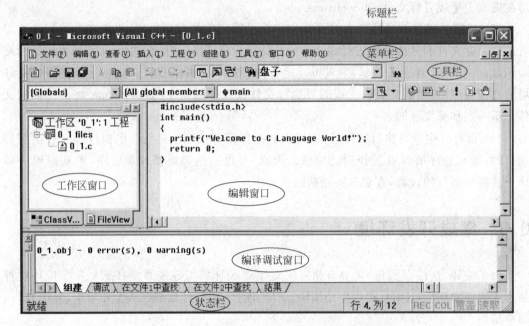

图 0.1　Visual C++ 集成环境

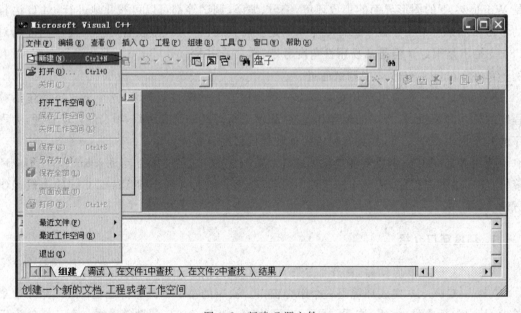

图 0.2　新建 C 源文件

(2) 单击此对话框的左上角的"文件"选项卡,选择 C++ Source File 选项,如图 0.3 所示。

(3) 在右上方的"文件名"文本框输入准备编辑的源程序文件的名字,例如图 0.3 中给源程序文件命名为 0_1c。注意:指定的文件名后缀为 c,如果输入的文件名为 0_1.cpp,则表示要建立的是 C++ 源程序。如果不写后缀,系统会默认指定为 C++ 源程序文件,自动加上后缀 cpp。为学习 C 程序的语法规范,建议扩展名采用 c。

图 0.3 新建 C 源文件选项

(4) 设置源文件保存路径。

若将源文件保存在默认的文件存储路径下,则无须更改位置,但如果想在其他地方存储源程序文件则需在对话框右半部分的"位置"文本框中输入文件的存储路径,也可以单击右边的省略号(…)来选择路径。图 0.3 中源文件的保存路径就为 D:\C 教材\代码\第 0 章。

(5) 单击"确定"按钮,进入编辑界面。

3. 编辑 C 源程序

在图 0.4 所示的编辑窗口中输入源程序代码,输入完毕后单击存盘工具按钮保存程序。

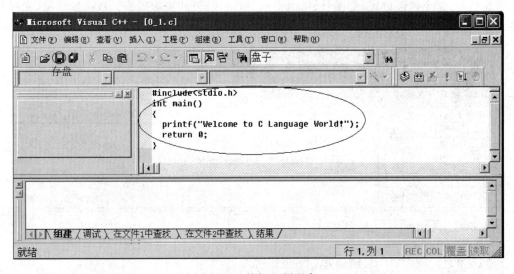

图 0.4 编辑 C 源程序

4. 编译 C 源程序

单击主菜单栏中的组建(Build),在其下拉菜单中选择"编译 0_1.c(Compile frist.c)项",或者单击工具栏编译按钮,则开始编译程序,如图 0.5 所示。

编译过程中,编译命令要求一个有效的项目工作区,用户是否同意建立一个默认的项目工作区,单击"是(Y)"按钮,表示同意由系统建立默认的项目工作区。这个过程中还将提

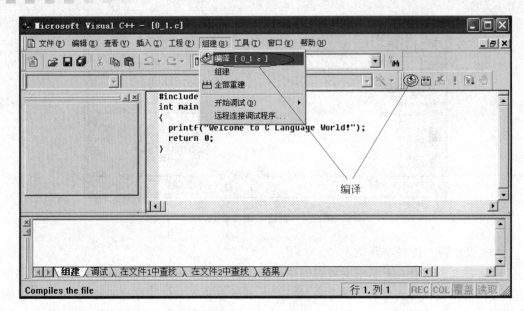

图 0.5　编译 C 源程序

示用户是否保存变动,单击"是(Y)"按钮。

若源代码无错误,编译成功后,会在编译调试窗口显示生成 0_1.obj 文件,如图 0.6 所示。若源代码有错误,会在编译调试窗口显示有多少个错误、多少个警告,而且还会有详细的错误列表(每个错误位置、错误号、错误类型、错误代码)和警告列表。双击错误项,光标会停在该错误对应的源代码处,修改后存盘,再重新编译,直到没有错误为止。

图 0.6　编译结果

5. 连接目标程序

在得到目标程序后,就可以对程序进行连接了。选择主菜单上的组建(Build),在其下拉菜单中选择"组建 0_1.Exe(Build 0_1.exe)项",或者单击工具栏连接按钮,则开始连接程序,如图 0.7 所示。

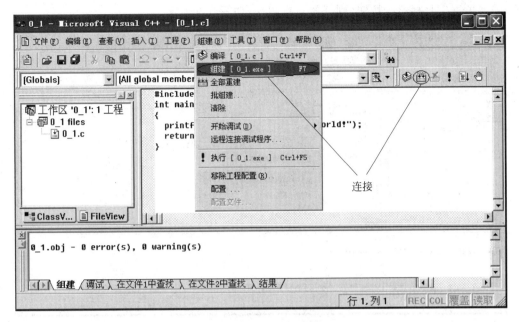

图 0.7 连接 C 目标程序

若连接各个模块没有错误,连接成功后,会在编译调试窗口显示生成 0_1.exe 文件,如图 0.8 所示。若连接各个模块有错误,会在编译调试窗口显示有多少个错误、多少个警告,而且还会有详细的错误列表(错误号、错误描述)和警告列表。这时一般是连接资源找不到,修改对应的源代码错误处,修改后存盘,再重新编译,重新连接,直到没有错误为止。

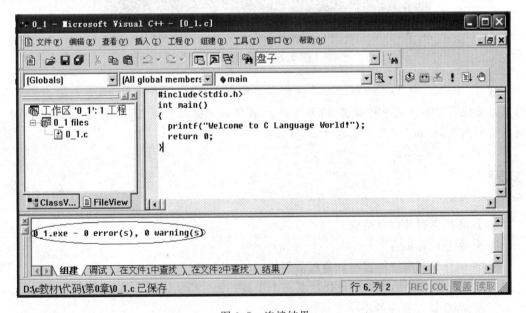

图 0.8 连接结果

6. 运行程序

选择主菜单上的组建(Build),在其下拉菜单中选择"执行 0_1.exe(Execute 0_1.exe)"

项,或者单击工具栏运行按钮,则开始运行程序,如图 0.9 所示。

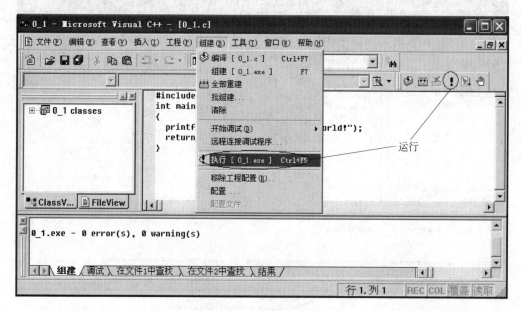

图 0.9 运行 C 程序

被启动的程序在控制台窗口下运行,与 Windows 中运行 DOS 程序的窗口类似。图 0.10 是执行程序后,弹出 DOS 窗口中显示的程序执行结果。

图 0.10 运行结果

注意:Press any key to continue 并非程序所指定的输出,而是 VC 6.0 在输出完运行结果后系统自动加上的一行信息,通知用户:"按任何一键以便继续"。当按下任何一键后,输出窗口消失,回到 VC 6.0 主窗口。

习题

1. 计算机由哪几部分组成?
2. 什么是计算机程序?
3. 说明计算机高级语言与计算机低级语言的异同。
4. C 语言的程序的开发过程包括哪几个步骤?每一步生成什么文件?
5. 说明 C 语言程序的结构。
6. 编写一个输出自己姓名的 C 程序,在环境中调试。

第1篇

感知篇

　　人类自然语言的学习过程总是从模仿开始的,而对语言的理解不一定能面面俱到。模仿的过程可以提供对语言足够的感性认识,因而形成自然的思维方式和习惯。基于此思想,本篇从任务驱动的角度出发,逐步展开,应用多个知识点,解决任务中的问题。这样使读者快速了解C语言的主要知识点,对C语言就有一个全面的认识,亲身感受到利用C语言解决问题的工作过程,进而产生进一步深入学习C语言的愿望。

　　本篇从阿Q的成绩管理过程入手,让读者快速了解C语言的输入输出、程序控制、数据组织等内容,并初步了解C语言所能完成的工作。同时,以"解决大毛日常生活中的一些小问题"为例贯穿整篇,供读者模仿练习,通过实践体会C语言的魅力。本篇的最后,在读者了解C语言基本开发过程之后,系统介绍算法描述和编码规范,以便在深入学习C语言各要素之前就养成一个好的表达习惯。

第 1 章 数据的基本操作

《C语言程序设计》(以下简称《C语言》)是阿 Q 接触的第一门计算机基础课程,那么如何对该课程的成绩进行管理呢?程序又是如何实现处理课程成绩的功能呢?本章通过几个简单的小程序讨论数据的基本操作方法,引入数据的存储方式、数据的输入与输出操作以及数据的基本运算方法。

1.1 数据的存储与输出

为了使新手对程序设计有基本的认识,从简单的需求开始设计小程序,使其对变量的概念和输出函数的用法能够有直观的了解。

假设阿 Q 本学期的《C语言》成绩为 92 分,例 1.1 实现成绩的存储和输出功能。

例 1.1 指定并输出阿 Q 的《C语言》成绩。

```c
/* 例 1_1.c  输出成绩 */
#include<stdio.h>                          /*引入库函数*/
int main()                                 /*主函数*/
{
    int iScore ;                           /*定义整型变量存放C成绩*/
    iScore = 92 ;                          /*将92赋值给变量iScore*/
    printf("Mr. Ah Q's score of C language:");   /*输出一串字符*/
    printf("%d\n", iScore);                /*输出C成绩*/
    return 0;                              /*结束函数,返回0*/
}
```

程序运行结果:
Mr. Ah Q's score of C language:92
通过这个例子,可以了解数据的存储和输出方式。

1. 变量的概念

程序运行时要对一些数据进行加工处理,变量是程序中存储数据的基本单位。每个变量都有类型、名字和值。为了将数据正确地存储在内存中,必须选择合适的类型,如 int(整型),float(浮点型)和 char(字符型)。好比要将物品保存起来,需要选择合适的容器,既能装下物品又不浪费空间。变量的名字是识别该数据的标识符,取个合理规范的名字便于维护程序。变量的值在程序运行过程中可以改变,程序中通过对变量 iScore 进行赋值操作改变其值。

2. 输出函数 printf()

printf 函数能够将其参数按照指定的格式输出,方便程序员或者程序用户直观地观测内存中存储的二进制数据。本程序中将变量 iScore 的值按%d 的格式(十进制整数)显示在屏幕上,并输出转移符\n 即回车。该函数还可以直接输出引号中的字符串。

乘胜追击

为了进一步了解变量和输出函数的使用方法,我们将 1.1 进行扩展。要求输出阿 Q 的个人信息,包括姓名、年龄和身高。

例 1.2 输出阿 Q 的个人信息。

```
# include <stdio.h>
int main()                              /*主函数*/
{
  /*定义变量*/
  int iAge ;
  float fHeight;
  /*变量赋值*/
  iAge = 18 ;
  fHeight = 1.78;
  /*输出字符串和多个数据*/
  printf("Mr. Ah Q's age and height:\n % d % f\n", iAge, fHeight);
  return 0;
}
```

运行结果:

Mr. Ah Q's age and height:

18 1.780000m

通过该程序可以了解不同类型数据的表示和输出方法,注意以下几点:

1) 不同类型数据的定义

对于年龄和身高,分别用整型和单精度的小数(浮点型 float)变量存储数据,且必须在两个语句中分别定义,不能将其定义在同一语句中。

2) 输出多个数据

标准输出函数 printf 可以用于连续输出多个数据,它们的类型可以不同。在本程序中,按照双引号中的格式,首先输出字符串,再输出回车,接着输出变量 iAge 和 fHeight 的值,对于 float 型的数据必须按%f 的形式输出。

3) 关于注释

/* … */中的语句为注释,可以是一行或者多行,可以是任何语言或者符号。注释并不是编译器需要编译的代码,它可以起到对代码进行说明的作用。为了增加代码的可读性,并且便于程序的修改和维护,要对一些关键代码或者数据进行注释。

阿Q的邻居家有个孩子叫大毛,请定义不同类型的变量,并对其进行赋值,编程输出大毛的姓名、性别、年龄和身高。

1.2 数据的输入与运算

在程序中用变量存储数据,变量的值在程序运行的过程中可能发生改变,通常改变变量值有两种方式:其一,数据通过各种运算处理后,由赋值符号"="赋予新的值;其二,需要用户与程序进行交互,通过输入函数实现。

抛砖引玉

在计算阿Q的《C语言》成绩时,需要考虑考试成绩与平时成绩两部分,期末总成绩为70%的考试成绩和平时成绩之和,它们的值分别由教师输入,实现总成绩的计算及输出功能。

例1.3 计算并输出期末总成绩。

```
#include <stdio.h>
int main()
{
    int iScore1 = 0, iScore2 = 0 ;        /*定义变量考试成绩与平时成绩*/
    float fTotalScore ;                    /*定义变量总成绩*/
    printf("输入考试成绩与平时成绩:\n");    /*输出提示信息*/
    scanf("%d",&iScore1) ;                 /*分别输入成绩*/
    scanf("%d",&iScore2) ;
    fTotalScore = iScore1 * 0.7 + iScore2; /*计算总成绩*/
    printf("总成绩为%f\n", fTotalScore);    /*输出浮点型的总成绩*/
    return 0;
}
```

运行结果:
输入考试成绩与平时成绩:
75
26
总成绩为78.500000
通过这个例子继续分析变量的使用方法,了解输入函数scanf的功能。

1. 变量的定义

使用变量前一定要先定义,对变量的类型及名字进行声明,通知编译器为其分配内存。C语言对变量的声明必须在函数开始处,将要用到的所有变量逐一声明。本程序中分别定义考试成绩变量和平时成绩变量,并对其赋初值0,定义fTotalScore时没有在声明时初始化,而是通过"="赋予。初始化变量不是必需的,但是个好的习惯,最好设置合理的变量初值。

2. 输入函数 scanf

函数 scanf 也是 C 语言中的一个标准库函数,其基本功能是将从标准输入设备(如键盘)中获取的数据存储在变量中,调用该函数需要包含标准输入输出头文件<stdio.h>。

程序执行 scanf("%d",&iScore1);语句时,屏幕的光标闪动,等待用户输入一个整数,当用户在键盘上输入数据 75 和按 Enter 键后,数值 75 按照%d(表示整型)的格式被存储在整型变量 iScore1 中,一般输入数据时敲回车键结束。

调用函数 scanf 时涉及两个参数:其一,输入格式,引号中的字符串表示输入数据的类型,如%d 整型、%f 浮点型、%c 字符型等;其二,变量列表,以取地址运算符 & 作用于变量名前,表示要将输入的数据传送到某个变量对应的内存空间。

3. 运算符与表达式

C 语言提供了丰富的运算符,如用于计算的算术运算符(+、-、*、/)和赋值运算符(=),用于逻辑判断的关系运算符(>、<、<=、>=、==、!=),以及其他运算符(,、&)。运算符以简洁灵活的形式提供强大的功能,有效增强程序的可读性。运算符将操作数连接起来构成表达式,每个表达式都有某种类型的值,在求解表达式的值的时候,按照不同运算符的规则计算。

乘胜追击

为了继续了解对数据进行输入和运算的方法,下面通过例 1.4 进一步理解输入函数 scanf 的用法,并介绍其他运算符的使用规则。

例 1.4 输入阿 Q 的《C 语言》期中考试成绩和期末考试成绩,计算并输出平均成绩。

```
#include <stdio.h>
int main()
{
    int iScore1, iScore2 ;              /*期中成绩与期末成绩*/
    double dAverage = 0.0;              /*平均成绩*/
    printf("输入期中成绩与期末成绩:\n");
    scanf("%d%d",&iScore1,&iScore2) ;   /*连续输入成绩*/
    dAverage =  iScore1 + iScore2 / 2;  /*计算总成绩*/
    printf("平均成绩为%f\n", dAverage); /*输出平均成绩*/
    return 0;
}
```

运行结果:
输入考试成绩与平时成绩:
88 91
平均成绩为 133.000000

标准函数 printf 可以连续输出多个类型不同的数据,标准输入函数 scanf 也可以实现多个数据的输入。调用 scanf 函数时将要输入值的变量地址用逗号分隔开,并在双引号中指定格式例如,scanf("%d %d",&iScore1,&iScore2)。一般输入数值型数据时,用 Enter 键、空格和 Tab 键作为结束符或者分隔符。本程序运行时,输入的两个整数 88 和 91,用空格作为分隔符,并用 Enter 键作为结束符,数据按顺序依次传递给 iScore1 和 iScore2。注意,输入数据的类型、个数和顺序,必须和指定格式参数完全一致,才能使变量获得正确的数据。

观察运行结果,发现并没有输出正确的结果,原因是计算平均成绩的表达式错误。算术运算符的优先级和代数四则运算规则相似,应将表达式改为(iScore1 + iScore2)/ 2,用括号运算符()改变"先乘除后加减"的计算顺序。这样程序就会输出准确的平均成绩了吗?细心的读者会发现,输入 88 和 91 后输出的平均成绩为整数 89。C 语言中整数和整数运算其结果还是整数,因此 179/2 得到结果的小数部分就被无情丢弃了,这就是出现此逻辑错误的原因所在。那么请聪明的你修改程序,改正这个错误。

同步练习

大毛是个一年级的"小豆包";期末考试后阿 Q 问他考得怎样,编写程序帮助大毛计算数学、语文和英语三门成绩的平均分。

1.3 数据的比较与判断

现实生活中人们经常面临选择和判断,有合理的比较才能进行准确的判断。计算机不仅能够进行复杂的数学计算,还能如人一样进行逻辑分析和判断,这些都是通过程序实现的。C 语言提供关系运算符和逻辑运算符,将复杂的逻辑问题映射成逻辑表达式,并通过选择结构实现对不同分支的处理。

抛砖引玉

根据平均成绩判断阿 Q 的成绩是否合格。由用户输入期中考试和期末考试成绩,计算平均成绩,若平均成绩高于 60 分(包括 60 分)为合格,否则输出不合格。

例 1.5 计算平均成绩,判断是否合格。

```c
#include <stdio.h>
int main()
{
    int iScore1, iScore2 ;                    /*期中成绩与期末成绩*/
    double dAverage = 0.0;                    /*平均成绩*/
    printf("输入期中成绩与期末成绩:\n");
    scanf(" % d, % d",&iScore1,&iScore2) ;    /*分别输入成绩*/
    dAverage =   (iScore1 + iScore2)/ 2.0;    /*计算平均成绩*/
    printf("平均成绩为 %.2f\n", dAverage);    /*输出平均成绩*/
    /*判断成绩是否合格*/
    /*如果满足条件 dAverage >= 60,则执行{}中的语句*/
    if(dAverage >= 60 )
```

```
        {
            printf("成绩合格");
        }
        if (dAverage < 60 )
        {
            printf("成绩不合格");
        }
        return 0;
}
```

运行结果：

输入期中成绩与期末成绩：

88,91

平均成绩为 89.50

成绩合格

前面程序中代码是逐条执行的，但实际上程序中的代码不一定都要执行。程序可以根据某个条件，有选择地执行某些语句，也可以跳过一些语句不执行。在本例程中，根据计算出的平均成绩，选择输出"成绩合格"或者"成绩不合格"。下面介绍简单选择结构的用法。

1．if 语句

生活中人们常说"如果……则……"，程序中可以用 if 语句构成选择结构来实现。在上述程序中如果满足条件 dAverage ＞＝60，则执行输出函数 printf("成绩合格")，否则跳过该行继续下面的操作。用 if 语句构造单分支的选择结构，根据圆括号中的条件来判断是否执行花括号{}中的语句。

2．关系运算符与表达式

在 if 语句中出现的表达式 dAverage ＞＝60 和 dAverage＜60，都是用于判断的关系表达式，此类表达式中使用关系运算符＜、＞、＞＝（大于等于）、＜＝（小于等于）、＝＝（等于）、！＝（不等于）。这种表达式的值只有真或假两种，常用数值 1 和 0 来表示逻辑真（true）和假（false），若满足该关系即此条件成立，则表达式的值为逻辑真，反之不成立。

3．格式化输入输出

在使用函数 scanf 的时候，必须注意数据输入的格式，如果没有按照双引号中的要求进行输入输出，则会产生匪夷所思的结果。不妨作一个有趣的实验，运行这个程序的时候输入两个数据，用回车或者空格作为分隔符，看看能否输出正确的结果。

不论是 float 还是 double 型小数，若用％f 的格式输出，都输出小数点后 6 位。然而本例在输出平均分时，显示的结果为 89.50，而不是 89.500000。这是由于使用了％.2f 的格式输出 dAverage，限制只输出两位小数。

乘胜追击

输入阿 Q 本学期的平均成绩，判断成绩为优秀、合格还是重修。在输入成绩时校验数据的合理性，假设正确的成绩在 0～100 之间，当用户输入不合适的数据时输出错误的提示。

假设平均成绩高于 85 分为优秀,高于 60 分并且低于 85 分为合格,低于 60 分则需要重修。

例 1.6　输入成绩并判断。

```c
#include <stdio.h>
int main()
{
    double dAverage = 0.0;                      /* 平均成绩 */
    printf("输入平均成绩:\n");
    scanf("%lf",&dAverage);
    if(dAverage >= 0 && dAverage <= 100)
    {   printf("平均成绩为%.2f\n", dAverage);   }
    else
    {   printf("成绩无效!\n");     }

    /* 判断成绩 */
    if(dAverage > 85 )                          /* 成绩高于 85 */
    {   printf("优秀\n");    }
    else if (dAverage >= 60 )                   /* 成绩为 60～85 */
    {   printf("合格\n");    }
    else                                        /* 成绩低于 60 */
    {   printf("重修\n");    }

    return 0;
}
```

运行结果:

输入平均成绩：

77.675

平均成绩为 77.67

合格

通过该程序可以进一步了解其他形式的选择结构,掌握 if-else 构成的多分支选择语句的用法：

1. if-else 双分支选择结构

严谨的程序应该对输入的数据进行合法性校验,对于非法输入要提示出错或者不予处理。例 1.6 在校验平均分时,使用 if-else 语句构造了一个双分支的选择结构。其语句的执行顺序为：当 if()中用于判断的表达式值为逻辑真时,则执行 if 后{}中的语句,否则执行 else 后{}中的语句。

2. 逻辑运算符与表达式

对于简单的逻辑问题,可以用一个关系表达式构造用于判断的表达式；对于比较复杂的逻辑问题,则用逻辑运算符(逻辑与 &&、逻辑或 ‖ 和逻辑非!)将多个关系表达式连接起来。当成绩在 0～100 之间时为有效,可以将算术表达式 0<=dAveraged<=100 映射成逻辑表达式 Average>=0 && dAverage<=100,当同时满足两个条件时,该表达式值为真。

3. if-else if-else

判断阿 Q 的成绩是优秀、合格还是重修,这是一种三选一的操作,例 1.6 用 if-else if-else 实现了三分支的选择结构。当 if() 中的表达式为真时,执行 if 后{}中的语句;否则继续判断;当 else if() 中的表达式为真时,执行 else if 后{}中的语句。只有当两个条件都不满足时,才执行 else{}中的语句。其实可以将这段代码改写为三个 if 语句:

```
if(dAverage > 85 )                        /*成绩高于 85*/
{    printf("优秀\n");   }
if (dAverage <=85 && dAverage > 60 )      /*成绩在 60~85*/
{    printf("合格\n");   }
if (     dAverage < 60   )                /*成绩低于 60*/
{    printf("重修\n");   }
```

构造此类多分支结构要注意边界问题,如 85 分和 60 分应该属于哪个分支。必须合理构造判断表达式,以免出现逻辑错误。若需划分为更多的区间,可以添加其他 else if 分支,注意只能有 1 个 if 分支和 1 个 else 分支,并且 else 后没有用于判断的表达式。

此外,细心的读者通过测试可能已经发现该程序不够完善。如果输入非法数据,会出现怎样的结果?对程序应该进行怎样的修改才更合理?若构造更为复杂的逻辑关系,可将 if-else 语句进行嵌套,即 if() 后的{}中包括 if-else 结构,或者 else{}的语句中包括 if-else 结构。为了增强程序的可读性,请注意分支结构中语句的缩进,并增添空行使程序结构清晰易懂。

同步练习

(1) 阿 Q 答应大毛,如果期末考试中数学、语文和英语都高于 98 分,就带他去动物园。输入大毛的三门功课成绩,输出能否去动物园。

(2) 阿 Q 和大毛到了动物园,门票为 20 元。规定如果身高不足 120 厘米的儿童免票,如果身高在 120 厘米到 140 厘米之间要买半票,超过 140 厘米的就要全票。根据大毛的身高,阿 Q 需要拿多少钱买票?

第 2 章 结构化程序设计初探

在第 1 章中我们对阿 Q 同学的《C 语言》课程的成绩进行了简单的处理,实际上他选修了多门课程,若需要对这些课程的成绩进行深入而全面的统计分析,涉及的数据将会增多,程序的规模将会扩大,导致设计的复杂度提高,因此应该采取更为科学有效的方法来规划程序。

结构化程序设计是一种程序详细设计的基本原则,其观点主要包括:以模块化设计为中心,采用自顶向下、逐步求精的程序设计方法,使用三种基本控制结构构造程序。这种设计方式可使程序层次清晰,便于使用、维护以及调试,是软件科学和产业发展的重要的里程碑。

C 语言以函数为基本功能模块,并且任何算法都可以通过顺序结构、选择结构和循环结构的组合来实现,从而使程序具有结构化的特点。本章介绍结构化程序设计的思路及基本结构的组合方法,并讨论如何通过函数这种功能模块构造程序。

2.1 重复与循环语句

到目前为止的程序中,运行时每条语句只被执行一次,然而大部分软件在使用时,同一过程往往被重复多次。例如在超市收银系统中,收银员在结算时要反复输入商品的条码,一个顾客付完款后又有新的顾客来结算,又要重复刚才的过程。可以使用循环结构来反复执行同一过程。

若阿 Q 同学本学期选修了《工程数学》、《中级英语》、《C 语言》、《计算机文化基础》和《体育》5 门课程,要求输入所有课程的成绩的总分。

如果按照前章的思路,可以分别定义 5 个变量存储每门课程的成绩,并 5 次调用 scanf 函数分别输入成绩,最后求得总分和平均分。但是若阿 Q 是个超人,一学期就选修了所有课程,课程数目 N 比较大,程序中将会有很多重复的代码,这些冗余的代码会使一个简单的程序臃肿而乏味。使用 while 语句构成的循环结构,可以轻松而简洁地处理多门课程的成绩数据。

例 2.1 求多门课程的总成绩。

```
#include <stdio.h>
#define N 5                    /*课程数目*/
```

```c
int main()
{
    int iGrade = 0;                         /* 考试成绩 */
    int iSum = 0;                           /* 总成绩 */
    int iCounter = 0;                       /* 计数器 */
    while( iCounter < N )                   /* 计数器控制循环 */
    {
     iCounter = iCounter + 1;
     printf("Input grade%d: ",iCounter);
     scanf("%d",&iGrade);
     iSum = iSum + iGrade;                  /* 累加成绩 */
    }
    printf("Sum = %d",iSum );
    return 0;
}
```

运行结果：

Input grade1：78

Input grade2：82

Input grade3：79

Input grade4：88

Input grade5：90

Sum = 417

通过这个例程，引出循环的概念，介绍循环结构的以下知识点。

1. 循环的基本概念

程序设计中的"循环"，是为解决某一问题或计算某一结果，在满足特定条件的情况下，重复执行一组操作。在 C 语言中，循环结构一般由 while 语句、do…while 语句和 for 语句来实现，三种形式可以实现同样的功能。

2. while 语句

while 语句圆括号()中的表达式是进行循环操作的条件，只要其值为逻辑真(非 0)，程序的流程即可进入到循环体中，执行花括号{}中的语句序列；然后再判断条件表达式的值，若为真则重复执行循环体的操作；直到判断条件的表达式为逻辑假(值为 0)，则循环结束。

在求解总分的问题中，例 2.1 用 while 语句构成循环结构。循环条件为 iCounter<N，只要满足该关系，就反复执行输入和累加成绩的操作。当到达循环体末尾时(while 语句的"}"处)，程序的流程回 while 语句的"{"后，再次执行循环体中的 4 条语句。

3. 计数器与循环条件

程序通过变量 iCounter 记录循环的次数，一般将这种整型变量称为计数器。iCounter 的值从 0 增加到 5，当第 6 次计算表达式的值时，iCounter 值为 5，不满足 iCounter<N 循环条件，循环终止，执行输出总成绩的语句。从程序中可以直观地看出循环应执行 N 次，完成 5 次输入和累加求和操作。计数器在执行次数确定的循环结构中，常用于构造循环条件。

设计循环结构时应当注意,要保证循环执行次数是有限的,不能使其无限循环下去。驴拉磨是周而复始的,但总有将面磨好的时候,可以让它休息后拉车运货。程序中的循环是"有条件的循环",需要谨慎设计循环条件,并在循环体中适当修改相关变量的值,使循环条件的值趋向零。

乘胜追击

根据学校规定,统计平均分时要考虑课程的学分,总分按照加权求和的方法计算。例如,阿Q同学本学期选修了4门课程,《工程数学》3.5学分、《中级英语》2.5学分、《C语言》3学分,《体育》1学分,各门课程分数分别为73、82、88和90,则本学期的总学分为10,各门课程成绩占平均成绩的权重分别为3.5/10、2.5/10、3/10和1/10,加权总分为73×3.5+82×2.5+88×3+90×1,平均分为加权总分/总学分。编程求本学期选修课程的平均分,分别输入选修课程的数目、学分和成绩,输出平均分。

例2.2 求n门课程的平均成绩。

```
#include <stdio.h>
int main()
{
    int iGrade , iNum ,                    /*课程数目*/
        iCounter = 0;
    float fAverage = 0,                    /*平均分*/
        fNum, fSum = 0 ;                   /*学分和总学分*/

    printf("输入选修功课数目:");
    scanf("%d", &iNum);

    do                                     /*循环语句*/
    {
        printf("输入学分和分数:");
        scanf("%f,%d",&fNum, &iGrade);
        fSum += fNum;                      /* 加权和 fSum = fSum + fNum; */
        fAverage += fNum * iGrade;         /* fAverage = fAverage + fNum * iGrade; */
        ++iCounter ;                       /* iCounter += 1; */
    } while(iCounter < iNum);              /*计数器控制循环*/

    fAverage /= fSum ;                     /*加权平均分 fAverage = fAverage/fSum */

    printf("平均分 = %.3f\n", fAverage);
    return 0;
}
```

运行结果:

输入选修功课数目:4
输入学分和分数:3.5,73
输入学分和分数:2.5,82
输入学分和分数:3,88
输入学分和分数:1,90
平均分=81.450

通过这个例程进一步理解循环结构的用法,了解以下几点:

1. do…while 语句

和 while 语句一样,do{…}while()语句也可以构成循环结构。这种循环的特点是先执行 do 花括号{}中循环体中的操作,后计算 while()中表达式的值,从而判断循环是否继续。注意 do…while 语句中,while()后必须以分号结束。将两种循环语句进行对比,有一系列的问题值得思考:两者的执行顺序有何区别?哪种循环结构的循环体中的操作至少执行 1 次?本程序用哪种语句构造循环更合适?

2. 计数器控制循环

和例 2.1 相同,该程序也是用计数器控制循环次数,但程序执行前无法预测循环,需要根据用户输入的值确定循环次数。构造这种循环必须合理设置计数器初值,并在循环体中对其值作适当的修改。本程序中计数器 iCounter 的初值为 0,每次进入循环体后计数器自动增加 1,表达式的值向循环终止条件 iCounter== iNum 靠拢。若忘记修改 iCounter 的值,或者错误的修改 iCounter 的值,运行程序时会出现怎样的现象?另外请思考:在程序开始定义变量时,变量初值的设置与计算结果有怎样的关系,哪些变量是必须进行初始化的?

3. 新的运算符

该程序使用了几个新的运算符:自增运算符(++)和复合赋值运算符(+=和/=)。通过循环累计总学分 fSum 时,fSum += fNum 操作相当于 fSum = fSum+fNum,复合赋值运算符+=将+和=的操作结合起来,简化了表达式,类似的复合运算符还有-=、*=、/= 和%=。对于自增运算符++,用于计数器 iCounter 的加 1 操作,++iCounte 相当于 iCounte += 1,也可使表达式更为简洁。

同步练习

(1) 阿 Q 的邻居家有三个孩子:大毛、二毛和三毛。他们每天帮助妈妈做家务,每人能获得 1 角、5 角及 1 元的零用钱。请编写程序帮他们计算零用钱每月一共有多少元。分别输入 3 个孩子积攒的不同硬币的数目,输出零用钱总数。

(2) 学校实行个性化培养方案,根据学生的特点弹性选修课程。例如,对于高考英语成绩达到一定要求的学生,可以免修《中级英语》;有一定计算机基础的学生通过测验后可以免修《计算机文化基础》。在本学期计算平均分时考虑课程的学分,按加权求和的方法计算总分,平均分为总分/总学分,并且规定选修课程不得少于 3 门,其总学分不得少于 8 学分。编程求本学期选修课程的平均分,分别输入选修课程的数目、学分和成绩,输出平均分及总学分,并判断选修学分是否达标。

2.2 基本结构的组合

按照结构化程序设计的观点,任何算法都可以通过顺序、选择和循环三种基本结构组合实现。顺序结构中的语句无条件地依次执行,选择结构和循环都是以判断为前提的。为了使程序结构简洁清晰,结构化程序只用单入/单出的控制结构,即每个控制结构只有一个入口和一个出口。三种基本结构通过不同的方式进行组合,利用这样的控制结构构造单入单出的程序,就很容易编写出结构良好、易于调试的程序。

顺序、选择和循环结构可以按两种简单的方式组合:堆栈和嵌套。控制结构只是在程序中一个接一个地罗列,称为控制结构堆栈形式。在 2.1 节的同步练习(2)中,可将程序分解为以下三个部分,由控制结构按堆栈的形式构成:

(1) 利用循环结构加权累加计算总分。
(2) 利用顺序结构计算平均分并输出。
(3) 利用选择结构判断是否满足学分条件。

程序由三种基本结构按堆栈方式组合而成,就如同搭积木一样,将各个模块罗列起来构成房子。而有时候,程序由基本结构嵌套而成,即一个控制结构中包含一个或者多个控制结构,就如同一个套一个的俄罗斯套娃。

抛砖引玉

阿 Q 有几个好朋友原来都是编程的菜鸟,经过一学期的努力学习基本掌握了程序设计的思想和方法,想在《C 语言》考试中一较高下。例 2.3 实现求最高分的功能,请分析这几种基本结构是如何嵌套的。

例 2.3 求最高分。

```c
#include <stdio.h>
int main()
{
    int iGrade = 0,              /*考试成绩*/
        iNo = 0,                 /*成绩序号*/
        iMax = 0;                /*最高分*/
                                 /*没有初始化或者初值为100是否合适?*/
    do
    {
        ++iNo;
        printf("Input grade %d: ",iNo);
        scanf("%d",&iGrade);
        if(iGrade > iMax)        /*计算最大值*/
            iMax = iGrade;
    }while(iGrade!=-1);          /*标记控制循环*/
    printf("Highest grade is %d\n",iMax);
    return 0;
}
```

运行结果:

Input grade 1:89

Input grade 2:90

Input grade 3:74

Input grade 4:-1

Highest grade is 90

程序的结构很清晰,利用循环结构分别输入成绩,利用选择结构记录最高分,由 if 语句构成的选择结构嵌套在由 do…while 语句构成的循环结构中,循环结构中包含了一个完整的选择结构。

例 2.3 中循环的执行次数是不确定的,采用标记控制循环的方法。当变量 iGrade 为特定标记值 −1 时,循环条件 iGrade!=−1 的值为 0,即当 iGrade ==−1 时循环结束。用标记控制循环时,必须保证标记值为特殊值,不能和有效数据混淆,如 iGrade 应为 0~100 之间的正数,标记可设置为 −1 或其他负数。当输入 3 个有效分数后输入 −1,循环体被执行了 4 次。

循环结构中在求最高分时,利用 if(iGrade>iMax) iMax = iGrade 实现。变量 iGrade 存放当前分数,变量 iMax 存放历史最高分,比较两者的值,决定是否用当前分数替换以往的最高分。这类似于冠军挑战赛,守擂者在台上接受挑战,攻擂者总是一个个更换,若攻擂者胜利则升级为守擂者,这样所有的挑战者都比试完后,留在擂台上的是最终的冠军。但是这个 if 语句并不完善,设想当输入的成绩超过满分值,最高分是否有效呢?应该如何修正条件表达式?若求最低分,程序应如何修改?

乘胜追击

学校对大一新生的英语选修课进行分班,根据高考英语成绩和入学摸底考试成绩,分为"高级班"、"中级班"和"加强班"。高考成绩高于 120 分可以直接进入高级班,其他学生要参加入学摸底考试。如果摸底考试成绩高于 85 分则分入高级班,如果其成绩低于 60 分则分入加强班,其他学生在中级班学习。编写程序实现分班处理,学生按要求输入高考成绩以及摸底考试成绩,输出该生加入的班级。

例 2.4 根据英语成绩进行分班。

```c
#include <stdio.h>
int main()
{
    int iGrade,                              /*高考成绩*/
        iTest;                               /*测试成绩*/
    printf("输入高考英语成绩(0~150):");
    scanf("%d",&iGrade);
    while(iGrade<0 || iGrade>150)            /*有效数据校验*/
    {
        printf("输入无效成绩,再次输入!");
        scanf("%d",&iGrade);
    }
    if(iGrade>120)                           /*根据高考成绩分班*/
    {
        printf("直接进入高级班");
    }
    else
    {
        printf("输入摸底考试成绩(0~100):");
        scanf("%d",&iTest);
```

```
                        /* 根据摸底考试成绩分班 */
        if(iTest > 85)
        {
          printf("进入高级班");
        }
        else if(iTest >= 60)
        {
            printf("进入中级班");
        }
        else
        {
            printf("进入加强班");
        }
    }
    return 0;
}
```

运行结果：
输入高考英语成绩(0~150)：110
输入摸底考试成绩(0~100)：88
进入高级班

在本程序中首先要输入高考分数 iGrade，用 while 语句实现数据的合法性校验，如果 iGrade 的值不在 0~150 之间，则重新输入，直到数据合法为止。接着用 if-else 语句构造双分支选择结构，初步实现分班操作。若不满足 iGrade>120 时，需要输入摸底考试成绩，并根据该成绩进一步判断分班情况。在 else 分支中，嵌套了另一个 if-else if-else 语句，构造了选择结构之间的嵌套关系。

请分析该程序中的循环结构和选择结构的组合关系，是堆栈还是组合。摸底考试成绩没有进行合法性校验，如果模仿对高考分数 iGrade 的处理方法，应该如何修改代码？新的循环结构和选择结构又是怎样的组合关系？

同步练习

(1) 比较大毛家的三个孩子的零用钱，输出攒的最多和最少的钱数之差。

(2) 阿 Q 的班级里有若干个同学，要求输入所有学生的出生年份，以负数结束，请编程统计班级人数以及所有学生的平均年龄。

2.3 模块化编程

在处理一个棘手问题的时候，人们往往会采用"化繁为简，触类旁通，各个击破"的方式，将复杂问题分解成若干个较为简单容易的小问题，再逐个研究解决，如果遇到类似的问题，会借鉴以往的经验处理。前面处理成绩的程序实现的功能比较单一，所有的代码都在主函数中。但当设计规模较大的系统时，若代码都集中在一起，main 函数的负担就太重了，程序的层次结构也不清晰。可以将复杂功能分解成若干简单的功能，用不同的功能模块构造程序。

结构化程序设计是以模块化设计为中心，将待开发的系统划分为若干个相互独立的模块，这样使设计每一个模块的工作变得简单而明确，利于较大规模软件的设计和开发。

函数是 C 语言程序的基本功能模块，不难发现程序是由各种函数构成的。其实我们已经享受了函数的好处，例如要在显示器上输出数据时，无须知道数据是如何在内存和输入输出设备之间传输的，也无须知道调配数据的指令和代码是如何构造的，只需调用 printf 函数即可。除了利用标准库中已有的函数，也可以量体裁衣地自定义函数，将实现一定功能的相关语句封装在函数中，方便调用和修改。

对于阿 Q 成绩的处理，若将前面几个例子的功能综合起来，既要求阿 Q 某门课程的分数，又要输出他的各门课程中的最高分，还要将他的成绩与其他同学进行比较，都可以定义不同的函数分别实现。现在需要求阿 Q、孔乙己和祥林嫂三个人的总分和平均分，并要得到谁的平均成绩最高，例 2.5 中调用了自定义函数 sum 与 max，实现求总分和最高分的功能。

例 2.5 函数的定义和调用。

```c
#include <stdio.h>
/*函数定义*/
/*求3个小数的最大值*/
float max( float f1, float f2, float f3)
{
    float fMax = f1;                    /*定义最大值变量*/
    /*计算最大值*/
    if(f2 > fMax)
        fMax = f2;
    if(f3 > fMax)
        fMax = f3;
    return fMax;                        /*返回最大值*/
}
/*函数定义,求 iNo 个整数的和*/
int sum ( int iNo )
{
    int iCounter = 0, iNum = 0, iSum = 0; /*定义变量*/
    /*输入 iNo 个数据并求和*/
    printf("Input %d numbers:",iNo);
    while(iCounter < iNo)
    {
        scanf("%d",&iNum);
        iSum += iNum;
        ++iCounter;
    }
    return iSum;                        /*返回和*/
}
int main()
{
    int iSum1,iSum2,iSum3;              /*总成绩*/
    float fAve1,fAve2,fAve3;            /*平均成绩*/
    iSum1 = sum(4);                     /*函数调用,求4门成绩的总分*/
    fAve1 = (float)iSum1 / 4;           /*强制类型转换,求平均分*/
    printf(" average1 = %.2f\n",  fAve1);
```

```
        iSum2 = sum (5);                      /*函数调用,求5门成绩的总分*/
        fAve2 = iSum2 / 5.0f;                 /*自动类型转换,5.0f 为 float 类型常量*/
        printf(" average2 = %.2f\n", fAve2);
        fAve3 = (iSum3 = sum(3)) / 3.0f;      /*函数返回值参与表达式运算*/
        printf(" average3 = %.2f\n", fAve3);
        /*函数 max 返回值作函数 printf 的参数*/
        printf("\nHighest average is %.f\n", max(fAve1,fAve2,fAve3));
        return 0;
    }
```

运行结果:

Input 4 numbers: 65 77 90 56

average2 = 72.00

Input 5 numbers: 81 60 75 91 84

average2 = 78.20

Input 3 numbers: 89 94 78

averaged = 87.00

Highest average is 87

通过本例可以初步了解函数的使用方法。如果某个代码段实现特定功能,那么可以将相关代码用花括号{}括起来,并为这段代码取一个合适的名字,这就构成了函数。在使用时,只需知道函数名,并将要处理的数据传递给函数即可。用代码实现函数功能的过程称为函数定义,而使用函数的过程称为函数调用。

1. 函数的定义

函数在使用前必须进行定义,函数定义分为函数头和函数体两部分,一般语法形式为:

```
类型  函数名（形式参数列表）              /* 函数头 */
{
        语句序列                          /* 函数体 */
}
```

函数头包含三要素:函数名、参数列表和函数类型。函数名是一种标识符,要符合命名规范并保证唯一性。圆括号()中是函数要处理的一些数据,要将数据的类型、名字依次列举出来,多个参数用逗号分隔,将它们称为形式参数(简称形参)。执行函数后得到的结果称为函数返回值,函数类型即为返回值的类型。为了比较同学们的平均分,程序中定义函数 float max(float f1, float f2, float f3),三个人的平均分通过参数分别传递给函数,返回值为三者的最大值(类型为 float)。

函数体为实现算法的语句序列,可由三种基本结构组成。函数将执行结果通过 return 语句返回,返回值可以是变量或者表达式,其类型通常和函数类型一致。

2. 函数的调用

函数调用时,需要准确指明函数名和要传递的参数。函数调用时圆括号()中的参数为实际要交给函数处理的数据,称其为实际参数(简称实参),一般实参的个数和类型与函数定义时的形参列表保持一致。函数调用时将实参的值传递给形参,实参变量名与形参变量名可能不同,但顺序必须一一对应。程序 2.5 中调用函数 max 求三个平均分的最高值时,实参变量 fAve1、fAve2 和 fAve3 将值分别传递给形参 f1、f2 和 f3。实参也可以为常量或者表达式,例程中调用求和函数 sum(4)时,实参考试的科目数为常量,形参获得的值为 4。

一般函数调用会产生返回值,该结果可以在表达式中参与运算,如:

```
iSum2 = sum (5)                        /*将 5 门考试成绩的总分赋给变量 iSum2*/
fAve3 = (iSum3 = sum(3)) / 3.0f;       /*将 3 门考试成绩的总分赋给 iSum3,并计算平均分*/
```

函数的返回值也可以作为其他函数的实参,如:

```
printf("Highest average is %.f\n", max(fAve1,fAve2,fAve3));
```

在求三个同学平均值的最高分时,输出函数 printf 的实参为 max 的返回值。若要显示阿 Q 的平均分,也可以直接利用 sum 函数实现,如:

```
printf("Average = %lf\n", sum(4) / 4.0 );
```

有的函数没有返回结果,其类型为 void,函数体中没有 return 语句。无类型函数的调用形式不能出现在表达式中,常常直接构成函数调用语句。

例 2.5 中的 main 函数中分别求 3 个人的总分,函数 sum 中的代码被反复利用,减少了主函数中的冗余代码。同一个函数还可以用在不同的代码中,实现相似的功能。如果要求 3 个人总成绩的最高分,可通过调用 max 函数实现。如果要求三个人的平均分,也可利用 sum 函数。充分利用现有的函数作积木式的扩展,这样设计程序就变得轻松而有章法了。

同步练习

(1) 定义并调用函数,分别实现如下功能,在主函数中输出结果:

① 求 1 个学生 n 门功课的平均分。

```
double average ( int n );              /*输入学生成绩,返回平均分*/
```

② 求 3 个学生中平均分最高者。

```
int max( float f1, float f2, float f3 );   /*返回最高分学者的序号*/
```

③ 求全班《C 语言》的不及格率,参考人数不确定。

```
float count ();                        /*输入若干学生成绩(0~100),以-1 结束*/
```

(2) 阿 Q 带大毛家的三个孩子到动物园玩,门票为 20 元。规定如果身高不足 120 厘米的儿童免票,如果身高在 120 厘米到 140 厘米之间要买半票,超过 140 厘米的就要全票。每个孩子都有若干个 5 角和 1 元的硬币,计算孩子们零钱的总数,根据孩子们的身高和零用钱数,阿 Q 需要再拿所多少钱买票? 定义以下函数实现相关功能:

```
float ticketMoney(float height, float ticket);  /*身高 height,票价 ticket,返回应付的门票钱*/
float totalMoney(int n );                       /*孩子数目 n,返回零用钱总数*/
```

第3章 数据结构

第2章中利用结构化的程序设计思想,对阿Q成绩进行了简单的处理。如果需要管理很多同学的成绩数据,程序中只使用基本类型的变量会有很多困难和麻烦。为了使程序功能更加完善和实用,需要利用更为合理的形式来存储和操作多个数据。

结构化程序设计的首创者是计算机科学家沃思(Nikiklaus Wirth),作为 Pascal 语言之父,他提出一个著名的公式:数据结构 + 算法 = 程序。这对计算机科学的影响程度足以媲美物理学中爱因斯坦提出的质能方程,沃思因此获得1984年的图灵奖。这个公式揭示了程序的两个基本要素,数据结构(data structure)是对数据的描述,算法(algorithm)即为操作步骤。为了使程序实现特定的功能,首先需要选择合适的数据类型和数据的组织形式,在此基础上构造算法。本章引入数组、结构体和文件的概念,对不同类型的多个数据进行便捷的操作。

3.1 数组

很多时候程序要处理多个类型相同的数据,如统计期末的总成绩和平均成绩时,要录入各门课程的成绩并进行累加。阿Q本学期选修了5门课程,在例2.1中只用了1个变量接收成绩数据,但是并没有将所有数据保存下来,累加后的成绩就被后录入的成绩取代了。如果程序中需要再次引用这些成绩,就需要定义5个整型变量分别存储成绩。若要计算大学四年他所有课程的平均成绩,需要定义二三十个变量,这样会很烦琐。若要处理全班所有学生的成绩,或者统计全校更多学生的成绩,难道要不厌其烦地定义成百上千个变量吗?为了避免逐个定义多个变量,程序中常使用数组(array)存储多个数据。数组是一种自定义的数据类型,它可方便地对类型相同的多个数据进行操作。

抛砖引玉

例3.1 求 N 门课程的平均成绩。

```
#include <stdio.h>
#define N 5                          /*课程数目*/
int main()
{
    int aGrade[N];                   /*成绩数组*/
    int i = 0;                       /*计数器*/
```

```c
    float iSum = 0;                          /* 平均成绩 */
    printf("Input %d grade:",N);
    while( i < N )                           /* 遍历数组 */
    {
       scanf("%d",&aGrade[i]);               /* 输入数组元素值 */
       iSum += aGrade[i];
       ++i;
    }
    printf("Average = %.2f\n", iSum / N);
    return 0;
}
```

运行结果：
Input 5 grade:87 74 66 91 56
Average = 74.80

该程序演示了数组的基本使用方法。

1. 数组的定义

利用整型数组 aGrade 实现多个成绩的存储，定义数组时需要指定数组的大小和类型。类型 int 表示数组中所有数据都为整数，而方括号[]中必须是正整型常量，表示数组的长度，即包含多少个数据。现在可以不必单独定义多个变量 iGrade1，iGrade2，…，iGrade5，统一定义成 int aGrade[5] 即可。

2. 数组的引用

数组中的每个数据称为数组元素，aGrade[i]表示数组中的第 i+1 个元素。引用数组元素时方括号[]中的整数称为下标，可以为整型常量或者变量，注意下标的范围为 0～ N−1。数组元素的使用形式像变量一样，可以通过运算符进行各种运算，也可以作为参数实现输入输出操作。

乘胜追击

阿 Q 和他的 4 个好朋友约定，期末成绩排名最后的请成绩最好的吃饭。如何利用数组比较 5 个人成绩，并输出最高分和最低分？

例 3.2 求 5 个学生的最高成绩和最低成绩。

```c
#include <stdio.h>
int main()
{
    float   aGrades[5] = { 78.81, 88.56, 67.0,91.2,56.4};   /* 平均分数组 */
    float   fMax = 0, fMin = 100 ;
    int i = 0;
                                                            /* 遍历数组 */
    do
    {
        printf("%6.2f",aGrades[i]);
        if(aGrades[i] > fMax)                               /* 比较最高分 */
```

```
            fMax = aGrades[i];
        if(aGrades[i]< fMin)                          /* 比较最低分 */
            fMin = aGrades[i];
        ++i ;
    }while( i < 5);
    printf("\nmax = %6.2f,min = %6.2f\n",fmax,fmin);
    return 0;
}
```

运行结果:

78.81 88.56 67.00 91.20 56.40

max = 91.20,min = 56.40

通过程序可进一步了解数组的使用方法。

1. 数组的初始化

变量在定义时可以获得初值,如 float fMax = 0, fMin = 100,同样定义平均分数组 aGrades 时,可用花括号{}列举出数组元素的值,这称为数组的初始化,形式如下:

```
float  aGrades[5] = { 78.81, 88.56, 67.0,91.2,56.4};
```

初始化后第一个数组元素 aGrade[0]的值为 78.81,最后一个数组元素 aGrade[4]的值为 56.4。注意花括号中数据的个数不能超过数组长度。

2. 数组的遍历

定义数组时可以统一对所有元素赋值,通常使用循环结构逐个访问数组中的所有元素,并用计数器变量控制循环。例 3.1 中,用 while 语句访问数组,在循环体中依次输入 5 个元素的值并进行累加;例 3.1 中使用在 do…while 语句访问数组的每个元素,这称为数组的遍历。

同步练习

大毛要参加歌唱比赛,有 10 个评委给他打分,实际得分是去掉最高分和最低分的平均分。利用数组编写程序,输入 10 个分数,输出最高分、最低分和实际得分。

3.2 结构体

当需要描述阿 Q 的姓名、年龄、成绩时,需要分别定义变量 aName[20]、iAge、fScore 保存数据,而这几个变量之间关系逻辑上是松散的,并不能体现出它们在逻辑上是个有机的整体,也就是说不能反映出它们是在描述同一个事物的不同属性。那么如何使其形成一个整体呢? 很自然地希望有一种类型,这种类型是个复杂一点的结构 Student,在这个结构 Student 中包含姓名、年龄、成绩三个成员,每个成员不能独立存在,它们都要依附于 Student,这样同一个 Student 的姓名、年龄、成绩,就会成为逻辑上相互依存的有机整体。Student 采用数组是不可以的,因为数组要求其所有成员必须为相同数据类型,为此 C 语言引入了结构体数据类型。

在例 3.3 中定义一个描述学生阿 Q 的结构体,然后输入并输出其姓名、年龄和成绩。

抛砖引玉

例 3.3 定义阿 Q 的结构体,然后输入并输出其姓名、年龄和成绩。

```c
#include <stdio.h>
/*开始声明结构体 Student*/
/*结构体声明只是在声明一种数据类型(作用相当于 int、float),
并没有存放数据的空间,只有用该类型定义变量时才有存放数据空间*/
struct Student
{
    char aName[20];                         /*姓名*/
    int iAge;                               /*年龄*/
    float fScore;                           /*成绩*/
};                                          /*不要忘记此处的分号(;)*/
/*结束声明结构体 Student*/
int main()
{
    struct Student sAhQ;                    /*定义结构体变量 sAhQ,具备数据空间*/
    /*输入 sAhQ 的姓名,注意此处不需要取地址符 &,数组名本身为地址
    sAhQ.aName 中的.为成员运算符,表示 sAhQ 的 aName*/
    printf("输入阿 Q 的姓名、年龄、成绩:\n");
    scanf("%s",sAhQ.aName);                 /*输入 sAhQ 的姓名*/
    scanf("%d",&sAhQ.iAge);                 /*输入 sAhQ 的年龄*/
    scanf("%f",&sAhQ.fScore);               /*输入 sAhQ 的成绩*/
    printf("输出阿 Q 的姓名、年龄、成绩:\n");
    printf("%s\n",sAhQ.aName);              /*输出 sAhQ 的姓名*/
    printf("%d\n",sAhQ.iAge);               /*输出 sAhQ 的年龄*/
    printf("%.2f\n",sAhQ.fScore);           /*输出 sAhQ 的成绩*/
    return 0;
}
```

运行结果:
输入阿 Q 成绩:
AhQ
20
92.5
输出阿 Q 成绩:
AhQ
20
92.50

通过例 3.3,对结构体的使用要注意以下几点。

1. 结构体类型用途

结构体是用来描述具有多个成员数据的自定义数据类型,并且不要求所有成员数据类型一致。

2. 结构的声明与结构体变量定义

结构的声明是用来说明一个数据类型,并没有数据空间,好比是制作一个模具。结构体变量定义才真正开辟了空间,好比用模具制作了一个产品。

3. 结构体成员的引用

结构体成员的引用通过成员运算符.引用。具体格式为:

结构体变量.成员

4. 结构体输入输出

结构体不可以整体输入输出,只能使用结构体成员分别输入输出,但是结构体变量间可以整体赋值。如:

```
struct Student s1,s2;
s2 = s1;
```

乘胜追击

在例 3.2 中,假如阿 Q 和他的 4 个好朋友约定,期末成绩排名最后的请成绩最好的吃饭,请利用数组解决该问题。但是,其中只是处理了成绩数据,并没有记录每个人的姓名和年龄信息,因此无法在程序中输出谁请谁吃饭。有了结构体之后,把数组的每个成员定义为学生结构体,就可以输出姓名信息。

例 3.4 计算 5 个学生的最高成绩和最低成绩。

```
#include <stdio.h>
struct Student
{
    char aName[20];                              /*姓名*/
    int iAge;                                    /*年龄*/
    float fScore;                                /*成绩*/
};                                               /*不要忘记此处的分号(;)*/
/*结束声明结构体 Student*/
int main()
{
    struct Student aStudents[5] = {{"AhQ",19,78.81f},{"AhX",20,88.56f},{"AhY",18,67.0f},
    {"AhZ",20,91.2f},{"AhD",20,56.4f}};          /*学生数组*/
    float fMaxValue = 0, fMinValue = 100;        /*成绩最高值和最低值*/
    int iMaxNumber = 0, iMinNumber = 0;          /*假定成绩最高和最低同学的下标都为 0*/
    int i = 0;
    /* 遍历数组*/
    do
    {
        printf("%s\t",aStudents[i].aName);       /*输出姓名,跳过一个制表位*/
        printf("%d\t",aStudents[i].iAge);        /*输出年龄,跳过一个制表位*/
        printf("%.2f\n",aStudents[i].fScore);    /*输出成绩,换到下一行*/
        if(aStudents[i].fScore > fMaxValue)      /*比较最高分*/
```

```c
            {
                fMaxValue = aStudents[i].fScore;    /* 获取新的最高值 */
                iMaxNumber = i;                     /* 获取新的最高值下标 */
            }
            if(aStudents[i].fScore < fMinValue)     /* 比较最低分 */
            {
                fMinValue = aStudents[i].fScore;    /* 获取新的最低值 */
                iMinNumber = i;                     /* 获取新的最低值下标 */
            }
            ++i;
    }while( i < 5);
    printf("%s成绩最高,%s成绩最低\n",aStudents[iMaxNumber].aName,
           aStudents[iMinNumber].aName);
    printf("%s请%s吃饭\n",aStudents[iMinNumber].aName,
           aStudents[iMaxNumber].aName);
    return 0;
}
```

运行结果：

AhQ　　19　　78.81
AhX　　20　　88.56
AhY　　18　　67.00
AhZ　　20　　91.20
AhD　　20　　56.40
AhZ 成绩最高,AhD 成绩最低
AhD 请 AhZ 吃饭

在例 3.4 中,数组的每一个成员都为一个学生结构体类型 Student,注意对数组 aStudents 的初始化采用的是用 5 个大括号作为每个结构体的初值。

同步练习

大毛有兄弟五人,分别叫大毛、二毛、三毛、四毛和毛毛,每个人都有自己的零用钱,写一个程序,输出零用钱最多和最少者的姓名。

3.3 动态数组

在介绍数组时强调过,数组定义时必须用常量指定大小,因此,不可以在程序运行过程中根据需要定义数组的大小。如：

```c
int i1;
scanf("%d",&i1);
int aArr[i1];
```

用变量 i1 来定义数组的大小是不允许的。即一旦定义数组,其长度必须固定,那么如何定义一个长度可变的动态数组呢?

注：事实上 C89 标准中,也不允许在一个执行语句之后定义变量、数组等。

抛砖引玉

阿 Q 和同学们每个人学习的课程门数是不同的,希望写一个程序,首先输入自己所学课程门数,然后输入每门课程的成绩并用数组保存起来,最后计算平均成绩并输出。为了让阿 Q 和同学都能够使用该程序,而每个人的课程门数不一样,所以程序中保存成绩的数组的长度必须是可变的。

例 3.5 变长数组计算平均成绩。

```
#include<stdio.h>
#include<stdlib.h>                    /*使用malloc函数时需要此头文件*/
int main()
{
    int i1;
    int iNumber;                       /*课程门数*/
    float fSum = 0,fAve;
    float * pScore;
    printf("输入课程门数: \n");         /*指针变量、变长数组首地址*/
    scanf("%d",&iNumber);
    /*申请 iNumber 个 float 类型大小的空间,用 pScore 记载该空间起始地址*/
    pScore = (float * )malloc(sizeof(float) * iNumber);
    /*输入 iNumber 门课程成绩*/
    printf("输入%d门课程成绩: \n",iNumber);
    for(i1 = 0;i1 < iNumber;i1++)
        scanf("%f",&pScore[i1]);
    /*计算 iNumber 门课程平均成绩*/
    for(i1 = 0;i1 < iNumber;i1++)
        fSum = fSum + pScore[i1];
    fAve = fSum/iNumber;
    printf("%d门课程平均成绩为%.2f",iNumber,fAve);
    free(pScore);                      /*释放有malloc申请的空间*/
    return 0;
}
```

例 3.5 中需要了解以下几个问题:

(1) 用到动态空间申请与释放时,需要头文件 stdlib.h。
(2) sizeof 函数为计算某种数据类型所占字节数的函数。
(3) malloc 函数申请的是一块连续的空间,返回值为该空间的起始地址,是一个空类型的地址需要转换为指定类型,括号为强制转换运算符。
(4) float * pScore 定义一个用来存储 flaot 类型空间的起始地址,与数组名类似,可以与数组名一样使用。
(5) 当空间使用完毕后,应该使用函数 free 释放。

乘胜追击

阿 Q 所在学校每个班级的学生人数是不同的,希望写一个程序,首先输入班级的学生人数,然后输入该班每个同学的姓名、年龄、成绩并用数组保存起来,最后计算并输出成绩最高和最低的同学的姓名。为了让阿 Q 所在学校的每个班级都能够使用该程序,而每个班级的学生人数不一样，所以程序中保存同学的数组的长度必须是可变的。

例 3.6　输出某班级学生的最高成绩和最低成绩的姓名。

```c
#include <stdio.h>
#include <stdlib.h>
struct Student
{
    char aName[20];                             /*姓名*/
    int iAge;                                   /*年龄*/
    float fScore;                               /*成绩*/
};                                              /*不要忘记此处的分号(;)*/
/*结束声明结构体 Student*/
int main()
{
    struct Student * pStudents;                 /*指向学生结构体的指针*/
    float fMaxValue = 0, fMinValue = 100;       /*成绩最高值和最低值*/
    int iMaxNumber = 0, iMinNumber = 0;         /*假定成绩最高和最低同学的下标都为0*/
    int i1 = 0;
    int iNumber;                                /*学生人数*/
    printf("输入学生人数:\n");
    scanf("%d",&iNumber);
    /*申请 iNumber 个 Student 类型大小的空间,用 pStudents 记载该空间起始地址*/
    pStudents = (struct Student *)malloc(sizeof(struct Student) * iNumber);
    /*输入 iNumber 个同学信息*/
    printf("输入%d个同学信息:\n",iNumber);
    for(i1 = 0;i1 < iNumber;i1++)
    {
        printf("输入同学信息:姓名、年龄、成绩\n");
        scanf("%s",pStudents[i1].aName);        /*输入某同学的姓名*/
        scanf("%d",&pStudents[i1].iAge);        /*输入某同学的年龄*/
        scanf("%f",&pStudents[i1].fScore);      /*输入某同学的成绩*/
    }
    /*遍历数组*/
    i1 = 0;
    printf("输出同学信息:姓名、年龄、成绩\n");
    do
    {
        printf("%s\t",pStudents[i1].aName);     /*输出姓名,跳过一个制表位*/
        printf("%d\t",pStudents[i1].iAge);      /*输出年龄,跳过一个制表位*/
        printf("%.2f\n",pStudents[i1].fScore);  /*输出成绩,换到下一行*/
        if(pStudents[i1].fScore > fMaxValue)    /*比较最高分*/
        {
            fMaxValue = pStudents[i1].fScore;   /*获取新的最高值*/
            iMaxNumber = i1;                    /*获取新的最高值下标*/
        }
        if(pStudents[i1].fScore < fMinValue)    /*比较最低分*/
        {
            fMinValue = pStudents[i1].fScore;   /*获取新的最低值*/
            iMinNumber = i1;                    /*获取新的最低值下标*/
        }
        ++i1;
    }while( i1 < iNumber);
    printf("%s成绩最高,%s成绩最低\n",pStudents[iMaxNumber].aName,
```

```
            pStudents[iMinNumber].aName);
    free(pStudents);
    return 0;
}
```

运行结果：

输入学生人数：

3

输入3个同学信息：

输入同学信息：姓名、年龄、成绩

AhX 20 78

输入同学信息：姓名、年龄、成绩

AhY 21 87

输入同学信息：姓名、年龄、成绩

AhZ 22 99

输出同学信息：姓名、年龄、成绩

AhX   20   78.00

AhY   21   87.00

AhZ   22   99.00

AhZ成绩最高，AhX成绩最低

在例3.6中数组成员换成了学生结构体(Student)，空间的分配与回收道理是一样的。

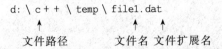

大毛有兄弟五人，分别叫大毛、二毛、三毛、四毛和毛毛，每个人都有自己的故事书(每本书有书名、页数)，但是每个人的本数不一样。写一个程序，使得5个兄弟都能用该程序找出自己的页数最多和页数最少的书的书名。

3.4 文件

所谓"文件"一般是指存储在外部介质上数据的集合。文件是以数据的形式存放在外部介质(如磁盘)上的，操作系统是以文件为单位对数据进行管理的，也就是说，如果想找存在外部介质上的数据，必须先按文件名找到指定的文件，然后再从该文件中读取数据。

操作系统中的文件标识包括三部分。

(1) 文件路径：表示文件在外部存储设备中的位置。

(2) 文件名：文件命名规则遵循标识符的命名规则。

(3) 文件扩展名：用来表示文件的性质(.txt .dat .c)。

例如：

d:＼c++＼temp＼file1.dat
　↑　　　　　↑　　↑
文件路径　　文件名 文件扩展名

在利用数组和结构体撰写程序时,运行时输入了许多数据,但是下一次运行时数据都没有了,还需要重新输入,怎么才能把数据永久保存起来呢?这就需要用文件来解决。

抛砖引玉

阿Q希望把自己班的5个同学(姓名、年龄、成绩)的信息输入,并永久保存起来,以后使用时,不需要重新输入。

例3.7 把结构体数组写入文件。

```c
#include<stdio.h>
struct Student
{
    char aName[20];                    /*姓名*/
    int iAge;                          /*年龄*/
    float fScore;                      /*成绩*/
};
/*结束声明结构体Student*/
int main()
{
    struct Student aStudents[5];       /*定义结构体数组*/
    FILE *fp;                          /*文件指针*/
    int i1;
    float f=1.0;
    /*输入5个同学信息*/
    for(i1=0;i1<5;i1++)
    {
        printf("输入第%d同学信息:姓名、年龄、成绩\n",i1);
        scanf("%s",aStudents[i1].aName);      /*输入某同学的姓名*/
        scanf("%d",&aStudents[i1].iAge);      /*输入某同学的年龄*/
        scanf("%f",&aStudents[i1].fScore);    /*输入某同学的成绩*/
    }
    if((fp=fopen("file1.txt","wb"))==NULL)    /*打开磁盘文件*/
    {
        printf("\nCannot open file strike any key exit!");
        getch();                              /*等待敲键盘,为显示上一句话*/
        exit(1);                              /*结束程序*/
    }
    /*把5条学生记录写到文件中,每条记录大小为sizeof(struct student),写出时并不考虑内容
    是什么,把内存空间5倍的sizeof(struct student)字节写到文件中*/
    fwrite(aStudents,sizeof(struct Student),5,fp);
    fclose(fp);                               /*关闭磁盘文件*/
    return 0;
}
```

运行结果:
输入第0位同学信息:姓名、年龄、成绩
AhA 19 60
输入第1位同学信息:姓名、年龄、成绩
AhB 20 75

输入第 2 位同学信息:姓名、年龄、成绩
AhC 21 70
输入第 3 位同学信息:姓名、年龄、成绩
AhD 20 90
输入第 4 位同学信息:姓名、年龄、成绩
AhE 21 88

在例 3.7 中,首先把 5 个同学的数据写到内存数组中,然后通过 fopen 函数打开文件,其中 file1.txt 为磁盘文件名,wb 说明文件是以写二进制文件的方式打开,也就是说文件是用来写入数据的。if 是用来判断文件是否成功打开,若不成功返回 NULL,程序通过 exit 退出,不执行下面的文件写操作了。若文件打开成功,把文件地址用 fp 存储,以后就可以利用 fp 使用文件。fwrite 函数的作用是把从 aSttudents 的内存地址开始 5 倍的 sizeof(struct student)字节写到 fp 所指的文件中。文件使用完毕,利用 fclose 函数关闭,目的是断开程序与磁盘文件 file1.txt 的联系,以便其他程序能够使用 file1.txt 文件。

可以看出,文件操作分三部分:
(1) 打开文件;
(2) 读写文件;
(3) 关闭文件。

把数据写进磁盘文件后,以后使用数据时就可以直接从文件中读出来,不必要再重新输入。

例 3.8 把文件中的同学数据读入内存中并输出到标准输出设备上。

```
#include<stdio.h>
struct Student
{
    char aName[20];                       /*姓名*/
    int iAge;                             /*年龄*/
    float fScore;                         /*成绩*/
};
/*结束声明结构体 Student*/
int main()
{
    struct Student aStudents[5];          /*定义结构体数组*/
    FILE * fp;
    int i1;
    if((fp = fopen("file1.txt","rb")) == NULL)   /*打开磁盘文件*/
    {
        printf("\nCannot open file strike any key exit!");
        getch();                          /*等待敲键盘,为显示上一句话*/
        exit(1);                          /*结束程序*/
    }
    /*从文件中读 5 条学生记录写到数组 aStudents 中*/
    fread(aStudents,sizeof(struct Student),5,fp);
    /*输出 5 个同学信息*/
    for(i1 = 0;i1 < 5;i1++)
    {
```

```
            printf("输出第%d同学信息：姓名、年龄、成绩\n",i1);
            printf("%s\t",aStudents[i1].aName);          /*输出某同学的姓名*/
            printf("%d\t",aStudents[i1].iAge);           /*输出某同学的年龄*/
            printf("%.2f\n",aStudents[i1].fScore);       /*输出某同学的成绩*/
        }
        fclose(fp);                                       /*关闭磁盘文件*/
        return 0;
    }
```

运行结果：

输出第 0 位同学信息：姓名、年龄、成绩
AhA   20   60.00
输出第 1 位同学信息：姓名、年龄、成绩
AhB   21   75.00
输出第 2 位同学信息：姓名、年龄、成绩
AhC   22   70.00
输出第 3 位同学信息：姓名、年龄、成绩
AhD   21   90.00
输出第 4 位同学信息：姓名、年龄、成绩
AhE   22   88.00

例 3.8 中，文件打开方式 rb，是以读二进制文件的方式打开。fread 函数的作用是从 fp 所指的磁盘文件中读出 5 倍的 sizeof(struct student)字节写到数组 aSttudents 对应的内存地址中。最后对数组遍历输出所有元素。

乘胜追击

时间过了一年，阿 Q 的所有同学都长了一岁，希望把文件中所有同学的年龄增加 1。

例 3.9 把文件中的数据读出修改后再写回文件。

```
#include<stdio.h>
struct Student
{
    char aName[20];                                       /*姓名*/
    int iAge;                                             /*年龄*/
    float fScore;                                         /*成绩*/
};
/*结束声明结构体 Student*/
int main()
{
    struct Student aStudents[5];                          /*定义结构体数组*/
    FILE *fp;
    int i1;
    /*********************************************
            读文件数据写到结构体数组
    *********************************************/
    if((fp=fopen("file1.txt","rb"))==NULL)               /*以读方式打开文件*/
    {
```

```c
        printf("\nCannot open file strike any key exit!");
        getch();                                    /*等待敲键盘,为显示上一句话*/
        exit(1);                                    /*结束程序*/
    }
    /*从文件中读 5 条学生记录写到数组 aStudents 中*/
    fread(aStudents,sizeof(struct Student),5,fp);
    /**************************************
        /*更改结构体数组中的年龄信息*/
    **************************************/
    for(i1 = 0;i1 < 5;i1++)
        aStudents[i1].iAge = aStudents[i1].iAge + 1;   /*年龄加 1*/
    fclose(fp);                                     /*关闭磁盘文件*/
    if((fp = fopen("file1.txt","wb")) == NULL)      /*再次以写方式打开文件*/
    {
        printf("\nCannot open file strike any key exit!");
        getch();                                    /*等待敲键盘,为显示上一句话*/
        exit(1);                                    /*结束程序*/
    }
    /**************************************
        写到结构体数组数据到文件中,会覆盖掉原来的数据
    **************************************/
    fwrite(aStudents,sizeof(struct Student),5,fp);
    fclose(fp);                                     /*关闭磁盘文件*/
    return 0;
}
```

例 3.9 从功能角度分为三部分:

(1) 以读方式打开文件,读文件数据到内存数组中,然后关闭文件。

(2) 更改数组中的数据。

(3) 以写方式打开文件,这时文件会清空,然后把数组写到文件中,相当于更改了原来文件中的数据。

同步练习

大毛有兄弟五人,分别叫大毛、二毛、三毛、四毛和毛毛。

(1) 把每个人的姓名和零用钱数写到文件中。

(2) 从文件中读出数据,输出零用钱最多者的姓名。

(3) 过年了,父母给每人 100 元压岁钱,更改文件中原有的零用钱数。

第 4 章 算法描述和编码规范

通过前几章的编码练习,对编写程序已经有了一个基本的了解。但是,为了使编程过程规范有序需要对算法和编码规范有进一步的了解。

4.1 程序设计与算法描述

4.1.1 程序设计与算法

盖房子,首先要有想法,然后画建筑图纸,最后才一砖一瓦地盖房子。编写程序也是一样,首先仔细考虑解决问题思路并描述出来,然后画出流程图,最后才是一行一行地编码。切忌上来就编写代码,因为没有算法描述和流程图就编码如同盖房子没有图纸,通常会以失败结束。

1. 算法的概念

为解决某一个问题而采取的方法和步骤,称为算法。或者说算法是解决一个问题的方法的精确描述。

2. 算法的特点

(1) 有穷性:必须在执行了有穷个计算步骤后终止。
(2) 确定性:每一个步骤必须是精确的、无二义性的。
(3) 可行性:可以用计算机解决,能在有限步、有限时间内完成。
(4) 有输入。
(5) 有输出。

例 4.1 交换两个大小相同的杯子中的液体(A 水、B 酒)。

算法:
(1) 再找一个大小与 A 相同的空杯子 C;
(2) A→C;
(3) B→A;
(4) C→B。

例 4.2 输入 1 个整数，打印其绝对值。

算法：

(1) 输入 1 个数→X；

(2) 若 X>0

　　则　打印 X；

　　否则 打印-X。

例 4.3 计算 5 的阶乘。

算法：

(1) 找两个容器 T 和 I；T 为累乘器，初值为 1；I 为计数器，初值为 1。

(2) 当 I 小于等于 5 时循环。

① T*I→T；

② I+1→I。

(3) 输出 T。

以上只是一些小问题，对于一些规模较大的软件，通常将待开发的软件系统划分为若干个相互独立的模块，这样使完成每一个模块的工作变得单纯而明确。这就是结构化程序设计。结构化程序设计由迪克斯特拉（E. W. dijkstra）在 1969 年提出，是以模块化设计为中心，将待开发的软件系统划分为若干个相互独立的模块，这样使完成每一个模块的工作变得单纯而明确，为设计一些较大的软件打下了良好的基础。由于模块相互独立，因此在设计其中一个模块时，不会受到其他模块的牵连，因而可将原来较为复杂的问题化简为一系列简单模块的设计。模块的独立性还为扩充已有的系统、建立新系统带来了不少的方便，因为可以充分利用现有的模块作积木式的扩展。

按照结构化程序设计的观点，任何算法功能都可以通过由程序模块组成的三种基本程序结构（顺序结构、选择结构和循环结构）的组合来实现。顺序结构就是从头到尾依次执行每一个语句；分支结构根据不同的条件执行不同的语句或者语句体；循环结构就是重复地执行语句或者语句体，达到重复执行一类操作的目的。

结构化程序设计的基本思想是采用"自顶向下、逐步求精"的程序设计方法和"单入口单出口"的控制结构。自顶向下、逐步求精的程序设计方法从问题本身开始，经过逐步细化，将解决问题的步骤分解为由基本程序结构模块组成的结构化程序框图。"单入口单出口"的思想是一个复杂的程序，如果它仅是由顺序、选择和循环三种基本程序结构通过组合、嵌套构成，那么这个新构造的程序一定是一个单入口单出口的程序。据此就很容易编写出结构良好、易于调试的程序。

描述一个结构化程序设计的算法通常有以下几种表示形式。

(1) 文字描述：可能产生二义性，如小王个子很高，到底多少算高呢？应该超过 1.8 米。前面对三个例子的描述就是文字描述。

(2) 伪代码：用符号，不直观，比如类 C 语言描述。

(3) 流程图：简洁、直观、无二义性。主流的流程图有传统的 FC（Flow Chart）流程图、NS 盒图、PAD 判断图。下面介绍 FC 流程图和 NS 盒图。

4.1.2 FC 流程图

程序流程图是人们对解决问题的方法、思路或算法的一种图形化描述。

1. 流程图采用的符号

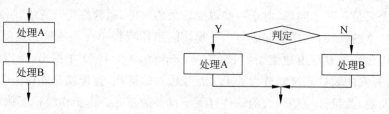

2. 用程序流程图描述三种基本结构

顺序结构、选择结构和循环结构流程图如图 4.1～图 4.3 所示。

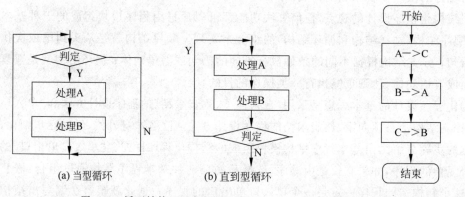

图 4.1 顺序结构 FC 流程图   图 4.2 选择结构 FC 流程图

例 4.1、例 4.2、例 4.3 的流程图如图 4.4～图 4.6 所示。

(a) 当型循环   (b) 直到型循环

图 4.3 循环结构 FC 流程图   图 4.4 例 4.1 的 FC 流程图

程序流程图优点：独立于任何一种程序设计语言，比较直观、清晰，易于学习掌握。

程序流程图缺点：流程图所使用的符号不够规范，常常使用一些习惯性用法。特别是表示程序控制流程的箭头可以不受任何约束，随意转移控制。当上下的流程线比较多时，像一团乱麻，阅读性非常差。

4.1.3 NS 盒图

1973 年，美国学者 I. Nassi 和 B. Sneiderman 提出了一种新的流程图形式。流程图中去

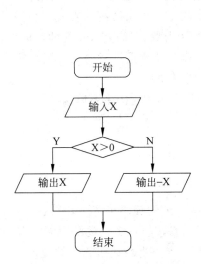

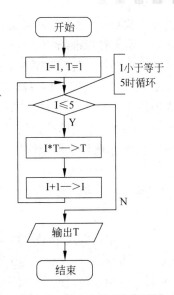

图 4.5　例 4.2 的 FC 流程图　　　　图 4.6　例 4.3 的 FC 流程图

掉了带箭头的流程线,全部算法写在一个矩形框内,在该框内还可以包含其他从属于它的框。这种流程图称为 N-S 盒图(N 和 S 就是这两位美国学者的英文姓氏的首字母)。

NS 盒图描述三种基本结构如图 4.7～图 4.9 所示。

图 4.7　顺序结构的 NS 盒图　　　　图 4.8　选择结构的 NS 盒图

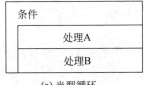　　

(a) 当型循环　　　　　　　　　(b) 直到型循环

图 4.9　循环结构的 NS 盒图

例 4.1、例 4.2、例 4.3 的 NS 盒图如图 4.10～图 4.12 所示。

　　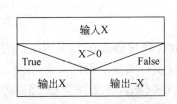　　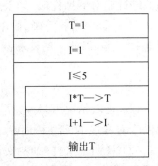

图 4.10　例 4.1 的 NS 盒图　　图 4.11　例 4.2 的 NS 盒图　　图 4.12　例 4.3 的 NS 盒图

NS 盒图的优点：首先，它强制设计人员按结构化方法进行思考并描述自己的设计方案，因为除了表示几种标准结构的符号之外，它不再提供其他描述手段，这就有效保证了设计的质量，从而也保证了程序的质量；第二，NS 盒图形象直观，具有良好的可读性。例如循环的范围、条件语句的范围都是一目了然的，所以容易理解设计意图，为编程、复查、选择测试用例、维护都带来了方便；第三，NS 盒图简单、易学易用。

NS 盒图的缺点：手工修改比较麻烦，这是有些人不用它的主要原因。

本书采用 NS 盒图描述程序流程。

4.2 C 语言编码规范

写文章需要一定格式规范，编写程序也需要有一定的编码规范。具有良好编码规范的程序应该是结构清晰、容易阅读的，因此便于调试和修改。每个人的编码习惯各不相同，但是都应以编码的结构清晰、便于阅读为目的。下面总结一些编码过程中的规范。

1. 排版

(1) 程序块要采用缩进风格编写，缩进一个 Tab 键或 4 个空格或两个空格（用 Tab 键最好，便于对齐，本书中为便于排版，使用的是两个空格）。

(2) 相对独立的程序块之间应该加注释。

(3) 较长的语句（>80 字符）要分成多行书写，长表达式要在低优先级操作符处划分新行，操作符放在新行之首，划分出的新行要进行适当的缩进，使排版整齐，语句可读性好。

(4) 循环、判断等语句中若有较长的表达式或语句，则要进行适当的划分，长表达式要在低优先级操作符处划分新行，操作符放在新行之首。

(5) 若函数中的参数较长，则要进行适当的划分。

(6) 尽量不要把多个短语句写在一行中，即一行只写一条语句。

(7) if、while、for、default、do 等语句各占一行。

(8) 函数的开始、结构的定义及循环、判断等语句中的代码都要采用缩进风格，case 语句的情况下处理语句也要遵从语句缩进要求。

(9) 程序块的分界符（如'{'和'}'）应各独占一行并且位于同一列，同时与引用它们的语句左对齐。在函数体的开始、循环、分支、结构的定义、枚举的定义采用如上的缩进方式。

(10) 在两个以上的关键字、变量、常量进行对等操作时，它们之间的操作符前后要加空格；进行非对等操作时，如果是关系密切的立即操作符（如->、*），后面不应加空格。

(11) 程序结构清晰，简单易懂，单个函数的程序行数不得超过 100 行（一般函数尽量不要超过一屏，以便于阅读和调试）。

2. 注释

(1) 一般情况下，源程序有效注释量必须在 20% 以上（根据算法难度）。注释的原则是有助于对程序的阅读和理解，注释不宜太多也不能太少，注释语言必须准确、易懂、简洁。

(2) 说明性文件（如头文件.h 文件、.inc 文件等）头部应进行注释，注释必须列出：版权说明、版本号、生成日期、作者、内容、功能、与其他文件的关系、修改日志等，头文件的注释中还应有函数功能简要说明。

(3) 源文件头部应进行注释,列出版权说明、版本号、生成日期、作者、模块目的/功能、主要函数及其功能、修改日志等。

(4) 函数头部(在函数之前)应进行注释,列出函数的目的/功能、输入参数、输出参数、返回值、调用关系(函数调用)等。

(5) 边写代码边注释,修改代码的同时修改相应的注释,以保证注释与代码的一致性。不再有用的注释要删除。

(6) 注释的内容要清楚、明了,含义准确,防止注释二义性。

(7) 避免在注释中使用缩写,特别是非常用缩写。

(8) 注释应与其描述的代码相近,对代码的注释应放在其上方或右方(对单条语句的注释)相邻位置,不可放在下面。

(9) 对于所有有物理含义的变量、常量,如果其命名不是充分自注释的,在声明时都必须加以注释,说明其物理含义。变量、常量、宏的注释应放在其上方相邻位置或右方。

(10) 数据结构声明(包括数组、结构、类、枚举等),如果其命名不是充分自注释的,必须加以注释。对数据结构的注释应放在其上方相邻位置,不可放在下面;对结构中的每个域的注释放在此域的右方。

(11) 全局变量要有较详细的注释,包括对其功能、取值范围、哪些函数或过程存取它以及存取时注意事项等的说明。

(12) 注释与所描述内容进行同样的缩排。

说明:可使程序排版整齐,并方便注释的阅读与理解。

(13) 将注释与其上面的代码用空行隔开(本书为了内容紧凑未采用)。

(14) 对变量的定义和分支语句(条件分支、循环语句等)必须编写注释。

说明:这些语句往往是程序实现某一特定功能的关键,对于维护人员来说,良好的注释有助于更好地理解程序,有时甚至优于看设计文档。

(15) 对于 switch 语句下的 case 语句,如果因为特殊情况需要处理完一个 case 后进入下一个 case 处理,必须在该 case 语句处理完下一个 case 语句处理之前加上明确的注释。

说明:这样比较清楚程序编写者的意图,有效防止无故遗漏 break 语句。

3. 标识符命名

(1) 标识符的命名要清晰、明了,有明确含义,同时使用完整的单词或大家基本可以理解的缩写,避免使人产生误解。

如:

```
char studentName[16];
float area;
```

(2) 命名中若使用特殊约定或缩写,则要有注释说明。

如:

```
float pi;                                    /* 数学中的 π */
```

(3) 自己特有的命名风格,要自始至终保持一致,不可来回变化。

（4）对于变量命名，禁止取单个字符（如 i、j、k……），建议除了要有具体含义外，还能表明其变量类型、数据类型等，但 i、j、k 作局部循环变量是允许的。本书在第一篇（读者还不熟练时），采用类型加变量含义的方式（iNum、fScore），这样写输入输出不容易犯错误；在第二篇和第三篇就会直接采用变量含义。

（5）命名规范必须与所使用的系统风格保持一致，并在同一项目中统一，比如采用 UNIX 的全小写加下画线的风格或大小写混排的方式，不要同时使用大小写与下画线混排的方式。本书采用的是大小写混排的方式。

1. 对例 2.5 分别画流程图和 NS 盒图。
2. 对例 2.5 按照本章注释规范编写注释。

第2篇

详解篇

在第一篇初步了解C语言的基础上，本篇对C语言的各个要素进行深入、详细的解读。对每个知识点按照理解、语法规则、使用方式的次序进行组织。

C语言比较晦涩难懂，本篇对每个知识点力争做到深入浅出，针对深奥的内容，用浅显的事物做类比，进而使得深奥的问题变得简单易懂。

本篇对数据类型、输入输出、运算符、表达式、分支语句、循环语句、数组、函数、结构体、文件各个知识点进行了翔实的介绍。每部分针对问题的难易程度，配以适当比例的例题和小案例，来帮助读者理解。数组、函数与指针部分并未做一些较为复杂的案例，因为复杂一点的案例需要涉及多章节的知识点，在第三篇会继续探讨。

通过本篇的学习，对计算机语言的一般语法规则和程序结构会有一个普遍性的认识，为学习其他计算机语言打下坚实的基础。

第 5 章 数据类型与输入输出

5.1 C 语言要素

程序设计的主要任务是处理各种数据,数据处理是通过执行一系列程序指令来完成的,而这些指令由特定字符按照严格的规则组成。掌握一门外语要按照以下步骤学习:首先要了解字母和音标,再学习用字母构成的单词,然后按照语法规则构成句子,最后才能用外语进行交流和读写文章。与其他语言一样,程序设计语言也有自己的词法规则和语法规则。本章介绍构成 C 程序的字符集、标识符和关键字,以及基本的输入输出方法。

5.1.1 字符集

字符用于组成标识符、字符串和表达式,C 语言能够识别的字符包括以下几类。

1. 字母

包括 26 个大写字母 A~Z 和 26 个小写字母 a~z,注意 C 程序区别大小写字母。

2. 数字

包括 10 个十进制数字 0~9。

3. 特殊字符

包括 29 个图形字符,见表 5.1。

表 5.1　C 语言字符集

+	-	*	/	%	<	=	>	!	&	|	^	~	_	.
(	)	[	]	{	}	?	:	;	,	"	'	#	\	

4. 空白符

包括不可打印的 5 个空白符号:空格符、回车符、换页符、横向制表符和纵向制表符。空白符只在字符常量和字符串常量中起作用。在其他地方出现时,只起间隔作用,编译程序时对它们忽略不计。在适当的地方使用空白符将增加程序的可读性。

有些非英语键盘不一定支持上述所有的字母,ANSI C 引入了三元字符,为某些键盘上

没有的字符提供输入方法。每个三元字符由 2 个问号和 1 个其他字符构成,例如,用"??="代替字符♯,用"??!"表示竖线|等。

5.1.2 标识符与关键字

C 语言中使用的词分为标识符、关键字、运算符、分隔符、常量和注释符六类。

1. 标识符

标识符是一系列由字母、数字和下画线组成的字符序列,它是对实体标识的一种定义符,用来标记用户定义的常量、变量、函数和数组等。定义标识符的规则如下:

(1) 只能由字母、数字和下画线构成;
(2) 第一个字符必须是字母或者下画线;
(3) 长度只有 31 个字符有效;
(4) 不能包含空格;
(5) 不能使用关键字。

以下标识符是合法的:
　　i, x3, name, my_car, sum5, _max
以下标识符是非法的:
　　3x, s*T, -3x, bowy-1, my car, main, include
在使用标识符时还必须注意以下几点:

① 标识符虽然可由程序员随意定义,但标识符是代表某个实体的符号,最好能够"见名知意",便于阅读理解。

② 在标识符中,大小写是有区别的。例如,Max 和 max 是两个不同的标识符。

③ 标准 C 不限制标识符的长度,但是只有前 31 个字符是有效的。此外,标识符长度受 C 语言编译系统的限制。例如,在某版本 C 编译器规定标识符前八位有效,当两个标识符前八位字符相同时,则被认为是同一个标识符。

④ 用户定义的标识符最好不使用系统定义的标识符,如系统提供的库函数 printf、main、sqrt 等,以及预处理指令中涉及 include 和 define 等。虽然允许将这些标识符定义新的意义,但会使其失去原来的作用,从而产生歧义。

2. 关键字

C 语言的关键字是具有特定意义的字符串,也称为保留字。标准 C 包含 32 个关键字,见表 5.2,可分为以下几类:

(1) 数据类型说明符(12 个)
用于表示变量、函数、数组或等实体的类型,如 int、double、struct 等。

(2) 流程控制说明符(12 个)
用于控制程序流程的跳转和改变,如 if else 是条件语句的定义符,do while 和 for 为循环语句的定义符,函数中使用 return 实现返回结果。

(3) 存储类型说明符(4 个)
常用于说明变量的存储类型,包括 auto、extern、register 和 static。

剩余 4 个为其他类型的关键字,包括 const、sizeof、typedef、volatile。C99 增添了 5 个关键字,包括_Bool、_Complex、_Imaginary、inline 和 restrict。

所有关键字都有固定的含义,不能改变其含义,而且必须是小写。注意,用户定义的标识符不能与关键字相同。

表 5.2　标准 C 中的关键字

auto	break	case	char	const	continue
default	do	double	else	enum	extern
float	for	goto	if	int	long
register	return	short	signed	sizeof	static
struct	switch	typedef	union	unsigned	void
volatile	while				

5.1.3　可执行语句

C 语言中有效字符构成标识符或关键字,这些字按一定规则连接成语句,语句是构成程序的基本单位。C 程序中的语句必须以分号结束,一条语句可以写在一行或者多行。常用的语句分为以下几类:

1. 声明语句

声明语句用来规定一组标识符的解释或属性,如声明变量、数组或函数。

2. 表达式语句

C 语言提供丰富而强大的运算符,由运算符和操作数可组成表达式语句。

3. 程序控制语句

程序中可以一条条语句依次执行,也可用选择语句、循环语句及跳转语句改变程序流程,这类语句称为程序控制语句。

4. 复合语句

有时将相关语句组成一个语句块,用大括号{}将其括起来,这样的语句称为复合语句。

5. 函数调用语句

调用系统定义的库函数或者用户自定义函数的语句称为函数调用语句。

初学者经常忘记语句后的分号,必须引起注意。

例 5.1　输入某人的年龄,计算其出生年份并判断是否成年。实现该程序并辨析代码中包含的各种语句。

```
# include < stdio.h >                         /*预处理指令*/
int main()                                    /*主函数*/
{
    int age, year;                            /*变量声明语句*/
    scanf(" % d",&age);                       /*函数调用语句,输入年龄*/
```

```
    year = 2010 - age;                        /*表达式语句*/
    printf("出生年: %d\n", year);              /*函数调用语句*/
    if ( age<18 )                              /*程序控制语句*/
    {
      printf( "未成年!\n");
      printf( "还有%d才成年!\n", 18 - age);
    }                                          /*复合语句*/
    return 0;                                  /*程序控制语句*/
}
```

5.2 数据类型

5.2.1 理解数据类型

当你品尝餐桌上一道道美味佳肴时,可能并没有想过制作这些食品的复杂过程。厨师将各种烹饪原料通过不同的烹调技法,按照特定的步骤进行加工,为了传承和发扬苦心研究出来的菜肴制作方法,将这些过程以菜谱的形式记录下来。其实,计算机执行程序和厨师按菜谱做饭的过程是相似的。程序按照某种特定的方法和步骤处理各种各样的数据,完成某个任务或得出某个结果。程序中的数据就如菜谱中的烹饪原料,程序中的算法就如菜谱中的烧菜方法。选择和搭配食材是一道菜肴是否可口的前提,厨师针对这些原料实施不同的加工方法。同样,程序设计者首先要确定表示和存储数据的方法,在此基础上安排处理数据的步骤,使程序完成特定功能。

C语言中常用变量和常量存储和表示数据。常量是在程序运行过程中不改变的数据,如计算圆周用的 3.14,重力加速度取 9.8。程序运行过程中某些数据的值可能发生改变,此类数据称为变量。

俗语道"人以类聚,物与群分",具有相似特性的事物一般归为同类。就烹饪原料而言,鱼、虾和贝都为海鲜类,芸豆、白菜和青椒都为蔬菜类,不同种类的食材有相似的保存和加工方法,厨师根据该类食材的特性烹制菜肴。在程序中可能要涉及很多数据,它们的值可为小数、整数和字符等,通过数据类型将其进行归类,同一类型的数据有相似的表示形式和存储方式,程序员根据数据的类型安排操作的步骤和方法。常量和变量是有类型的数据。

在C语言中数据类型可分为基本类型、构造类型、指针类型、空类型四大类。常用数据类型见图 5.1。

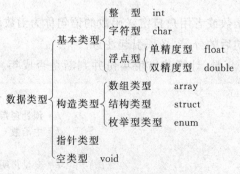

图 5.1 C语言常用数据类型

很多编译器还支持 long int 和 long double 等扩展类型。C99 增添了一些数据类型：表示逻辑值的数据类型_Bool、用于复数运算的_Complex 和 _Imaginary 类型以及用于整数操作的 long long 类型。本章讨论基本数据类型整型（int）、字符型（char）和浮点型（float、double），其他类型将在后面章节中逐一介绍。

5.2.2 变量

1．变量的定义

变量用于存储程序中的数据和运算结果，变量三个要素为类型、名字和值。每个变量有名字和类型，编译器会在内存中开辟相应的空间存放变量的值。使用变量前要先进行定义，变量定义的语法形式为：

类型 变量名列表；   /＊注释＊/

例如：

```
int age;                    /*年龄变量*/
float height , weight ;     /*身高和体重*/
```

定义变量应注意以下几点。

（1）变量命名规范化：每个变量由变量名唯一标识，变量名应符合标识符的命名规则，程序中命名风格应保持一致。

（2）变量类型合理化：变量的类型决定变量值的存储和操作方式，应正确选择其类型。

（3）同一语句中不能混合定义不同类型的变量。当定义多个变量时，若它们类型相同，可以在同一语句中定义，并用逗号分隔。若类型不同，则必须在不同的语句中分别定义。例如，下列是错误的定义形式：

int age，float height ；

（4）应该对变量进行合理的注释，增加代码的可读性。

2．变量值的存储

定义变量后可对其进行赋值，变量的值也可在定义时获得，这称为变量的初始化，例如：

```
int counter = 0;            /*计数器变量*/
double pi = 3.1415926 ,     /*圆周率*/
       g = 9.80;            /*重力加速度*/
```

这些数据存放在变量所对应的内存空间里，内部存储器（简称内存）是存放数据和代码的硬件，其作用好比存放烹饪原料的冰箱。为了提高存储空间的利用率，最好将冰箱分成小格子和大格子，厨师取放食物时要记住摆放在哪个格子中，以便下次再取放。系统将存储大量数据的内存分为若干单元，按照数据的类型分配不同大小的存储单元。

计算机中存储的数据都为二进制形式，例如用 1010 代表整数 10。二进制数据最小的单位为位，每一个二进制数据 1 或 0 的存储单位为 1 比特（b）。将 8 个比特组合起来构成字节（B），例如 01111111 可以存储在 1 字节中，表示十进制数值 127。若将多个字节组合起来，可以构成更大的单位字（word），对于 16 位的编译器而言，1 个字包括 2 字节；而对于目前常用的 32 位编译器而言,1 个字包括 4 字节;那么如果使用 64 位的计算机,一个字又该是多少字节呢?

变量代表内存中具有特定属性的一个存储单元,定义变量时编译器为其分配在内存的位置,并根据变量的类型决定变量值占用几字节。通常用变量名字访问该变量,读取或者更改变量的值。编译器会识别变量对应的内存位置,而不必劳烦程序员记住到底将数据存储在哪个字节中。例如有变量 int a、double b,它们在内存中的情况见图 5.2。

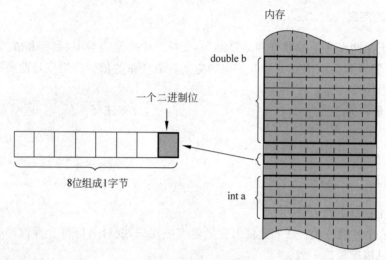

图 5.2 变量在内存中的存储

5.2.3 常量

在程序执行过程中,常量的值始终不改变。按照不同的表示形式,将常量分为直接常量和符号常量。

直接常量也称字面常量,如整数 1998、0、−3;小数 3.14、−1.23;字符 'a'、'+' 和 '0' 等。通常这些常量出现在表达式中和变量一起参与运算。和变量一样直接常量分为不同的类型,但是它们不存储在内存中。

在 C 语言中,可以用一个标识符来表示一个常量,称之为符号常量。符号常量在使用之前必须先定义,其一般形式为:

♯define 标识符 常量

其中,♯define 也是一条预处理命令(预处理命令都以♯开头),称为宏定义命令,功能是将该标识符定义为其后的常量值。编译器将程序中所有出现该标识符的地方均用该常量值代替。习惯上符号常量的标识符用大写字母,变量标识符用小写字母,以示两者的区别。

例 5.2 定义符号常量。

```
#include<stdio.h>
#define BYTE 8                          /*定义每字节比特数*/
int main()
{
    int bytesPerWord = 4,               /*每字包含字节数*/
        totalBit ;                      /*总比特数*/
```

```
    totalBit = bytesPerWord * BYTE;              /*计算一个字包含的比特数*/
    printf("%d bits per word\n",totalBit);       /*用%d的格式输出整数*/
    return 0;
}
```

使用符号常量的方法和变量类似,区别有两点:符号常量没有数据类型,其值不能改变(即不能再被赋值)。下面为使用符号常量的错误语句。

```
#define float PI 3.14;           /*不能指定类型,没有分号 */
PI = 3.141 592 6;                /*不能给符号常量赋值*/
```

定义符号常量不仅可以增加程序的可读性,而且便于代码的维护。用符号常量代替直接常量,可以使代码的语意明确,例如在 5.2 中 BYTE 代表每字节包含 8 比特。假设定义符号常量圆周率 PI 为 3.14,并在程序中多次引用该符号,若程序中的 PI 值修改为 3.141 592 6,只需更改预处理指令即可,减少逐个修改直接常量的烦琐劳动,并避免错误修改。

5.2.4 整型数据

1. 整型常量

整型常量是由数字构成的常整数。在 C 语言中常用八进制、十进制和十六进制三种整数,它们基数分别为 8、10 和 16。

1) 十进制常整数

十进制由数字 0~9 组成,前面可以加+或者-区分符号。以下为合法的十进制常整数:

123、−321、0、65 535、+1627。

十进制常数是没有前缀,并且不能出现数字以外的字符,以下各数不是合法形式:

023(不能有前缀 0)、23D(含有非十进制数码)。

2) 八进制常整数

八进制常整数必须以前缀 0 开头,数字取值为 0~7。八进制数通常是无符号数。以下各数是合法的八进制数:

015(十进制为 13)、0102(十进制为 66)、0177777(十进制为 65 535)。

将八进制常量 0102 转换为十进制值,计算过程为 $0102=1\times 8^2+0\times 8^1+2\times 8^0=66$。

以下各数不是合法的八进制数:

256(无前缀 0)、03A2(包含了非八进制数码)、−0127(出现了负号)。

3) 十六进制常整数

十六进制常整数的前缀为 0X 或 0x,其数码包括 16 个:数字为 0~9,以及字母 A~F 或 a~f,其中 A~F(a~f)分别表示 10~15。以下各数是合法的十六进制数:

0X2A(十进制为 42)、0XA0(十进制为 160)、0XFFFF(十进制为 65 535)。

以下各数不是合法的十六进制数:

5A(无前缀 0X)、0X3H(含有非十六进制数码)

在程序中根据前缀来区分各种进制数,在书写常数时不要把前缀弄错造成结果不正确。对于整型常数可以添加后缀(u、U、l、L),表示无符号和长整数。

2. 整型变量

整数变量一般用关键字 int 说明，其数值的取值范围取决于计算机和编译器的字长。通常整数占用一个字的存储空间，由于不同的计算机字长和编译器的位数不同（一般为 16 位或 32 位），因此所能保存的最大和最小整数与计算机相关。如果是 16 位的字长，整数的取值范围为 $-32\,768 \sim 32\,767(-2^{15} \sim (2^{15}-1))$，有符号数用 1 位代表符号，用 15 位表示数据。而对于 32 位的字长，整数的取值范围大约为 $-2^{31} \sim (2^{31}-1)$。

为了控制整数的范围和存储空间，C 语言定义了三种整数类型：int、short int、long int。

(1) 基本整型：一般整数默认为 int 类型，占 4 字节（在 32 位机中）。
(2) 短整型：类型说明符为 short int 或 short，占 2 字节（在 32 位机中）。
(3) 长整型：类型说明符为 long int 或 long，一般在内存中占 4 字节。

为了扩大数据的表示范围，也可以将整数声明为无符号型，类型说明符为 unsigned。各种无符号类型量所占的内存空间字节数与相应的有符号类型量相同。但由于省去了符号位，不能表示负数，因此将正数的范围扩大了一倍。如 unsigned int 整型变量值的范围为 $0 \sim 2^{16}-1$，unsigned int 整型变量值的范围为 $0 \sim 2^{32}-1$。表 5.3 和表 5.4 分别列出了 Turbo C 和 Visual C++ 6.0 中各类整型量所分配的内存字节数及数的表示范围。

表 5.3　整型数据的取值范围（16 位字长）

类型说明符	数 的 范 围		字节数
short int	$-32\,768 \sim 32\,767$	即 $-2^{15} \sim (2^{15}-1)$	2
unsigned short int	$0 \sim 65\,535$	即 $0 \sim (2^{16}-1)$	2
int	$-32\,768 \sim 32\,767$	即 $-2^{15} \sim (2^{15}-1)$	2
unsigned int	$0 \sim 65\,535$	即 $0 \sim (2^{16}-1)$	2
long int	$-2\,147\,483\,648 \sim 2\,147\,483\,647$	即 $-2^{31} \sim (2^{31}-1)$	4
unsigned long	$0 \sim 4\,294\,967\,295$	即 $0 \sim (2^{32}-1)$	4

如果厨师想盛放某种食物，要根据食物的形态和大小选择容器。例如，用小盒子装 1 打鸡蛋放不进去，选择大盒子放 1 个鸡蛋太浪费；又如，瓶子可以盛放油盐酱醋，但不适合盛放鸡蛋。同理，程序员应根据数据值的范围和形式选择合适的数据类型。

表 5.4　整型数据的取值范围（32 位字长）

类型说明符	数 的 范 围		字节数
short int	$-32\,768 \sim 32\,767$	即 $-2^{15} \sim (2^{15}-1)$	2
unsigned short int	$0 \sim 65\,535$	即 $0 \sim (2^{16}-1)$	2
int	$-2\,147\,483\,648 \sim 2\,147\,483\,647$	即 $-2^{31} \sim (2^{31}-1)$	4
unsigned int	$0 \sim 4\,294\,967\,295$	即 $0 \sim (2^{32}-1)$	4
long int	$-2\,147\,483\,648 \sim 2\,147\,483\,647$	即 $-2^{31} \sim (2^{31}-1)$	4
unsigned long	$0 \sim 4\,294\,967\,295$	即 $0 \sim (2^{32}-1)$	4

例 5.3 输入一个整数值，计算并输出其平方值，验证整型数据的溢出情况。

例 5.3 的功能是计算平方数，当选择基本整型的变量 square_int 存储 1200 的平方数时，可以输出正确的结果，而选择短整型变量 square_short 存储平方数时，发现得到不同的结果。请思考，为什么会产生这种奇怪的现象？

```
#include<stdio.h>
#include<math.h>
int main()
{
    int num = 1200, square_int = num * num;
    short int square_short = square_int;
    printf("square_int = %d\n",square_int);
    printf("square_short = %d\n",square_short);
    scanf("%d",&num);                          /* 输入整数 */
    square_int = num * num;                    /* 计算平方 */
    printf("square = %d\n",square_int );
    return 0;
}
```

运行结果：
square_int = 1440000
square_short = -1792
120000
square = 1515098112

仔细分析程序，整型变量 num 的平方数超过了短整型的数据表示范围，即 square_short 存储不下这么大的数据，产生数据的溢出，为了避免溢出可选用 int 或 long 类型的变量存储。当对变量 num 输入 120000 时，将存储 num 的平方数存储在 square_int 中也会溢出。请读者实验，当输入 num 的值满足什么范围时，能输出正确的结果。今后当程序输出了匪夷所思的结果时，检查是否选择了合适的数据类型，分析是否会发生溢出。

5.2.5 浮点型数据

1. 浮点数的类型

浮点类型也称实型，是用来描述小数的数据类型，包括单精度（float 型）、双精度（double 型）和扩展的双精度（long double 型）三类。

标准 C 并未规定每种类型数据的长度、精度和数值范围。在一般 C 编译系统中，单精度型占 4 字节（32 位）内存空间，双精度型占 8 字节（64 位）内存空间。对于扩展的双精度型（long double），不同系统有所差别，有的分配 8 字节，有的 16 字节，也有分配 80 位的。由于占用空间的差异，三种实型表示数据的能力是依次递增的，即单精度的数据范围及精度和都低于双精度型。浮点类型描述数据的精度和取值范围见表 5.5。

浮点型数据与整数的存储方式不同，比整数具有更大的数据范围。要注意其精度有限，float 型只能提供 6 位有效数字，double 型只能保证 15 位有效数字，因此小数有时不能被精确表示。

表 5.5　浮点类型数据的精度与范围

类型说明符	字节数	精度	数的范围
float	4	6～7	$1.2 \times 10^{-38} \sim 3.4 \times 10^{38}$
double	8	15～16	$2.2 \times 10^{-308} \sim 1.8 \times 10^{308}$
long double	16	18～19	$3.3 \times 10^{-4932} \sim 1.2 \times 10^{4932}$

2. 浮点型常量

浮点型常量也称为实数或浮点数。在 C 语言中,实数用十进制表示;它有以下两种形式。

(1) 小数形式

由十进制数码 0～9、小数点和正负号组成。例如:

0.0、25.0、5.789、0.13、5.、.300、−267.8230、−.1

均为合法的浮点数。注意,若小数点前面或者后面的数为 0,可以省略一个 0,但不能同时省略,而且必须有小数点。

(2) 指数形式

由十进制数 0～9、阶码标志 e 或 E 以及阶码组成。其一般形式为:

a E^n(a 为十进制实数,n 为十进制整数)

其中,a 为小数形式,E 表示以 10 为底数,n 为指数(只能为整数,可以带符号)。该形式所表示的值为 a$\times 10^n$。例如:

2.1E5(等于 2.1×10^5)、3.7E−2(等于 3.7×10^{-2})、−2.8E−2(等于 -2.8×10^{-2})

浮点数必须包含一个小数点或者指数,或者两者都包含。以下不是合法的浮点数:

345(无小数点)、E7(阶码标志 E 之前无数字)、−5(无阶码标志)、2.7E(无阶码)

指数形式相当于科学记数法的表示形式,但要注意底数 E 为 10 而不是数学中的常量 e。

标准 C 允许浮点数使用后缀(f、F、l、L)。后缀为 f 或 F 即表示该数为 float 型浮点数,后缀为 l 或 L 即表示该数为 long double 型浮点数,没有后缀的实数默认为 double 型浮点数。例如,下面为不同类型的浮点数:

3.141 59、3.141 59F、3.141 592 6L

3. 浮点型变量

浮点型变量与整型的定义规则相同,但需要用 float、double 或 long double 声明其类型,例如:

```
double a, b, c = 8.9;
float f1 = 0.123456f,
    f2 = -789.012F,
    f3 = -123.456E-2F;
```

浮点型变量的初始化和引用形式与整型变量也相似。但要注意,两者在一些操作中存在不同:调用库函数 printf 时用%f 格式输出浮点数,调用库函数 scanf 时用%f 和%lf 分别对 float 型和 double 型数据进行输入。例如,对于上面定义的 f1、f2 和 f3 按下面的方式操作:

```
printf("f1 = %f, f2 = %f,f3 = %f\n", f1, f2,f3);
printf("f1 = %d, f2 = %d, f3 = %d\n", f1, f2,f3);
```
输出结果为：
```
f1 = 0.123456, f2 = -789.012024, f3 = -1.234560
f1 = 0,  f2 = 1069521616, f3 = -1610612736
```
可见，如果依然按"%d"的格式对 float 型的数据进行解释，会产生错误输出结果。同样，对 double 型变量 a、b、c 按如下形式调用：
```
scanf("%lf",&a);
scanf("%f",&b);
scanf("%d",&c);
```
分别输入 1.23、4.56 和 7.89 后执行 printf("a=%f\nb=%f\nc=%f\n",a,b,c);输出更为奇怪的结果：
```
a=1.230000
b=-925596044865866270000000000000000000000000000000000.000000
c=8.899994
```
注意：double 型的数据必须用%lf 格式输入，才能得到正确的结果。试图将单精度型的数据存储在双精度的空间中，是初学者经常犯的错误。

细心的读者应该会发现前面定义 float f2 = -789.012F，按%f 输出 f2=-789.012 024。这一结果和 f2 的初值不完全相同。前面提到过，float 型只能保证 6 位数据有效，而%f 默认输出小数点后 6 位数字，后面的数据是没有意义的。

由于浮点型变量是由有限的存储单元组成的，因此能提供的有效数字总是有限的，浮点数有时会产生舍入误差。若 f2 = -789.0126f，则 f2 实际获得的值为-789.013。

例 5.4 验证浮点数的舍入误差。

```
#include<stdio.h>
int main()
{
    float f;
    double d;
    f = 0.123456789f;                    /* f 实际值为 0.123457 */
    d = 123456789.123456789;
    printf("%f=f,d=%f\n", f, d);
      return 0;
}
```

运行结果：
```
f=0.123457, d= 123456789.123457
```

5.2.6 字符型数据

1. 字符常量

字符常量是用单引号括起来的一个字符。如'a'、'b'、'='、'+'、'?'都是合法字符常量。

在 C 语言中,字符常量有以下特点:

(1) 字符常量只能用单引号括起来,不能用双引号或其他括号;
(2) 字符常量只能是单个字符,不能是字符串;
(3) 字符常量可以是字符集中任意字符,还包括转义字符。

转义字符是一种特殊的字符常量,以反斜线\开头,后跟一个或几个字符。不同于字符原有的意义,转义字符具有特定的含义,故称"转义"字符。例如,在前面各例题 printf 函数的格式串中用到的\n 就是一个转义字符,其意义是"回车换行"。转义字符主要用来表示那些用一般字符不便表示的控制代码,常用的转义字符见表 5.6。各种转义符的含义请读者自己通过实验理解。

表 5.6 常用的转义字符及其含义

转义字符	转义字符的意义	ASCII 代码	转义字符	转义字符的意义	ASCII 代码
\n	回车换行	10	\\	反斜线符\	92
\t	横向跳到下一制表位置	9	\'	单引号符	39
\b	退格	8	\"	双引号符	34
\r	回车	13	\a	鸣铃	7
\f	走纸换页	12			

计算机通常使用某种编码形式来表示字符,ASCII 码(美国国家信息交换标准字符码)为常用的西文字符编码。每个字符在 ASCII 码表(见附录 A)中对应一个码值,例如,n 的 ASCII 值为十进制数 110,转义符\n 的 ASCII 值为十进制数 10(八进制数 12)。

广义地讲,C 语言字符集中的任何一个字符均可用转义字符来表示。用\ddd 的形式表示反斜杠后为 1~3 位八进制数所代表的字符数,用\xhh 的形式表示反斜杠后为 1~2 位十六进制数所代表的字符数,ddd 和 hh 分别为八进制和十六进制的 ASCII 代码。如\101 表示字母'A',\134 表示反斜线,\x0A 表示换行等。

2. 字符变量

字符变量用来存储字符常量,类型说明符是 char,定义形式为:

char c1, c2 = 'A';

每个字符变量被分配一个字节的内存空间,因此只能存放一个字符。字符值是以 ASCII 码的形式存放在变量的内存单元之中的。如字符 A 的 ASCII 码为 65,字符 a 的 ASCII 码为 97。若'x'的十进制 ASCII 码是 120,'y'的十进制 ASCII 码是 121。对字符变量 c1、c2 赋值:

c1 = 'x';
c2 = 'y';

实际上,c1 和 c2 两个单元内存放的为 120 和 121 的二进制数据:

c1:

| 0 | 1 | 1 | 1 | 1 | 0 | 0 | 0 |

c2:

| 0 | 1 | 1 | 1 | 1 | 0 | 0 | 1 |

因此也可以把字符变量看成是整型量。C语言允许对整型变量赋予字符值,也允许对字符变量赋予整型值。在输出时,允许把字符变量按整型量输出,也允许把整型量按字符量输出。

例 5.5 定义并输出字符变量和常量。

```c
#include<stdio.h>
int main()
{
  char c1, c2;
  c1 = 'x';
  c2 = 121;
  printf("%c %c\n", c1,c2);              /*以字符形式输出:x y*/
  printf("%d %d\n",c1,c2);               /*为整数形式输出:120 121 */
  printf("%c %c\n",c1-32, c2-32);        /*输出大写字符:X Y */
  printf("%d %d\n",c1-32, c2-32);        /*输出大写字符:88 89 */
  return 0;
}
```

本程序中定义 c1 和 c2 为字符型,可以直接用字符常量赋值,也可以赋予字符 ASCII 码对应的整型值。从结果看,c1 和 c2 的输出形式取决于 printf 函数格式串中的格式符,当格式符为"%c"时,对应输出的变量值为字符,当格式符为"%d"时,对应输出的变量值为整数。

此外,C语言允许字符变量参与数值运算,即用字符的 ASCII 码参与运算。注意'3'和 3 的意义和值都不同,'3'+3 的值为字符'6'对应的 ASCII 码值。由于大小写字母的 ASCII 码相差 32,因此可以通过运算'A'+32 把大写字母'A'换成小写字母'a'。

虽然整型数据和字符数据可以一起参与运算,但两者不能完全等同。有些系统将字符定义为 unsigned char 型,字符变量的数值范围为 0~255。Visual C++中将字符型定义成有符号型,char 型数据的数据范围一般为-128~127,即字符变量中存放一个 ASCII 码值为 0~127 的字符。如果超出此范围,不能用%c 输出正常的字符。

3. 字符串常量

字符串是和字符常量不同的数据类型,在用双引号括起的多个字符为字符串常量,例如:"Hello World","你好!"

对于'A'和"A",存储它们的机制不同,前者可以用字符变量存储,在内存中只占 1 字节,而存储后者则需要多个字节。在 printf 中表示格式的参数为字符串,如"c = %c ,i = %d\n",在屏幕上输出一个字符串。注意字符串中除了包含可见的字符外,还自动在串尾添加一个特殊的字符'\0',作为字符串的终止标志,因此字符串"A"中实际包含两个字符。

5.3 输入与输出操作

5.3.1 输入与输出的概念

程序对数据进行处理一般分为三个步骤:获取数据、计算和输出结果。计算机从外部获取数据为输入操作,即将数据从键盘、磁盘文件及网络等设备读取到内存中。程序对这些数据按二进制的方式进行表示和处理,并将结果以人类能直观理解的方式呈现在显示器上,或者存储在磁盘、优盘等外部设备中,数据从内存流向外部设备为输出操作。可见,所谓输入输出是相对计算机内存而言的。

在C语言中,数据输入输出操作通过调用库函数实现。前面的程序中常使用输入函数scanf和输出函数printf,程序员无须深入了解数据怎样流动与转换,就可以轻松进行输入输出操作。程序中要用预编译命令♯include将头文件"stdio.h"包括到源文件中,stdio为standard input & outupt的缩写,编译后头文件中的内容就成为源代码的一部分。由于printf和scanf函数使用频繁,系统允许在使用这两个函数时可不加♯include< stdio.h >或 ♯include "stdio.h"。

此外,标准库函数还提供了其他I/O函数,按格式化的方法读写数据。本章将讨论常用的标准输入输出函数的基本用法,复杂格式的读写操作请参阅其他资料,了解文件读写操作请阅读第12章。

5.3.2 格式化输出函数

printf函数称为格式输出函数,其关键字最后一个字母f即为"格式"(format)之意。其功能是按用户指定的格式,将相关数据输出到显示器屏幕上。

1. printf的一般形式

前面的例题中已了解该函数的基本用法,调用的一般形式为:
printf("格式控制字符串",arg1,arg2,…,argN);
其中圆括号的参数中包括两部分:格式控制字符串和输出列表arg1,arg2,…,argN。控制字符串用于指定参数列表中各个表达式的输出格式,由格式字符串和非格式字符串组成。格式字符串由两种类型项构成。

1) 格式说明符

以%开头的字符串,用于定义每个数据的输出格式。在%后面跟有各种格式字符,以说明数据的类型和形式。如"%d"表示按十进制整型输出,"%f"表示按实型输出,"%c"表示按字符型输出等。

2) 普通字符

用于显示在屏幕上的非格式字符串,这些字符在显示中起提示作用,以字符的形式输出,并包括一些转义字符。例如:

```
int i = 1 ;
double d = 3.14 ;
printf("i = %f, d = %f\n",i, d);
```

输出结果为:
i = 1 , d = 3.14(回车换行)
若参数列表中包含多项参数,则用逗号分隔。其中参数可以为变量、常量、函数调用以及其他表达式。必须注意,格式字符串和各输出项在数量、类型和顺序上必须一一对应。

例 5.6 使用标准输出函数。

```
int main()
{
    int hour = 23, minute = 45;              /* 定义变量,小时和分钟 */
    double time = hour + minute / 60.0;      /* 转化成小数时间 */

    printf("%d hours %d minutes\t", hour, minute);
    printf(":%f\n", time);
    /* 等效于 printf(":%f\n", hour + minute / 60.0); */
    return 0;
}
```

运行结果:

23 hours 45 minutes:23.750000(回车换行)

本例中首先输出了整数小时和分钟,将变量 hour 和 minute 的值按十进制整数形式输出。然后将其转化成小数的时间存储在实型变量 time 中,按%f 的格式输出该变量和直接输出表达式 hour + minute / 60.0 的结果相同,若执行语句 printf(":%d\n", time);,则输出错误的结果 0。

除了这些基本的输出操作,printf 语句提供某些格式字符串,能有效控制数据显示的对齐方式、长度以及小数位等。具体说明见表 5.7。下面分别讨论整数和实数的格式化输出形式。

表 5.7 输出格式字符及其含义

格 式 字 符	意 义
d	以十进制形式输出带符号整数(正数不输出符号)
o	以八进制形式输出无符号整数(不输出前缀 0)
x,X	以十六进制形式输出无符号整数(不输出前缀 0x)
u	以十进制形式输出无符号整数
f	以小数形式输出单、双精度实数
e,E	以指数形式输出单、双精度实数
g,G	按数据精度以%f 或%e 中较短的输出宽度输出单、双精度实数
c	输出单个字符
s	输出字符串

2. 整数的格式化输出

用于显示整数的格式说明符为:

%[对齐方式][输出最小宽度]整数类型

[]为可选项,各项具体含义如下所示。

1) 输出最小宽度:%nd

用于显示该小数的最小位数,若数据实际位数多于定义的宽度 n,则按实际位数输出;若实际位数少于定义的宽度 n,则补以空格或 0。

2) 对齐方式:%d 或%-d

一般默认为右对齐,若输出宽度前加负号,则设置为左对齐。

3) 整数类型：%d、%o、%x、%X 或 %ld

整数可以表示成不同进制的数据。内存中的数据都存储为二进制的形式，可以将其转换为十进制形式输出，用%d 格式表示；可以用%o 的格式按照八进制输出无符号的整数，还可以用%x 或者%X 输出十六进制形式的无符号整数。l 表示长型量输出，如%ld 输出长整型数。

例 5.7 格式化输出整数。

```
int main()
{
    int  hour = 1234, minute = 56;
    printf("%d,%d\n" , hour,minute);
    printf("%8d,%4d\n" , hour,minute);            /* 右对齐,不足宽度补空格 */
    printf("%08d,%04d\n" , hour,minute);          /* 右对齐,不足宽度补 0 */
    printf("%-8d,%-4d\n" , hour,minute);          /* 左对齐,不足宽度补空格 */
    printf("%-8d,%-4d\n" , -hour,-minute);        /* 负数符号占 1 位 */
    printf("%o,%o\n" , hour,minute);              /* 输出八进制 */
    printf("%4x,%3X\n" , hour,minute);            /* 输出十六进制,右对齐 */
    return 0;
}
```

运行结果为：

```
1234,56
    1234,  56
00001234,0056
1234    ,56  
-1234   ,-56 
2322,70
 4d2, 38
```

3. 实数的格式化输出

用于显示实数的格式说明符为

%[输出最小宽度][.精度]实数类型

其中，方括号[]中的项为可选项，各项具体意义如下所示。

1) 输出最小宽度：%nf

用于显示该小数的最小位数 n，包括整数、小数点及小数部分的总位数。一般默认数据右对齐，若输出宽度前加负号，则设置为左对齐。

2) 精度：%n.mf

用于显示小数点后的整数 m，精度格式符以"."开头后跟十进制整数。若实际位数大于所定义的精度数，则按四舍五入截去超过的部分。一般实数默认输出为 6 位小数。

3) 实数类型

一般用格式 f 将 float 型和 double 型表达式以十进制小数形式输出，lf 表示按 long double 类型输出。用格式字符 e 或 E 将实型数据按科学记数法的形式输出。

例 5.8 格式化输出实数。

```
int main()
{
  float f = 3.1416;
  double d = 3.1415926;

  printf("%f    %10.2f   %-10.2f\n", f, f, f);        /*输出小数形式*/
  printf("%f    %10.7f   %-10.7f\n", d, d, d);

  f = .00000001f;
  d = 1234.56789;
  printf("%f    %e\n", f, f);                          /*输出指数形式*/
  printf("%e    %8.2e\n", d, d);
  return 0;
}
```

运行结果：
3.141600   3.14   3.14
3.141593   3.1415926   3.1415926
0.000000   1.000000e−008
1.234568e+003   1.23e+003

4. 提高输出的可读性

计算机的输出经常用于分析数据之间的某些联系,以供检验结果的正确性,或为决策提供依据,因此输出的正确性和清晰性尤为重要。以下一些方法可以增强输出的可读性,使其便于理解：

(1) 在数据之间插入相应的分隔符增加数据的间距,如空格和逗号；
(2) 在输出的部分数据之间输出回车换行\n,分隔多个数据；
(3) 设置数据的长度和精度,使多组数据对齐；
(4) 在输出中给出变量名,明确数据的含义；
(5) 在输出数据前输出字符串,用于显示提示信息。

总之,为了将结果正确清晰地输出显示,程序员应仔细考虑程序产生输出结果的形式。

5.3.3　格式化输入函数

scanf 函数称为格式化输入函数,即按用户指定的格式从键盘上输入数据,将其值存储到相应的变量之中。scanf 函数的一般形式为：

scanf("格式控制字符串",&arg1,&arg2,…,&argN);

其中,格式控制字符串的作用与 printf 函数相同,指定输入数据的个数、类型和样式。地址表列中给出各变量的地址,若有多个地址则用逗号将其分隔。

变量的地址表示该变量在内存中的位置,即变量值所存储的字节编号。变量的地址是在定义时由编译器自动分配的,一般表示为十六进制的整数,可用地址运算符 & 后跟变量名表示该变量的地址。注意,变量的地址和变量的值是不同的概念。例如：

```
int i;
scanf("i = %d", &i);                  /*输入 i = 1*/
```

```
        printf("i = %d, &i = %x", i, &i);    /* 分别输出变量 i 的值和地址 i = 1, &i = 13ff7c */
```

注意，输入数据的格式和顺序必须和格式控制字符串严格对应，否则变量不能获得正确的值。

在运行输入函数程序时，将退出编译窗口进入运行窗口，屏幕上光标闪动等待用户输入，输入数据后程序继续执行后面的代码。若需要连续输入多个数值，一般用空格、回车符或制表符分隔数据。例如：

```
double lentgh, width;
scanf("%lf%lf", &lentgh, &width);
```

可以按如下格式输入数据：

  1.2 3.4

或者

  1.2
  3.4

则将 1.2 存储到变量 lentgh 中，而 width 获得值 3.4。函数从键盘中读取数据时，将忽略分隔符。注意，不能其他字符分隔，除非在格式控制字符串中指定的特殊分隔符。例如：

```
scanf("%lf,%lf", &lentgh, &width);
```

必须按如下格式输入数据：

  1.2,3.4

变量 lentgh 和 width 才能获得正确的值。

如果错误地指定输入数据的格式，或输入数据的形式与控制字符串不匹配，则无法将从键盘输入的数值传递给变量。例如：

```
int i; float f; double d;
scanf("%d %f", &i, &f, &d);        /* 格式控制字符串与地址数目不匹配 */
scanf("%d %f", &f, &d);            /* 格式控制字符串与变量类型不匹配 */
```

在程序运行中，若输入的格式和格式控制字符串不完全相同，有时会造成输入错误。例如：

```
int i; float f; double d;
scanf("%d %f", &i, &f);            /* 输入 3.14 5.6，则 i = 3, f = 0.14 */
scanf("%lf", &d);                  /* 输入 3，则 d = 3.0 */
scanf("i = %d", &i);               /* 输入 3，则 i 不能获得数值 3，应输入 i = 3 */
```

初学者使用 scanf 函数经常犯错，必须注意以下几点：

（1）scanf 中要求给出变量地址，若在格式控制字符串后直接给出变量名，则会在运行时出错。如 scanf("%d",a); 是非法的。

（2）float 类型的数据可以用 %f 进行输入或输入操作。对于 double 型的实数，可以用 %f 的格式输出，但是必须用 %lf 的格式输入数据。

（3）编译器在遇到分隔符或非法数据时即认为输入操作结束。例如：

```
scanf("%d %f %lf", &i, &f, &d);
```

当错误输入 12A 6.7 时,A 即为非法数据,d 获得数值 12,而后面的变量将无法获得数据。

(4) 格式字符可以用空格分隔,但最好不用回车作为分隔符,除非后面还有数据要输入。例如:

```
scanf(" %d %f", &i, &f);         /*输入 3 4.5 或 3(回车)4.5 均可*/
scanf(" %d\n%f", &i, &f);        /*输入 3 4.5 或 3(回车)4.5 均可*/
scanf("%lf\n",&d);               /*输入 3.14,光标闪动,等待继续输入*/
```

5.3.4 字符的输入与输出

1. 输入字符

输入字符操作是从标准输入设备(通常指键盘)输入一个字符,将该值存储到字符变量中,完成该操作常使用以下两种方式:

(1) 调用格式化输入函数 scanf,使用格式字符"%c"表示输入数据的类型为字符。

(2) 调用非格式化输入函数 getchar,其功能是读字符。一般调用形式为:

char c = getchar();

注意,两种形式都可以输入任意字符,包括空格、制表符和回车。这意味着输入数值数据时若使用以上分隔符,都将作为有效字符存储到字符变量中。例如:

```
int i ;      float  f ;     char c;
scanf("%d %f %c", &i, &f, &c);
printf("%c %d", c,c );
```

当输入 1(空格) 3.14(回车)后,直接输出回车和 10。原因在于 3.14 后面的回车不是分隔符,而是有效字符(ASCII 码值为 10)。当输入数值型数据后,想继续输入字符型数据,必须先接收前面遗留的分隔符,然后才能成功输入新的有效字符。例如:

```
scanf("%d %f", &i, &f);          /*输入 1 3.14(回车)*/
c = getchar();                   /*接收空格,c = '\n' */
c = getchar();                   /*输入字符 A*/
printf("%i   %f   %c", i, f,c);  /*输出 1  3.14  A*/
```

接收空格并输入字符还可以写成如下形式:

getchar();   c = getchar();

或者

scanf("%c",&c);

因此,要特别注意 C 语言中混合数据的输入函数的用法。

2. 输出字符

输出字符是将内存中某个字符变量的值传送到标准输出设备(通常为显示器),常通过调用以下两个函数完成输出操作:

(1) 格式化输出函数 printf,使用格式字符"%c"表示输出的数据为字符类型。

(2) 非格式化输出函数 putchar 函数,其功能是在显示器上输出单个字符。其一般形式为:

putchar(字符数据);

例如：

```
putchar('A');              /*输出大写字母 A*/
putchar(x);                /*输出字符变量 x 的值*/
putchar('\101');           /*也是输出字符 A*/
putchar('\n');             /*换行*/
```

使用字符输入函数和字符输出函数还应注意以下几个问题：
① getchar 函数只能接收单个字符，输入多于一个字符时，只接收第一个字符；
② 使用字符输入输出函数前必须包含文件"stdio.h"；
③ 可以将两种函数配合使用，将输入输出函数的调用整合到同一语句中。例如：
char c = getchar(); putchar (c);

等效于

```
putchar(getchar());        /*输入字符后显示*/
```

5.4 编程错误

无论对于 C 语言的初学者，还是经验丰富的程序员，在设计和实现程序时经常会出现错误，程序很少第一次运行就正确。即使改正错误后运行成功，也并不能证明这是没有漏洞的完美程序。Murph 法则"可能出错的事情终将会出错"，非常适于计算机编程。实际上，程序中的错误是常见的，它们拥有一个专用的名字（bug），而纠正错误的过程成为调试（debug）。传说这个名字和计算机先驱 Grace Murray Hopper 诊断出的第一个硬件错误有关，而这个错误正是由计算机组件中一个昆虫引起的。

在编写程序时，经常会出现各种各样的错误，调式程序是编写一个完整程序的必要步骤。程序员在实现程序功能的基础上，应尽量查找出所有的错误，并将其改正，保证程序正常运行。一般将程序中的错误分为三类：语法错误、运行错误和逻辑错误。

例 5.9 阅读下面的代码，指出并改正其中的错误。

编写程序，将各种容积单位进行转换，如将公升转换成加仑。

英国：1 加仑等于 4.5459711330833 公升。

美国：1 加仑等于 3.78542686366028 公升。

```
#include<stdio.h>
#define GALE 4.5459711          /*英制：1 加仑等于 4.5459711 公升*/
#define GALA 3.7854268          /*美制：1 加仑等于 3.7854268 公升*/
int main()
{
    int liter,                  /*公升*/
    float galE,                 /*英制加仑*/
        galA;                   /*美制加仑*/
    printf("输入公升");
    scanf("%d", liter);
    galE = liter * GALE;
```

```
    galA = liter * GALA;
    print(" %d 公升 = %d 英制加仑\n",liter,galE);
    print(" %f 公升 = %f 美制加仑\n",liter,galA);
    return 0;
}
```

5.4.1 语法错误和警告

由于程序某些代码不符合语法将产生语法错误。当代码违反了一条或者多条语法规则，在试图编译该程序时编译器能够自动识别出此类错误(error)，程序员可以根据编译器提示的错误信息进行更改。此类错误必须予以改正，才能运行程序。

有时编译器还会给出警告信息(waring)，提示程序中某行可能会出现问题，但程序可以运行。对于此类存在隐患的语句，最好将其改正。

例题 5.9 中存在很多语法错误，下面分别讨论：

错误 1：变量混合定义，在同一语句中定义不同类型的数据，出错代码段为：

```
int liter,                /* 公升 */
float galE,               /* 英制加仑 */
galA;                     /* 美制加仑 */
```

编译器提示语法错误信息：

error C2059：syntax error：'type'()
error C2146：syntax error：missing ';' before identifier 'galE'
error C2065：'galE'：undeclared identifier

将变量 liter 后的逗号改成分号，在两个语句中分别定义 int 和 float 类型变量，消除三个错误。

错误 2：语句后丢失分号，语句不完整，出错代码为：

```
scanf("%d", liter)
galE = liter * GALE;
```

编译器提示语法错误信息：

error C2146：syntax error：missing ';' before identifier 'galE'

改正此类错时，若在被指出有错的一行中未发现错误，就需要查看上一行是否漏掉了分号。

错误 3：程序中包含非法字符，语句以中文分号"；"结束，出错语句为：

```
galE = liter * GALE;
```

编译器提示语法错误信息：

error C2018：unknown character '0xa3'
error C2018：unknown character '0xbb'

由于在编辑程序时输入非法字符，会导致许多不易察觉的错误。必须注意，除了注释中文字和双引号中字符，程序代码中不能包含中文字符。

错误 4：标识符书写错误，将 printf 写成 print，将 return 写成 Return，出错代码段为：

```
print(" %d 公升 = %d 美制加仑\n",liter,galA);
Return 0;
```

编译器提示语法错误信息：
  warning C4013：'print' undefined；assuming extern returning int
  error C2065：'Return'：undeclared identifier

关键字一定不能拼写错，例如，不能将 main 写成 mian，编译器会给出 error 提示；对于标准库函数 printf，函数名拼写错误导致不能调用该函数，编译器提示 warning。虽然不将其改正也能够通过编译，但链接时提示以下错误：

  5_9.obj：error LNK2001：unresolved external symbol _print
  Debug/5_9.exe：fatal error LNK1120：1 unresolved externals

因此对警告信息不能忽视，应分析原因消除 warning。

  错误 5：数据类型不一致，可能会出现数据丢失，有问题的代码段为：

```
galE = liter * GALE;
galA = liter * GALA;
```

编译器提示警告信息：
  warning C4244：'='：conversion from 'double ' to 'float '，possible loss of data

将 GALE 替换成 4.5459711，参与运算的是 double 类型数据，因此表达式 liter * GALE 的值为 double 型数据。由于赋值符号左边的变量 galE 为 float 类型，当左右边的表达式类型不同，编译器提示将高精度的数据赋给低精度的变量，可能会产生精度的丢失。尽管这类错误不影响程序的编译和执行，但最好消除此种警告，将变量的类型设置为 double。

  当编译器检测错误时，会提示某处已出错并且给出可能的出错原因。但不幸的是，错误信息通常较难理解，有时还会误导用户，因此程序员需要通过不断实践获得更多经验，借助提示信息排除错误。

5.4.2 运行错误

  运行错误是在程序运行时由计算机检测并显示的。当程序企图执行一个非法操作（如除数为 0）时会发生运行错误。当运行错误发生时，计算机会停止执行程序，显示诊断信息用于指示出错行。改正所有的语法错误后，运行例 5.9 会出现的提示框。

  错误 6：调用输入函数错误，第二个参数必须是变量的地址，出错代码段为：

```
scanf("%d", liter);
```

编译时不会产生语法错误的提示，但会造成程序无法运行。使用地址和指针操作时，经常会出现此类错误。

5.4.3 逻辑错误

  当程序执行不正确的算法时，会产生错误的结果。程序没有按照设计者的意图执行，这类问题导致无法得到预期的结果，从而产生逻辑错误。此类错误通常不会引起运行错误，编译器也不会提示出错信息，因此它是最难检测与调试的一类错误。

  错误 7：调用输出函数时错误，格式字符串中数据的类型与变量不一致，出错代码段为：

```
print("%d公升 = %d英制加仑\n", liter, galE);
```

```
print(" %f 公升 = %f 美制加仑\n",liter,galA);
```

按%f的形式输出整型的公升数,或者用%d的格式输出浮点数 galA,程序都将显示错误的结果。对于逻辑错误,计算机不会有任何提示信息,程序员需要彻底测试程序,可以借助调式工具和自己的编程经验,并将运行结果和正确结果比对,耐心地逐步排查错误。

对于初学者,编程中难免会出现各种各样的问题和错误,要静下心来仔细分析,并注意总结教训。建议读者在学习的过程中记录出现的各种错误,积累调试程序的经验,避免重复犯错。只有经历过无数次失败,程序才会最终成功运行。学习其实就是不断试错的过程,不要害怕和回避错误。通向程序高手的路遍布荆棘,真正的勇士敢于直面满是 bug 的程序并挑战所有难题。

习题

1. 编写程序求三个整型数的和、积和平均值,输入三个数的值,输出结果。
2. 编写程序求圆柱体底面周长、圆柱体的表面积和体积。要求输入圆柱的底面直径和高,输出计算结果,取小数点后 2 位数字,输入输出时要求有提示信息。
3. 编写程序实现华氏温度和摄氏温度的转换。输入一个华氏温度 F,要求输出摄氏温度 C。输出结果要有文字说明,取小数点后 4 位数字。转换公式为:

$$C=5\times(F-32)/9$$

4. 输入一个小写字母,输出对应的大写字母。
5. 将字符串译成密码,密码规律是用原来的字母后面的第 4 个字母代替原来的字母,例如,字母 A 后面第 4 个字母是 E,用 E 代替 A。因此 china 应译为 Glmre。编写一个程序,变量 C1、C2、C3、C4 和 C5 的初始值分别为'C'、'h'、'i'、'n'、'a',输出经过加密运算后的密码。
6. 设计一道习题,完成 unsigned int 与 int 的相加运算。
7. 设计一道习题,验证数据溢出现象。例如,有 short s=−32768,输出 s=s−2 后 s 的结果;直接输出 s−2 的结果,对比两者的值分析结果。
8. 设计一道习题,验证浮点数的有效位。
9. 如果 5 * 7=23,按照这样的进制计算,请问 4 * 6 的值是什么?
10. 有一个数值 152,它与十六进制数 6A 相等,那么该数值是什么进制数?
11. 对于 short 类型的十进制整数 23,内存中存储的形式和数据是什么?写出十进制整数 23 转换成的八进制数和十六进制数。
12. 分析'1'、1 和"1"的区别,它们在内存中分别怎样存储?

第6章

运算符与表达式

6.1 概述

丰富的运算符和表达式使 C 程序简洁且功能完善,这也是 C 语言的主要特点之一,可以说 C 语言是一种表达式语言。

运算符是表示某种操作的符号,C 语言使用这些运算符,可以对各种基本类型的数据进行操作。表达式由运算符和操作数构成,它是规定一些操作的式子。表达式和数学公式的形式类似,因此即使不懂编程的人,也能看懂 C 程序中的大部分表达式。这种符号化的语言使程序的可读性大大提高。

C 语言的运算符按功能分为算术运算符、关系运算符、逻辑运算符等几类,详见表 6.1。也可按运算符连接操作数的个数分为三类。

表 6.1 C 运算符及其分类

运算符种类	运算符用途	运 算 符
算术运算符	用于各类数值运算	加(+)、减(-)、乘(*)、除(/)、求余(%)、自增(++)、自减(--)
关系运算符	用于比较运算	大于(>)、小于(<)、等于(==)、不等于(!=)、大于等于(>=)、小于等于(<=)
逻辑运算符	用于逻辑运算	与(&&)、或(||)、非(!)
位操作运算符	参与运算的量,按二进制进行运算	位与(&)、位或(|)、位非(~)、位异或(^)、左移(<<)、右移(>>)
赋值运算符	用于赋值运算	简单赋值(=)、复合算术赋值(+=、-=、*=、/=、%=)、复合位运算赋值(&=、|=、^=、>>=、<<=)
条件运算符	用于比较运算	三目运算符(?:)
逗号运算符	用于分隔数据	逗号(,)
指针运算符	用于指针操作	取地址(&)、取内容(*)
求字节数运算符	计算数据所占内存的字节数	字节数(sizeof)
其他运算符	特殊用途	括号()、下标[]、成员(->、.)

1. 单目运算符

单目运算符也称一元算符,即只有一个操作数的运算符。包括负号(一)、正号(+)、自增(++)、自减(——)、非(!)、sizeof、指针运算符和部分位操作运算符。

2. 双目运算符

双目运算符也称二元算符,连接两个操作数,大部分运算符属于此类。

3. 三目运算符

三目运算符连接三个操作数,C语言中唯一的三目运算符为条件运算符(?:)。

表达式按照一定的规则进行数值计算,每类运算符具有特定的优先级和结合性。操作数参与运算的先后顺序不仅要遵守运算符优先级别的规定,还受运算符结合性的制约,以便确定是自左向右进行运算还是自右向左进行运算。这种结合性是其他高级语言的运算符所没有的,因此也增加了C语言的复杂性。

表达式是由常量、变量、函数和运算符组合起来的式子。每个表达式有一个值及其类型,即计算结果的值和类型。单个的常量、变量、函数调用形式可以看作是表达式的特例,称为初等表达式。一般将位于运算符左边的操作数称为左操作数,而右边的为右操作数。

6.2 算术运算

用算术运算符和括号将操作数连接起来构成算术表达式,本节讨论的基本算术运算符包括二元运算符(+、一、*、/和%)和一元运算符(+、一),它们用于实现各种基本类型数据的四则运算。比较复杂的算术运算符(++和——)将在6.4节中单独介绍。

1. 整数运算

双目运算符(+、一、*、/)实现加减乘除运算。作为单目运算符的负号(一),其功能是将整数的符号取反。求余运算符(%)用于求模操作,即计算整数相除所得的余数。例如,表达式11%4的结果为11/4的余数3。用于整数计算的运算符用法同数学表达式中的用法很相似,需要注意以下几点:

1) 整数运算表达式的值为整型

整数运算总是得到整数结果。例如,表达式11/4的结果不是2.75而是2,整数除法返回商的整数部分,结果舍去小数部分,不同编译器规定了不同的舍入方法。又如,1/3的结果为0,1/5*5的结果不为1,这种操作常无法得到精确的结果。

2) 除法和求余操作的特殊性

除法运算中除数不能为零,若除法和求余计算的右操作数为零,C标准未定义其行为,因此一般不能进行除零和模零的运算。此外,要求求模运算的操作数必须为整型。

3) 运算符的优先级和结合性

在涉及几个不同运算符的表达式中,运算符的执行顺序由优先级决定。按照"先乘除,后加减"的运算法则,双目运算符＋和－的优先级低于＊、/和%,但是单目运算符负号的优先级却高于乘除运算符。按照这样的规则,表达式－4＊5＋7.5/3.6－8%4的求值顺序为((－4)＊5)＋(7.5/3.6)－(8%4)。

当多个运算符具有相同的优先级时,其执行顺序由此类运算符的相关性决定。具有"左结合"相关性的运算符,会首先和左操作数绑定。例如,四则运算符为左结合,表达式4＊5/3%4的求值顺序为((4＊5)/3)%4。对于大部分运算符都是左结合,表达式是都从左向右依次计算的,只有少数运算符为特殊的右结合。例如,负号为右结合运算符,表达式－5＋x中－和右操作数5关联。

表达式的计算顺序与运算符的优先级和结合性相关,有时可以用括号运算符()来标明或者改变计算顺序,括号中的表达式总是先执行。例如,表达式－b/2＊a与－b/(2＊a)具有不同的值。但是,标准C并没有规定表达式的求值顺序,计算表达式4＊5＋7/3时,先计算4＊5还是先计算7/3,这取决于编译器。尽管求值顺序对于这个表达式的结果没有影响,但是在某些情况下,不同求值顺序会造成不同的结果,稍后会看到这种情况。

2. 实数运算

对于小数运算,除了求余运算符,其他四则运算符(＋、－、＊、/)都可以用来参与运算,表达式结果为实型。例如,表达式3.6/1.2的结果为3.0而不是3,1.0f/3.0f的结果为0.333333f。

3. 字符运算

字符数据通常用某种方式进行编码,如单字节英文字符一般使用ASCII码,在许多大型机上的字符用EBCDIC(扩展的二进制编码的十进制交换码)。无论使用哪种方式编码,每个字符有一个确定的整数值,因此字符类型的数据像整型数据一样,可以进行相关运算。如表达式'a'＋1的值为字符'b'的ASCII码值98;又如表达式'D'－'A'的值为3,表示两个字符常量的码值之差为3。

可以通过运算将一个字符转换成另一个字符,但是要保证表达式的结果在有效范围内,才能表示相应的字符。有符号char型数据的字面值在－128到127之间,观察ASCII码的编码规律,一般0～31和127表示控制功能字符,可打印字符的码值在32～126之间。例如:

```
char letter = 65;                              /* 存储ASCII码中的A */
letter = letter + 32;                          /* 转换为ASCII码中的a */
printf( "%d %c\n", letter, letter);            /*输出码值97和代表的字符a*/
printf( "%d %c\n", letter + 100, letter + 100); /*输出 197 ?*/
printf( "%d %c\n", letter - 100, letter - 100); /*输出 -3 ?*/
```

4. 数值函数

表达式中常出现函数调用的形式。标准库头文件＜math.h＞中定义了许多和数学运算相关的函数,如求绝对值函数abs()、求平方根函数sqrt()和三角函数sin()、cos()和atan()等,常见数值函数见表6.2。

表 6.2 <math.h>中常用的数值函数

函 数	结 果 说 明	函 数	结 果 说 明
floor(x)	返回不大于 x 的最大整数	pow(x,y)	返回 x 的 y 次幂 x^y
fabs(x)	返回 x 的绝对值	sqrt(x)	返回 x 的平方根
exp(x)	返回 e 的 x 次幂 e^x	sin(x)	弧度 x 的正弦值
log(x)	返回 x 的自然对数(以 e 为底)	cos(x)	弧度 x 的余弦值
log10(x)	返回 x 的对数(以 10 为底)	tan(x)	弧度 x 的正切值

例 6.1 编程实现角度与弧度的转换,并计算三角函数的值。由用户输入角度,输出该角度值对应的弧度和正余弦值。

```
#include<stdio.h>
#include<math.h>
#define PI 3.14159
int main()
{
  double angle, radian,
         sine,cosine;                       /*角度和弧度*/
                                            /*正弦和余弦*/
  printf("Input angle: ");
  scanf("%lf",&angle);
  radian = PI*angle/180;
  sine = sin(radian);
  cosine = sqrt(1 - sine*sine);             /*调用函数 sin 求正弦值*/
  /* cosine = cos(radian); */               /*调用函数 sqrt 求余弦值*/
  printf("%radian = %.2f\n",radian);
  printf("sin = %f\ncox = %f\n",sine, cosine);
  return 0;
}
```

6.3 赋值运算

1. 赋值运算符

赋值运算符记为=,注意它不同于数学中的等于符号=。由赋值运算符连接的式子称为赋值表达式。其一般形式为:

变量 = 表达式

表示将其右侧表达式的值赋给左侧的变量。其作用是把数据值写入变量,用表达式的值覆盖变量原来的值,例如:

```
double pi = 3.14, area = 6.28, radium;
radium = sqrt( 2*area / (pi));
```

除了赋值功能,该运算符还可以用于变量的初始化,两者的区别在于:前者是在定义变量时为其赋初始值,而后者是修改变量原来的值。

2. 左值与右值

赋值符号右面的操作数为右值,右值表达式可以是常量、变量以及其他各种类型的表达式。赋值符号的形式也可以表示为:

左值表达式 = 右值表达式

大部分表达式都可作为右值,但并不是所有表达式都能够出现在赋值符号左侧。只有像变量一样有存储空间的表达式,才能作为左值(left value)表达式。算术表达式、常量以及一般的函数调形式不是左值表达式。例如,对于变量"int x = 1, y = 2; double pi ;",下面是错误的赋值表达式:

```
 x + 1 = y;
 3.14 = pi;
sqrt(y) = x;
```

3. 赋值表达式

赋值运算符的优先级很低,低于算术运算符。该运算符具有右结合性,即先计算右值表达式的值,然后将其值传递给左值。赋值表达式为左值表达式,因此允许连续赋值操作。例如:

a = b = c = 5

可理解为

a = (b = (c = 5))

在其他高级语言中,赋值运算通常构成赋值语句。而在 C 语言中,把 = 定义为运算符,组成赋值表达式。凡是表达式可以出现的地方均可使用赋值表达式。例如:

x = (a = 5) + (b = 8)

它的意义是把 5 赋予 a,8 赋予 b,再把 a、b 相加,将和赋予 x,故 x 的值为 13。

根据赋值表达式的规则,分析下面赋值语句的合法性:

```
x = y = z + 2;            /* 合法,等效于 x = (y = z + 2) */
( x = y ) = z + 2;        /* 合法,赋值表达式作左值 */
z + 2 = x = y;            /* 不合法,算术表达式不能为左值 */
num = 3 * 4 = 4 * 5;      /* 不合法,等效于 num = (3 * 4 = 4 * 5) */
```

4. 复合赋值运算

复合赋值运算符提供了赋值运算和其他运算结合的简洁形式,在赋值符 = 之前加上其他二目运算符可构成复合赋值符。例如,算术赋值运算符 += 、-= 、*= 、/= 和 %= ,以及位复合赋值运算符 <<= 、>>= 、&= 、^= 和 |= 。构成复合赋值表达式的一般形式为:

  变量 双目运算符= 表达式

它等效于

  变量 = 变量 双目运算符 表达式

例如：

```
a += 1          等价于 a = a + 1
x *= y + 7      等价于 x = x * ( y + 7 )
r %= p          等价于 r = r % p
```

初学者可能不习惯使用复合赋值符,但这十分有利于编译处理,能提高编译效率并产生质量较高的目标代码。而且,左值表达式的内容不必在右边重复出现,使表达式的书写更加容易和清晰。

例 6.2   编程求长方形操场的面积,操场的长和宽由用户输入,输出长和宽的值以及操场面积。一般认为长度都是大于宽度的,如果不满足该条件,交换数据的值。

程序中需要定义两个变量 length 和 width 分别存储长和宽,当 width>length 时,则需要交换两个变量的值。若用下面的操作,能否实现交换操作？

```
int length = 60, width = 75;
length = width;
width = length;
```

执行两个赋值语句后,length 和 width 的值都为 75,数据 60 因被 75 覆盖而造成丢失。可见数学中常用的表示方式在程序中并不能实现数据的交换。可以借助一个中间变量 temp,进行两个变量值的交换,temp 的类型要与欲交换变量的类型相同。交换过程如图 6.1 所示。首先,用 temp 临时存储 length 原来的数据；然后,用 width 的值取代 length 的旧值；最后,将暂存在 temp 中的数据赋给 width,即 width 获得了 lentgh 的旧值。注意三个语句的执行顺序不能随意改变。

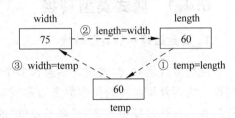

图 6.1 变量的交换

```c
/* 计算操场面积 */
#include<stdio.h>
int main()
{
    int  length,  width,  area ;
    int  temp ;                           /* 用于交换的中间变量 */
    printf("Input length and width: ");
    scanf("%d %d",&length,&width);
    if( width > length )                  /* 如果满足条件,则执行{}中的代码 */
    {                                     /* 交换变量的值 */
        temp = length ;
        length = width;
        width = temp;
    }
    /* 如果不满足条件 width>length,程序跳过 if 语句后顺序执行 */
    area = length * width;                /* 计算面积的赋值表达式 */
    printf("length = %d, width = %d, area = %d\n",  length, width, area);
    return 0;
}
```

运行结果:
Input length and width: 60 75
length = 75, width = 60, area = 4500

该程序中使用了赋值表达式和算术表达式,还有关系表达式 width>length,关系运算符将在 7.2 节详细介绍。除了一般的表达式语句和函数调用语句,程序中使用 if 语句,当满足圆括号中的条件时,执行花括号中的语句块,否则跳过语句块,执行 if 语句后面的代码。用关系表达式和 if 语句构成的选择结构,将在第 7 章中讨论。

6.4 表达式中的类型转换

C 语言允许在一个表达式中使用不同类型的数据进行混合运算,编译器根据一定规则自动将数据转换成正确的类型,在计算表达式的值时尽量不破坏数据的准确性。这种隐式转换不受程序员控制,也称为自动转换。程序员也可将某个表达式的值强制转换成特定类型,这种转换称为显式转换。

6.4.1 隐式类型转换

1. 混合运算中的类型转换

进行混合运算时,表达式中包含多个类型的数据,在求表达式值的过程中完成自动类型转换。当运算符两边的操作数类型不同时,操作数需要通过转换保持类型一致,然后才能进行运算。计算过程中遵守"就高不就低"的原则,即类型级别低的操作数转换成级别高的操作数类型。数据类型的转换级别见图 6.2。

级别低的操作数转换为级别高的操作数类型,对于一般算术计算有如下转换规则:

(1) 如果两个操作数有一个为实型,另一个为字符型或者整型,将后者转换成实型;

(2) 如果两个操作数为整型或字符型,类型的级别由低到高为

char → short → int → long int

图 6.2 类型转换

(3) 如果两个操作数为实型,类型的级别由低到高为

float → double → long double

2. 赋值运算中的类型转换

当赋值运算的左值表达值与右值表达式类型不同时,将右值转换成左值的类型。当执行此类自动类型转换时,有时会将级别较高的表达值转换为较低级别的类型,数据可能丢失精度,发生以下改变:

(1) 从 float 转换到 int 将导致小数部分被截断,例如 int x = 3.14,x 被赋值为 3;

(2) 从 double 转换到 float 将导致数字舍入,例如 float x = 3.141 597 6,x 被赋值为 3.141 60;

(3) 当从 int 转换为 char,将 int 的低 8 位存储在 char 型变量中,将会导致高位丢失;

(4) 当从 long int 转换到 int,也将导致高位的丢失。

例 6.3 根据单价、数目、税金和折扣率计算订单的总价

为了计算总价,声明不同类型的变量存储单价、数目、税金和折扣率:

```
double price = 10.2;                    /*单价*/
long count = 5L;                        /*数目*/
int discount = 15;                      /*折扣*/
float tax = 2.5f;                       /*税金*/
long double total_cost = ( count * price + tax) * ( (100 - discout)/100.0);
```

计算表达式时,数据类型需要逐一转换:

(1) 计算 count * price,将 count 转换为 double 类型再进行乘法运算,结果为 51.0;

(2) 计算 count * price + tax,将 tax 转换为 double 类型再进行加法运算,结果为 53.5;

(3) 计算(100-discout)/100.0,将整型表达式 100-discout 转换为 double 类型,再进行除法运算,结果为 0.85;

(4) 将右值表达式 double 型的结果转换为 long double 型赋值给 total_cost。

赋值计算可能会造成部分数据信息的丢失,编译器通常会给出警告信息,但是代码仍将被编译,程序可能会得到不正确的结果。当在代码中进行可能导致数据丢数的类型转换时,可以使用显式类型转换,或者选择合适的数据类型存储数据,从根本上消除这种潜在的错误。

6.4.2 显式类型转换

要计算班级人数中男女比例,用如下语句计算能否得到准确的结果?

```
int    male_mumber = 26, female_mumbe = 5;
float ratio = male_mumber / female_mumber;
```

按照自动类型转换规则,整数除整数结果仍然为整数,无法得到 5.2 而只是将 5 转化为 5.0f 赋给 ratio。此时需要进行强制类型转换才能得到正确的结果,可以使用显式类型转换符(),其一般形式为:

(类型说明符) (表达式)

其功能是把表达式的运算结果强制转换成()中的类型。例如,计算男女比例的表达式为:

```
(float)(male_mumber)/ female_mumber
```

先将整型变量 male_mumber 的值显式转换为 26.0f,然后编译器将 female_mumber 转换成相同的类型。若将表达式写为如下形式:

```
(float)(male_mumber / female_mumber);
```

则与前面自动类型转换过程相同,仍然无法得到正确的结果,因此必须正确指明要转换的表达式。

利用强制类型转换运算符,可以将一个表达式的值转换成特定的类型,例如:

```
(double)a          (将 a 转换成 double 类型)
```

```
(float)(x + y)      (将 x+y 的值转换成 float 型)
(int)x % 3          (将 x 的值转换成整型才能进行求余运算)
```

注意：强制类型转换只改变表达式值的类型,而表达式中的变量 x、y 和 a 的类型保持不变。例如:

```
double y = 3.1415926 ; int x ;
x = (int)y;
```

x 被赋值 3,但是 y 仍然为 double 型变量。

例 6.4   在长为 100 米、宽为 75 米的长方形操场中开辟一个环形跑道,剩余的为绿化面积。跑道包括直道和弯道,假设两个弯道都为一个半圆环。输入环的内外半径和直道长度,计算操场中跑道面积和绿化面积,并输出操场的绿化率。

辨析该程序中哪些代码进行了类型转换,属于哪种转换类型,它们是如何转换的?

```c
#include<stdio.h>
#define PI 3.14
int main()
{
    int   length = 100, width = 75;
    float radiumIn, radiumOut,line;         /*内外环半径和直道长度*/
    double area = length * width,           /*长方形面积*/
           rangArea;                        /*圆环面积*/

    printf("输入跑道内外半径和直道长度：");
    scanf("%f %f %f",&radiumIn, &radiumOut,&line);

    rangArea = PI * (radiumOut * radiumOut - radiumIn * radiumIn);
    rangArea += (radiumOut - radiumIn) * line;    /*跑道面积*/
    area -= rangArea;                             /*绿化面积*/

    printf("跑道面积为 %.2f\n",rangArea);
    printf("操场绿化面积为 %.2f\n",area);
    printf("操场绿化率为 %.2f\n", 100 * area / (length * width));
    return 0;
}
```

6.5 自增与自减运算

1. 自增和自减运算符

前面介绍了如何使用赋值运算符修改变量的值,以及使用 += 或 -= 等复合赋值运算符,实现变量值的递增或递减操作。C 语言还提供了对数据进行加 1 或减 1 的简洁操作方式,通过自增运算符(++)以及自减运算符(--)实现。程序中有时需要一个计数器变量,对于变量 int counter = 0,有以下表达式:

counter = counter +1

```
counter +=1
++counter
```

这三个表达式都能使 counter 的值递增 1,显然第三种形式最简洁,程序员更喜欢使用自增运算符对计数器操作。

自增运算符和自减运算符为一元运算符,其优先级高于其他算术运算符。例如,若 counter = 5,则执行下面的语句:

```
total = ++counter + 4 ;
```

先使 counter 自增为 6,再进行加法操作,最后 total 被赋值 10。等效于下面语句:

```
counter = counter +1 ;
total = counter + 4;
```

自增和自减的操作数通常为整型变量,多用在循环结构中。自增和自减运算符直接修改操作数的值,因此操作数必须为左值。算术表达式和常量不能进行自增或自减操作。例如,以下为错误的表达式:

```
++5  (x*y)++   --PI(PI 为符号常量)
```

2. 前缀形式和后缀形式

自增和自减运算符可作为前缀和后缀,其表达式有以下几种形式。
- ++i   前缀自增:i 自增 1 后再参与其他运算,表达式的值为 i 加 1 后的新值。
- --i   前缀自减:i 自减 1 后再参与其他运算,表达式的值为 i 减 1 后的新值。
- i++   后缀自增:i 参与运算后,i 的值再自增 1,表达式的值为 i 的旧值。
- i--   后缀自减:i 参与运算后,i 的值再自减 1,表达式的值为 i 的旧值。

前两种将运算符放在变量前,称为前缀形式,操作数 i 自增或自减后的值即为表达式的值,该表达式为左值表达式。后两种将运算符放在变量后,称为后缀形式,注意此时表达式的值和变量 i 的值不同。使用后缀自增时,先使用操作数原来的值进行计算,再递增操作数的值,该表达式不是左值表达式。例如,将前面的例子改为:

```
counter = 5;
total = 4 + counter++;
```

先使用 counter 原来的值 5 进行加法操作,total 被赋值 9。counter 再自增为 6,等效于:

```
total = counter + 4;
counter = counter +1 ;
```

如果单独使用自增和自减运算符,前缀和后缀形式效果相同,例如++i 和 i++ 都使 i 值加 1。但是如果在混合运算中,自增或自减的操作数要参与表达式的其他运算,两种形式表达式的值不同。为了避免产生歧义,最好单独使用++或--运算符。例如,将上面的操作改写成等价的形式:

```
total = counter + 4 ;
++counter ;
```

这样操作就更清晰了。

前面的规则也同样适用于递减运算符,例如,如果 counter 的初始值为 5,则执行语句

```
total = --counter + 4;
```

total 的值为 8。若语句改写为:

```
total = 4 + counter--;
```

则 total 的值为 9。等价于操作 total = 4+counter;--counter。

3. 结合性和副作用

对于表达式 a+++b 应该如何操作？自增和自减运算符的优先级和结合性有些复杂。前缀++和--运算符从右向左结合,后缀++和--运算符则从左向右结合,后缀高于前缀的优先级。例如:

```
4 +++ counter    等效于   4 + (++counter)
coutner --- 4    等效于   (counter--) - 4
a +++ b          等效于   (a++) + b
a+ ++b           等效于   a + (++b)
```

为了使表达式的意义更加清晰,请用括号或者空格分隔多个连续的运算符,避免产生歧义。

使用自增和自减运算符可能会带来的副作用,应避免在一个表达式中多次使用自增或自减运算符。例如,对于变量 int counter=1,有如下语句:

```
total =  ++counter * 3 +  ++coutner / 5 +  ++coutner;
counter = counter+++1;
```

理解这些语句是相当困难的,而且重要的是,该语句多次修改了同一变量 counter 的值,标准 C 对这样的行为是未定义的,因此不同的编译器会有不同的理解,得出的结果是不确定的。请读者在不同的编译平台下验证此类代码,分析自增和自减运算的副作用。为了保证结果的一致性,计算表达式时对每个变量最多修改一次。

使用自增和自减运算符,经常容易出错,初学者难于理解后缀形式。特别是当它们出在较复杂的表达式或语句中时,容易产生歧义。因此,建议单独自增和自减运算符,尽可能不将其用于混合运算。

6.6 关系与逻辑表运算

1. 关系运算符

除了进行数值运算,计算机还能处理各种逻辑问题。生活中常需要进行判断和选择,如"红灯停,绿灯行"、"如果明天下雨,就要带雨伞"、"若身高超过 1 米 2,就要买票"等。若希望程序也能同人一样,做出合理的判断和抉择,就需要比较机制,C 语言用关系表达式表示比较的结果。

关系运算符用于比较数据的关系,C 语言提供的关系运算符见表 6.3。其用法与数学

中的符号类似,形式略有不同,除了＞和＜,其他关系运算符都是两个字符构成。但要注意,判断两个数值相等时,使用逻辑等号＝＝（两个连续的等号），它不同于赋值符号＝。

表 6.3　关系运算符

运算符	说　明	运算符	说　明
＞	大于	＜	小于
＞＝	大于等于	＜＝	小于等于
＝＝	等于	!＝	不等于

关系运算符都是二元运算符,其结合性均为左结合。它们的优先级低于算术运算符,高于赋值运算符。在 6 个关系运算符按优先级可分为两类：其中＜、＜＝、＞和＞＝的优先级相同,＝＝和!＝的优先级相同,前一类的优先级高于后一类。

用关系运算符将两个表达式连接起来,构成关系表达式,例如,以下为合法的关系表达式：

```
a + b > c - d
b * b - 4 * a * c >= 0
'a' + 1 == 'b'
-2 * a/b !=  0
```

关系运算符可连接各种表达式,如变量、常量、算术表达式、赋值表达式等,也允许出现关系表达式嵌套的情况。例如：

```
a = 1 > b = 2
a > ( b > c )
a != (c == d)
```

关系表达式的值有"真"和"假"两种,用整型的 0 或 1(非 0)表示比较结果不成立或成立。新标准 C99 中增加了 bool 类型表示逻辑值,用 true 以及 false 代表真或假。例如,对于变量 int x ＝3,y ＝ 4,z ＝5,有如下关系表达式：

　　x ＞＝ 2　　　关系成立,值为 1(true)
　　y ＜ z－x　　关系不成立,值为 0(false)

字符型变量和常量可以参与数值运算,也可以用在关系表达式中,比较它们的 ASCII 码值。例如,有变量 char c1＝ 'A',c2 ＝ 'B',则

　　c1 ＞ c2　　　　　　值为 0
　　c1 ＝＝ c2 － 2　　 值为 0
　　c1 ＋ 32 ＞＝'a'　　值为 1
　　c2 － c1 !＝ '1'　　 值为 1

2．逻辑运算符

程序按照关系表达式的结果,决定下一步进行怎样的操作。有时需要处理更为复杂的问题,比如判断今年是 365 天还是 366 天。凡是符合下面条件二者之一的年份为闰年：

(1) 能被 4 整除,但不能被 100 整除。
(2) 能被 400 整除。

用一个关系表达式很难得出正确的结论,可以将多个关系表达式用逻辑运算符组合起来,解决更多的逻辑问题。

C语言中提供了三种逻辑运算符,用法见表 6.4。和关系表达式一样,逻辑表达式的值为 1 或 0,表示逻辑"真"或"假"。

表 6.4 逻辑运算符

运算符	表达式	说　明
&& 逻辑与	E1 && E2	当表达式 E1 和 E2 都为真时,逻辑表达式的值为 1 当表达式 E1 和 E2 任意 1 个为假时,逻辑表达式的值为 0
|| 逻辑或	E1 || E2	当表达式 E1 和 E2 至少有 1 个为真时,逻辑表达式的值为 1 当表达式 E1 和 E2 都为假时,逻辑表达式的值为 0
! 逻辑非	!E	当表达式 E 的值为 1 时,逻辑表达式的值为 0 当表达式 E 的值为 0 时,逻辑表达式的值为 1

逻辑运算符中,! 为单目运算符,具有右结合性,其优先级高于算术运算符和关系运算符。&& 和 \|\| 均为双目运算符,具有左结合性,其优先级低关系运算符,高于赋值运算符。按照运算符的优先顺序讨论以下表达式:

```
a>b && c>d           等价于     (a>b)&&(c>d)
!b==c || d<a         等价于     ((!b)==c)||(d<a)
a+b>c && x+y<b       等价于     ((a+b)>c)&&((x+y)<b)
```

因此,判断闰年的问题对应的逻辑表达式为:

```
year%4==0 && year%100!=0 || year%400==0
```

等价于

```
((year%4==0)&&(year%100!=0)) || year%400==0
```

3. 逻辑运算时应注意的问题

构建正确的关系表达式和逻辑表达式是程序作出明智判断的前提,使用关系运算符和逻辑运算符应注意以下几个问题。

1) 正确表示区间和范围

数学中经常讨论数值的范围,比如 x 在区间(0,4),或者 y 属于闭区间[a b],初学者经常用关系表达式错误地表示为如下形式:

```
0 < x < 4
a <= y <= b
```

按照关系表达式的运算规则,当 x=-2 时 x 不在(0,4)区间内,但表达式 0< x <4 的值为 1,表示关系成立;当 y=0.3 时 y 在[0 , 0.5]范围内,但表达式 0<= y <= 0.5 的值为 0,表示关系不成立,两个条件表达式值和实际问题不符,导致逻辑错误。

C语言中使用逻辑表达式表示数据区间范围,用逻辑与将两个关系表达式连接起来,即 E1&&E2,表示当满足关系 E1 且同时满足关系 E2 时,表达式的值为 1。因此,前面表示 x 和 y 区间的表达式应为:

```
0 < x && x < 4
```

```
a <= y && y <= b
```

2) 逻辑表达式的值参与运算

由于关系表达式和逻辑表达式有整型值,因此可以参与混合表达式运算。例如:

```
int i = 1 , j = 7 , odd , even ;
odd =  ( i %2 != 0 ) + ( j %2 != 0 );
even =  ( i %2 == 0 ) +( j %2 == 0 );
```

odd 和 even 分别为 i 和 j 中奇数的个数和偶数的个数。但是这样的表达式不太容易理解,应尽量避免使用这种意义不清的表达式,如 $5>2>7>8$ 和 $a = i + (j \% 4 != 0)$。

3) 区分逻辑等与赋值符号

C 语言用==表示数学中的等于=,用于判断两个数据的相等关系。初学者经常混淆逻辑等运算符==和赋值运算符=。若有变量 int i = 1 , j = 7,下面两个表达式的值不同:

```
result = i = j;       /*   result = 7 */
result = i == j       /*   retult = 0 */
```

如果误用两个运算符,会造成不易发现的逻辑错误。

此外,使用逻辑等或逻辑不等运算符,可以准确判断两个整型数据是否相等。但由于计算机不能精确表示所有实数,因此最好不要用==和!=连接两个实数。例如:

```
1.2345678901234567897 == 1.2345678901234567898
```

两个操作数的末尾不同,但是表达式的值为 1,这是由数据有效位数引起的误差。比较实数是否相等时,宜采用求误差值的形式:

```
fabs ( x - y ) < ε
```

表示实数 x 与 y 相当接近,ε 为设定的精度,一般为很小的数。例如,代数中 x=3.14 描述成如下表达式:

```
fabs( x - 3.14 ) < 1e-5
```

表示 | x−3.14 |≈0,若该关系表达式值为 1,则代表 x 的值约等于 3.14。

6.7 其他运算符

1. 条件运算符

条件运算符是 C 语言中唯一的三目运算符,即有三个操作数参与运算。由条件运算符组成条件表达式的一般形式为:

表达式 1 ? 表达式 2 : 表达式 3

其求值规则为:如果表达式 1 为逻辑真(值为非 0),则将表达式 2 的值作为条件表达式的值,否则表达式 3 的值为条件表达式的值。条件表达式通常用于赋值语句之中。例如:

```
max = ( a>b ) ? a : b;
```

语句的功能是求两个数中的最大值,若条件 a>b 成立,则把 a 赋予 max,否则把 b 赋予 max。

条件运算符?：是一对运算符,不能分开单独使用。它的优先级低于关系运算符和算术运算符,但高于赋值运算符。它的结合方向是自右至左。例如:

max = a > b?a:b   等效于   max = (a>b)?a:b
a > b?a:c > d?c:d   等效于   a > b?a:(c > d?c:d)

第二个表达式是条件表达式的嵌套情形,即表达式 3 又是一个条件表达式。

2. 逗号运算符

在 C 语言中逗号","也是一种运算符,又称为"顺序求值运算符",逗号常作为分隔符使用。用逗号将两个表达式连接起来组成一个表达式,称为逗号表达式,其一般形式为:

表达式 1,表达式 2

其求值过程是分别求两个表达式的值,并将表达式 2 的值作为整个逗号表达式的值。例如:

```
int a = 2, b = 4, c = 6, sum1, sum2;
sum1 = ( a + b, b + c );          /* 等效于 sum = b + c,sum 的值为 10 */
```

逗号运算符的优先级最低,对于上面的例子,改写表达式后执行下面的语句:

```
sum2 = a + b, b + c;              /* 等效于 sum = a + b */
printf("sum1 = %d,sum2 = %d",sum1,sum2);
```

输出 sum1 = 10,sum2 = 6。

用逗号连接或分隔多个表达式时,逗号表达式可扩展为以下形式:

表达式 1,表达式 2,…,表达式 n

整个逗号表达式的值等于表达式 n 的值。程序中使用逗号时,并不一定要求整个逗号表达式的值。例如,在变量说明语句中以及函数参数表中,逗号只是作为间隔符。

3. sizeof 运算符

程序中常需要知道操作数的尺寸,即在内存中存储该类型操作数需要的几字节。使用 sizeof 运算符可以计算变量、数组以及某个表达式的尺寸,结果为一个整型数。也可以使用该运算符观测当前系统中某种类型的大小,请读者运行下列程序,仔细分析运行结果。

例 6.5　测试不同类型变量的尺寸。

```
#include<stdio.h>
int main()
{
    int i = 1;
    char c = 'A';
    double d = i + c;
    printf("sizeof(int): %d \n", sizeof(i) );                  /*输出 int 型变量 i 的尺寸*/
    printf("the size of short and long: %d %d \n",
            sizeof (short),sizeof (long) );                    /*输出常整数和短整数的尺寸*/
    printf("sizeof(double): %d \n", sizeof(d + 3.14) );        /*输出 double 型表达式的尺寸*/
    printf("sizeof(i+c): %d \n", sizeof(i+c) );                /*输出 int 型表达式数据的尺寸*/
    return 0;
}
```

6.8 运算符的优先级与结合性

在混合运算中,计算顺序取决于运算符的优先级和结合性。前面介绍了常用运算符的用法,下面对其优先级和结合性进行总结。

就运算符的优先级而言,单目运算符高于双目运算符,算术运算符高于关系和逻辑运算符,赋值运算符和逗号运算符最低。常用运算符按优先级从高到低排列见表6.5。

同一优先级的运算符,运算次序由结合方向决定。大部分运算符都为左结合,只有少数运算符为特殊的右结合,包括部分一元运算符、赋值运算符以及和赋值运算相关的运算符。

为了增强代码可读性,在混合运算中最好用括号标明实际运算顺序。例如:

i+1<j*4&&!P‖Q

等价于

(((i+1)<(j*4))&&(!P))‖Q
P!=i<j‖Q&&S

等价于

(P!=(i<j))‖(Q&&S)

表 6.5 运算符的优先级和结合性

优先级	含义	运算符	运算数	结合性
1	初等运算	[ ] ( ) -> .		左结合
2	自增自减	后置++ 后置--	1个 单目运算符	左结合
3	一元运算	前置++ 前置-- 加号+ 减号- & * ~ ! sizeof()		右结合
4	类型转换	(类型)		左结合
5	算术运算	* \ %		左结合
6		+ -		左结合
7	位移运算	<< >>		左结合
8	关系运算	< > <= >=	2个 双目运算符	左结合
9		== !=		左结合
10	位与运算	&		左结合
11	位异或运算	^		左结合
12	位或运算	|		左结合
13	逻辑运算	&&		左结合
14		||		左结合
15	条件运算	?=	3个 三目运算	右结合
16	复合赋值运算	= += -= *= /= %= <<= >>= &= ^= |=	2个 双目运算符	右结合
17	分隔符	,		左结合

6.9 案例分析

程序设计不是随性而发或者信手拈来的,如果没有规划,一开始就编写代码,很难高效正确地实现程序。编程必须按照科学的方法分析问题、设计算法并用相应的语言实现。按照软件工程学的理论,程序设计应划分为如下步骤:需求分析、概要设计与详细设计、代码实现以及测试。首先,需要对问题进行分析,确定需要哪些数据和输出怎样的结果;其次,设计算法,对复杂的算法需要逐步细化,直至安排好每个细节和步骤;然后,按照设计方案用计算机语言编写程序,实现算法;最后,运行并测试程序,修改程序中的各种错误。

C语言提供了丰富的运算符实现各种运算,由它们可以构成灵活而简洁的表达式。一个简单的C程序可由表达式语句和输入输出语句组成,一般算法包括以下步骤。

(1) 准备数据:定义变量与常量。
(2) 获取数值:为数据赋值或输入数据值。
(3) 加工数据:表达式计算。
(4) 显示结果:输出计算结果。

下面讨论一个简单程序的设计和实现过程。

【问题描述】

编写程序求解一元二次方程 $ax^2+bx+c=0$ 的根。

【算法分析】

解决此类数学问题,首先要了解求解公式及过程。为了保证方程有实根,方程系数 a、b 和 c 满足如下条件:$b^2-4ac \geq 0$ 且 $a \neq 0$,则一元二次方程式的根为:

$$x_1 = \frac{-b+\sqrt{b^2-4ac}}{2a}, \quad x_2 = \frac{-b+\sqrt{b^2-4ac}}{2a}$$

可将上面的根分解成以下两项:

$$p = \frac{-b}{2a}, \quad q = \frac{\sqrt{b^2-4ac}}{2a}$$

则两个根可以表示为 $x_1=p+q, x_2=p-q$。

【算法设计】

程序求方程根的方法和数学上的求解过程相似,算法的步骤为:

(1) 定义变量并初始化;
(2) 计算中间变量的值;
(3) 计算方程根 root1 和 root2 的值;
(4) 输出计算结果。

上面的算法中,若某个步骤的操作不够明确,还需进行细化,完善后的算法为:

(1) 定义 float 型变量并初始化。

变量包括根的系数 a、b、c,方程的根 root1、root2,中间变量 disc、p 和 q。

(2) 计算中间变量。

求根的判别式 $disc = b^2 - 4ac$

求中间变量值 $p=\dfrac{-b}{2a}$ 和 $q=\dfrac{\sqrt{disc}}{2a}$；

（3）计算方程根 root1 和 root2 的值：
$$root1 = p+q, \quad root2 = p+q$$
（4）输出计算结果，例如：
$$x1 = -0.5858, x2 = -3.4142$$
实现时需注意表达式的正确表示方法。

【代码实现】

```
/* 求解一元二次程的根 */
#include<stdio.h>
#include<math.h>
int main()
{
  /* 定义变量 */
  float a = 1,b = 4,c = 2 ;                /* 方程系数 */
  float root1,root2,                       /* 方程的根 */
      disc,p,q;                            /* 中间变量 */
  /* 求方程的根 */
  disc = b*b-4*a*c;
  p = -b/(2*a) ;
  q = sqrt(disc)/(2*a);
  root1 = p + q;
  root2 = p - q;
  /* 输出结果 */
  printf("x1 = %8.4f, x2 = %8.4f\n",root1,root2);
  return 0;
}
```

【程序测试】

为了验证该程序，可通过多组数据来进行测试。在运行程序前，可改变变量 a、b 和 c 的初值，将输出结果和正确结果进行比较，判断程序是否正确。例如：

测试用例 1：$a=1,b=4,c=2$；

程序输出：$x1=-0.5858, x2=-3.4142$

测试用例 2：$a=1,b=2,c=1$；

程序输出：$x1=-1.0000, x2=-1.0000$

测试用例 3：$a=0.5,b=4.2,c=-1.2$；

程序输出：$x1= 0.2766, x2=-8.6766$

通过观察以上 3 组输出，验证代码的正确性。有时通过结果很难直接定位错误所在，可以借助集成开发环境中的调试工具，逐步排查错误。本节介绍 VC++6.0 中的基本调试方法。

首先，在工具栏上右击，在弹出菜单上选择调试选项 debug，出现浮动面板中的各种调试工具，如图 6.3 所示。

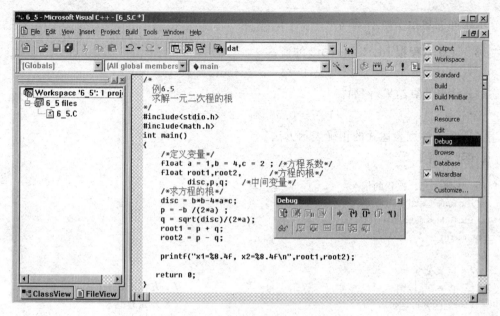

图 6.3 显示调试工具栏

使用基本调试工具,可单击调试面板中的按钮,如图 6.4 所示。其中,单步执行(Step over)的快捷键为键盘中的 F10,该方法可使程序逐条语句执行;按钮(Run to Cursor)对应的快捷键为 Ctrl+F10,可使程序执行到光标所在处。

图 6.4 基本调试按钮

单击调试面板中变量(variable)按钮,可观察程序运行过程中各个变量的值。在图 6.5 中左下方的变量窗口中,跟踪变量值的变化。单击观察(watch)按钮出现观察窗口,输入变量的名字,可以在图 6.5 右下方的窗口中观察特定变量。

使用这些调试方法,执行某个语句后查看各个变量或表达式的结果,判断实际运行结果是否和预期结果一致。合理地利用调试工具,能快速准确的定位错误,为调试程序提供捷径,后面的章节中会介绍其他调试工具。

通过测试可以发现,有一些特殊情况不能输出正常的结果。例如,当 a=0 时,会输出结果:

x1= −1.#IND, x2= −1.#INF

又如,当根的判别式 disc 不满足条件 disc≥0 时,输出和除 0 类似的结果。由于对负数 disc 进行开方操作 sqrt(disc),方程无实根,导致无法输出正确的结果。因此该程序不够完善,需根据变量 disc 和 a 的值进行判断,采用不同的方法计算根的值,该问题在下一章继续讨论。

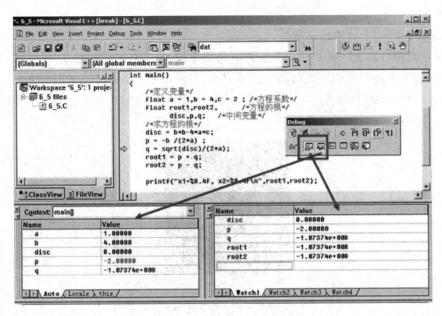

图 6.5　观察变量窗口

1. 输入三角形的底和高，计算并输出其面积。

2. 输入一个 3 位整数，将每位的数据进行分离，要求逆序输出对应的数，即分别按照字符型输出个位、十位、百位上的整数。例如，输入 123，输出 321。

3. 输入三个小数，判断并输出其中的最大值和最小值。

4. 设计一个算术表达式并计算结果，要求用到所有算术运算符。

5. 设计习题，练习自增与自减运算符，体会它们的用法和副作用。

6. 写出符合下列条件的逻辑表达式

(1) 一个既能被 2 整除又能被 3 整除的正数；

(2) 对于平面中的点，坐标表示为 (x, y)，表示落入图 6.6 中灰色部分（不压线）的点；

(3) 对于三角形的三条边 a、b 和 c，能构成合法的三角形的条件。

7. 输入三角形的三个边长，计算最大角的正弦值，比较该值与直接调用标准库函数所得的结果是否相同。

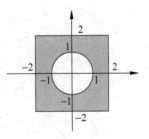

图 6.6　习题 6(2)

8. 编写程序预测断电后冰箱的温度。断电后经过一段时间，温度保持情况由如下公式决定：

$$T = \frac{4t^2}{t+2} - 20$$

其中，t 为断电后经过的时间（小时），T 为温度（℃）。程序提示用户输入时间，它以整数小时和分钟表示，需要将其转换为浮点型的小时数。求输出 t 小时后冰箱的温度值（小数点后

2 位有效数字)。

9. 编程计算汽车的平均速度。

汽车在高速公路上匀速行驶。沿途都有距离上路地点的里程标志,已知开始和结束的里程,分别输入上路时间和下路时间(时、分、秒),假设汽车上路和下路的时间在同一天。计算汽车在该段行驶的平均速度,并以"公里数/每小时"的形式输出平均速度。程序的运行界面如图 6.7 所示。

图 6.7　计算汽车的平均速度程序运行界面

10. 编程计算汽车销售人员的工资。销售人员的总工资包括以下几部分:基本工资、提成和奖金。其中基本工资为定额,按当月的销售台数提成(提成=每台汽车提成×销售台数)。若销售总额高于 100 000 元则将总销售量的 2% 作为奖金。设每台汽车的单价为 10 800 元,每台提成为 1000 元。输入销售人员的基本工资和销售台数,计算他当月的工资。

第 7 章 选择结构

7.1 理解选择结构

人生总是面临许多选择,例如,毕业后是继续深造还是工作?如果有保送攻读本校研究生的机会,是把握机会还是选择放弃?面临各种选择,必须客观地比较各种因素,冷静权衡利弊,才能作出准确的判断。现实生活中,人们常需要根据某些条件,作出各种决定,例如,如果明天下雨就不去郊游,而待在家里网游。这里将"是否下雨"作为明天行动方案的依据。

计算机不仅能够进行复杂的数学计算,还能如人一样进行逻辑分析和判断,这些都是通过程序实现的。C 语言是语句的集合,在前面的程序中,这些语句都是按照它们出现的顺序逐条执行的。但在实际应用中,常需要根据特定条件来选择执行哪些语句,或者改变语句的执行顺序。这样就需要一种判断机制来确定条件是否成立,并指示计算机执行相应的语句。C 语言提供如下语句,使程序具有这种判断能力:

(1) if 语句以及 if-else 语句;
(2) switch 语句;
(3) 条件表达式语句;
(4) goto 语句。

这些语句具有控制程序流程的作用,即能够操作程序执行的顺序,因此称为控制语句。本章讨论由这些控制语句构成的选择结构。

7.2 简单分支语句

程序常用来处理日常生活和工作中的一些业务。比如银行信息系统中涉及信用卡管理功能,对于信用卡业务有如下规定:如果申请人具有一定经济偿还能力,则可以办理信用卡;在某次刷卡消费时,如果信用卡用户的余额不足,可以通过透支付款;如果透支总额小于透支额度,则成功透支,等等。这些规定可以映射成程序所能处理的逻辑业务,用选择结构实现。本节讨论简单 if 语句构成的单分支选择结构和 if-else 语句构成的双分支选择结构。

7.2.1 单分支 if 语句

if 语句是选择结构中最常用的语句,具有强大而灵活的判断能力。简单的 if 语句可以构成单分支选择结构,其基本形式如下:

if（ 表达式 ）
｛ 语句块； ｝

执行该语句时先计算用于判断的表达式,然后根据该表达式的值选择是否执行花括号中的语句块。若判断条件成立,即表达式的值为逻辑真(true,非 0)时,执行该语句块；否则,当表达式的值为逻辑假(false,即为 0)时,不执行语句块,直接执行花括号后的下一条语句。

例 7.1 求整数 a 的绝对值 |a|。

```
# include <stdio.h>
int main()
{
    int a;
    scanf(" %d",&a);
    /* if 语句 */
    if ( a<0 )
    {
        a=-a;
    }
    printf( "|a| = %d\n", a );
    return 0;
}
```

使用 if 语句应注意如下问题:

(1) 花括号中的执行语句块可以包含一条或多条语句,如果只有一条语句,则可以省略{}。例 7.1 中的 if 语句可以写成如下形式:

```
if (a<0)
    a -= a;
```

但是有时忘记花括号会造成逻辑错误,因此最好不省略{}。

(2) if 语句的圆括号后不应有分号,否则会造成逻辑错误。例如,例 7.1 中的 if 语句写成如下形式:

```
if (a<0);
    a-=a;
```

则相当于 if 语句中的可执行语句为空语句,不管条件表达式 a<0 的值为真还是假,总是执行操作 a-=a,这是一种不易发现的逻辑错误。

(3) 判断表达式通常为关系表达式或者逻辑表达式,也可以是具有逻辑值的其他类型表达式。例如,判断整数 num 是否为奇数时,用 if 语句实现可写成以下形式:

```
if( num % 2 != 0 )   printf("%d是奇数", &num);
```

等效于

if(num % 2)   printf("%d is odd number",&num);

特别注意,赋值表达式也可以作为判断表达式,例如:

if (sum = a + b)   printf("和不为零");

但要谨慎设计表达式,不能混淆赋值运算符＝和逻辑等运算符＝＝,例如:

if (disc == 0)   printf("有两相等实根");

如果写成如下形式,则逻辑错误表达式永远为 0:

if (disc = 0)   printf("有两相等实根");

7.2.2　双分支 if-else 语句

用 if 构成的单分支选择结构,可用于判断某种操作是否执行。有时需要根据条件,判断执行这种操作还是另一种操作。这种具有两种选择的逻辑问题,可以用 if-else 构成的双分支选择结构实现,其语法形式为:

if(表达式)
｛ 语句 1； ｝
else
｛ 语句 2； ｝

其执行顺序为:先计算表达式的值,如果表达式值为逻辑真(true,值为 0),则执行语句块 1,否则执行语句块 2。双分支 if-else 语句的执行过程如图 7.1 所示。

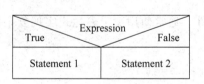 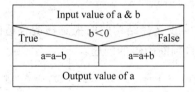

图 7.1　if-else 语句的执行流程　　图 7.2　求 a ＋ | b | 算法流程图

例 7.2　求 a ＋ | b | 的值。
求解此问题的算法比较简单,不再进行深入分析,其流程图见图 7.2。

```
# include <stdio.h>
int main()
{
    int a, b;
    puts( " please input 2 numbers :\n ");
    scanf("%d %d", &a, &b);
    /* if-else 语句 */
    if ( b<0 )
    {
        a -= b;
    }
    else
    {
```

```
        a += b;
    }
    printf( "a+|b|= %d\n", a);
    return 0;
}
```

使用 if-else 语句应注意如下问题：

(1) 双分支选择结构中 if 与 else 配对使用，else 不能单独使用；在单分支结构中省略 else，可以单独使用 if。

花括号中的执行语句块可以包含一条或多条语句，如果只有一条语句，则可以省略{}。但是有时忘记花括号会造成逻辑错误，因此最好不省略{}。

(2) 对于 if-else 语句构成的双分支选择结构，可以用简单的 if 语句实现。例 7.2 的分支结构也可以写成：

```
if ( b<0 )
    sum = a - b;
if ( b>=0 )
    sum = a + b;
```

这样程序的效率有所降低，因为要做两次判断。

```
sum = a + b;
if ( b<0 )
    sum = a - b;
```

使用条件运算符(?:)也可以实现这种选择结构，形式更为简洁。例如，

```
sum = (b<0) ? a-b : a+b;
```

(3) 实现选择结构的前提是构造合适的条件。通常使用逻辑表达式实现复杂的判断条件。例如，判断闰年的问题：

```
if( year%4==0 && year%100!=0 || year%400==0 )
    leap = 1;
else
    leap = 0;
```

如何设计判断条件是学习 if 语句的难点。在实现选择结构时，经常由于判断条件构造不合理造成逻辑错误，在调试程序的时候可以采用单步调试的方法跟踪程序的流程，或者在各个分支中添加输出语句来判断程序的执行情况。

7.3 多分支语句

银行开设的信用卡业务规定：用户账户透支后需按时还款，对于本月的透支消费，如果当月内及时还款，则累计信用积分；否则，不及时还款需按比例缴纳滞纳金；如果 6 个月内不还款，则信用度降级并缴纳罚款；对于更恶劣的欠款行为，将给予严重惩罚，如向法院提起诉讼。对于此类较为复杂的逻辑问题，需要构造多个分支来处理各种情况。本节讨论用嵌套的 if 语句、else if 语句以及 switch 语句构成的多分支选择结构。

7.3.1 嵌套 if 语句

1. 嵌套语句的形式

当 if 语句中又包含另一个 if 语句时,就构成了 if 语句的嵌套形式。其一般可表示为:
if(表达式)
{
    if 语句;
}

同理,在 if-else 的两个分支中,也可以嵌套其他 if 语句,构成多种选择关系。一般形式可表示如下:
    if(表达式)
        if 语句;
    else
        if 语句;

完整的嵌套 if-else 语句表述成如下形式:
    if(表达式 1)
    {
        if(表达式 2)
        { 语句 1 }
        else
        { 语句 2 }
    }
    else
    {
        if(表达式 3)
        { 语句 3 }
        else
        { 语句 4 }
    }

执行的流程图见图 7.3。

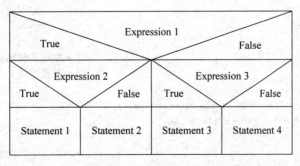

图 7.3 嵌套 if-else 语句执行的流程图

该嵌套语句等价于以下四个 if 语句：
if（表达式 1 && 表达式 2）　　｛ 语句 1 ｝
if（表达式 1 && ！表达式 2）　　｛ 语句 2 ｝
if（！表达式 1 && 表达式 3）　　｛ 语句 3 ｝
if（！表达式 1 && ！表达式 3）｛ 语句 4 ｝

例 7.3 求解一元二次方程的 $ax^2+bx+c=0$ 的根。
按照数学中方程根的解法，根据方程的系数及根判别式，分为如下几种情况：

(1) 当 $a=0$ 时，方程不是二次方程；

(2) 当 $b^2-4ac=0$ 时，有两个等实根 $x_1=x_2=-\dfrac{b}{2a}$；

(3) 当 $b^2-4ac>0$ 时，有两个不同的实根 $x_1=\dfrac{-b+\sqrt{b^2-4ac}}{2a}$；$x_2=\dfrac{-b-\sqrt{b^2-4ac}}{2a}$；

(4) 当 $b^2-4ac<0$ 时，无实根。

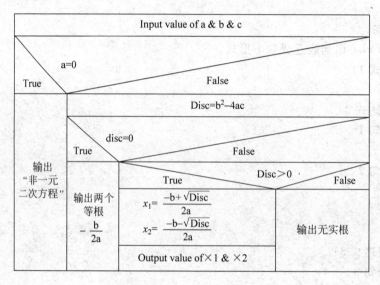

图 7.4　求一元二次方程根算法

算法由流程图 7.4 描述，实现代码如下：

```
#include<stdio.h>
#include<math.h>
int main()
{
  int a,b,c ,disc;                                    /*方程系数和根的判别式*/
  double x1,x2;                                       /*方程两根*/

  printf("Input coefficients of the equation:\n");
  scanf("a=%d,b=%d,c=%d",&a,&b,&c);

  if(a==0)                                            /*非一元二次方程*/
    printf("Not a quadratic");
  else                                                /*一元二次方程*/
```

```
        {
            disc = b * b - 4 * a * c;
            if(disc == 0)                                    /* 有两相等实根 */
                printf("Two equal roots:%8.4f\n", -b/(2 * a));
            else
            {
                if(disc > 0)                                 /* 有一不等实根 */
                {
                    x1 = (-b + sqrt(disc))/(2 * a);
                    x2 = (-b - sqrt(disc))/(2 * a);
                    printf("Distinct real roots:%8.4f and %8.4f\n",x1,x2);
                }
                else                                         /* 无实根 */
                    printf("No real roots\n");
            }
        }
        return 0;
}
```

相比于 6.9 节中的程序,该程序更为完善合理。请构造多组数据对其进行测试。

2. if-else 配对问题

if 语句中可能嵌套另一个 if-else 语句,就会出现多个 if 和多个 else 的情况,此时要特别注意 if 和 else 的配对问题。例如,有如下语句:

  if(表达式 1)
    if(表达式 2)
  语句 1;
  else
  语句 2;

其中的 else 究竟与哪一个 if 配对呢?应理解为如下形式:

  if(表达式 1)
  {
   if(表达式 2)
    语句 1;
   else
    语句 2;
  }

还是应理解为如下形式:

  if(表达式 1)
  {
   if(表达式 2)
    语句 1;
  }
  else

语句 2；

为了避免这种匹配的二义性，C 语言规定，else 总是与它最接近且未配对的 if 语句配对，因此对上述例子应按前一种情况执行。当嵌套结构较复杂时，为增强代码的可读性，应使用花括号和适当的缩进来明确各个语句的层次关系。

例 7.4 编写程序计算函数 y 的值，输入一个 x 值，输出 y 值。

$$y = \begin{cases} -1, & (x < 0) \\ 0, & (x = 0) \\ 1, & (x > 0) \end{cases}$$

分析如下给出的算法，哪个是正确的？

程序 1：
```
if(x < 0)
    y = -1;
else
    if(x == 0)
        y = 0;
    else
        y = 1;
```

程序 2：
```
if(x >= 0)
    if(x > 0)
        y = 1;
    else
        y = 0;
else
    y = -1;
```

程序 3：
```
y = -1;
if(x != 0)
    if(x > 0)
        y = 1;
    else
        y = 0;
```

程序 4：
```
y = 0;
if(x >= 0)
    if(x > 0)
        y = 1;
    else
        y = -1;
```

细心分析程序，后两种方法是错误的，由于没有正确分析 if 和 else 的匹配关系，造成了逻辑错误。

7.3.2 多分支 else if 语句

在 if 语句中可包含一个或多个 if 语句，嵌套的层数为编译器支持的层数。但当嵌套层数比较多时，代码的可读性下降。设计这种多分支的选择结构很容易产生混乱，因此建议嵌套层数不要超过三层。对于多项选择问题，常使用结构更为清晰对称的 else-if 形式的 if 语句，其语句的一般形式如下：

if（表达式 1）
    语句 1
else if（表达式 2）
    语句 2
⋮
else if（表达式 n）
    语句 n
else
    语句 n＋1

语句的执行过程为：先计算条件表达式 1 的值，如果为真则执行语句 1；否则判断表达式 2 的值，如果为真则执行语句 2；…，以此类推；判断表达式 n 的值，如果为真则执行语句 n，否则执行语句 n+1。依次判断表达式的值，当出现某个值为真时，则执行其对应的语句，然后跳到整个 if 语句之外继续执行程序。如果所有的表达式均为假，则执行 else 分支中的语句 n+1，然后继续执行后续程序。

这种语句形式适合实现多选一的操作，对一元二次方程求根的问题，要从四种情况中选择一种方式计算根值。上节的例 7.3 中使用 3 层嵌套的 if 语句，结构较复杂。如果用 else-if 语句改写，则容易理清逻辑关系及层次。请对比两种形式的异同。

例 7.5 完善例 7.3 的程序，用 else-if 语句求一元二次方程的解，并能计算方程的复数根。

```
#include<stdio.h>
#include<math.h>
int main()
{
    double a,b,c,                              /*方程系数*/
           disc,                               /*根的判别式*/
           x1,x2,                              /*方程的实根*/
           realPart,imagPart;                  /*复数根的实部与虚部*/

    printf("输入方程系数:\n");
    scanf("a=%lf,b=%lf,c=%lf",&a,&b,&c);
    disc = b*b-4*a*c;

    if(fabs(a)<=1e-6)
        printf("非一元二次方程");                /* a==0 */
    else if(fabs(disc)<=1e-6)                  /* disc==0 */
        printf("有两相等实根:%8.4f\n",-b/(2*a));
    else if(disc>0)
    {
        x1 = (-b+sqrt(disc))/(2*a);
        x2 = (-b-sqrt(disc))/(2*a);
        printf("有两个不等实根:%8.4f 和 %8.4f\n",x1,x2);
    }
    else
    {                                          /* disc>0 */
        realPart = -b/(2*a);
        imagPart = sqrt(-disc)/(2*a);
        printf("有两虚根：\n");
        printf(" %8.4f + %8.4fi\n",realPart,imagPart);
        printf(" %8.4f - %8.4fi\n",realPart,imagPart);
    }
    return 0;
}
```

程序运行结果：
输入方程系数：
a=1,b=1,c=1

有两虚根：
－0.5000 ＋ 0.8660i
－0.5000 － 0.8660i

设计该程序时注意如下问题：

(1) 在多分支选择结构中 if 与 else 常配对使用，else if 和 else 不能作为独立的语句单独使用。

(2) 各个分支的花括号中的执行语句块可以包含一条或多条语句，若只有一条语句时可以省略{}，若有多条语句时，省略{}会产生语法错误或者逻辑错误。

(3) 由于计算机不能精确表示所有实数，因此最好不使用运算符＝＝直接判断两个实数的关系，而是求两者差的绝对值是否足够小来判断相等关系。例如，对于 double a 判断 a＝0 表示为 fabs(a)＜＝1e−6。

7.3.3 switch 语句

人们常要根据今天是星期几来安排工作或者学习的内容和顺序。就如同作单选题，程序可以从一个数据集合中选择一个值，并与之作相应的操作。对于这种逻辑关系比较简单的多选一问题，可用 if-elseif-else 语句实现，但最好用 switch 语句实现。

在某些情况下，程序需要根据整数变量或表达式的值，从一组动作中选择一个执行，此时用 swich 语句构成选择结构更为清晰简洁。swich 语句是多分支语句，常和关键字 case、default 及 break 配合使用，一般形式如下：

```
switch（表达式）
{
    case  标号1  ： 语句1；  break；
    case  标号2  ： 语句2；  break；
         ⋮
    case  标号n  ： 语句n；  break；
    default  ： 语句n+1
}
```

该语句的执行过程为：先计算表达式的值，然后将其与每个 case 后的标号进行比较，当和某个标号值相匹配时，就执行该 case 分支对应的语句，若所有标号值都不能与其匹配，则执行 default 分支中的语句。switch 的执行流程如图 7.5 所示。

Expression				
Constant1	Constant2	⋯	Constantn	Default
Statement1	Statement2	⋯	Statementn	Statementn+1

图 7.5　switch 语句执行流程

举一个简单的例子来说明 switch 的语法结构和执行特点。人们一般根据天气情况选择穿什么衣服，假设天气包括"晴"、"阴"或"雨"三种，如果晴天要穿 T 恤戴遮阳帽，如果阴天则在 T 恤外加件薄外套，如果雨天则要穿风雨衣带雨伞。下面的代码中用到枚举类型，

可以使用关键字 enum 来定义一种新的类型,并用标识常量表示该类型变量的值。例如,定义天气类型:

```
enum Weather { Sunny, Cloudy, Rainy};          /* 枚举类型的天气 */
enum Weacher today = Cloudy;                   /* 枚举类型的变量 today,值为 1 */
```

today 为枚举类型 Weacher 的变量,其值只能为枚举型常量 Sunny、Cloudy 和 Rainy 中的一个,分别代表数值 0、1 和 2。使用枚举类型可用标识符表示整数值,使程序有较好的可读性。下面用 switch 语句实现天气和穿衣关系。

```
switch (today)
{
   case 0:
        printf("T-shirt + cap\n");
        break;
   case 1:
        printf("T-shirt + outer wear\n");
        break;
   case 2:
        printf("Raincoat + umbrella\n");
        break;
   default:
        printf("whatever\n");
}
```

switch 的圆括号中为用于判断的表达式,这里为枚举类型的变量 today,其值为枚举类型常量 Cloudy,具有整型值 1。将 today 的值和 case 标号后的标号依次匹配,当发现和第二个标号相等,则执行 case 1 分支中的语句,应输出如下信息:

T-shirt + outer wear

break 是改变程序流程的关键字,其作用是跳出当前的选择结构,即忽略 switch 中的其他语句,转而执行 switch 语句后的代码。若没有 break 语句,则该代码段的输出结果为:

T-shirt + outer wear
Raincoat + umbrella
whatever

此时不是多选一的单选结构,而是多选多的选择结构。

在使用 switch 语句时,应注意以下几点:

(1) 判断表达式括号应具有整型值,一般为整型、字符型或枚举类型的变量或者表达式。case 后面的标号为常量表达式,其值必须是整型、字符型或枚举常量。

(2) 每个分支须保证唯一性,即 case 后的标号值必须互异,否则在与 switch 的表达式值进行匹配时将出现歧义。

(3) 如果希望在执行完相应分支的语句后跳出 switch 结构,必须在各个分支中使用 break 语句。

(4) 各个分支的顺序不影响执行结果,并且多个 case 子句可公用同一操作语句。

例 7.6 输入一个字符,判断是否为元音字符。

```c
#include <stdio.h>
int main()
{
    char c;
    printf("输入一个字符: ");
    scanf("%c", &c);

    switch(c)
    {
        case 'a':   case 'o':   case 'e':
        case 'u':   case 'i':
            printf("小写元音字母\n");
            break;
        case 'A':   case 'O':   case 'E':
        case 'U':   case 'I':
            printf("大写元音字母\n");
            break;
        default:
            printf("其他字符\n");
    }
    return 0;
}
```

每个标号只是匹配一个程序执行的入口点。

为了进一步区分输入的字符是元音还是辅音,将上面程序进行修改。

例 7.7 输入一个字符,判断是元音字符还是辅音字符。

设计和实现该程序有两个难点问题:

(1) 选择结构的嵌套。

为了确定字符的种类,首先确定该字符是否为字母,然后判断其为元音还是辅音。可以利用嵌套的选择结构来实现,即在 if-else 语句的 else 分支中嵌套 switch 语句。其实,实现选择结构的各种语句都可以相互嵌套。例如,在 switch 的分支中可以包含另一个 switch 语句,也可以包含 if-else 语句。

(2) 有关字符的函数。

标准库中提供一些对字符进行操作的函数,在 <ctype.h> 头文件中进行声明。本程序利用其中的两个函数: isalpha 判断一个字符是否为字母,如果变量 ch 为字母则 isalpha(ch) 的值为 1;函数 tolower 的功能是将变量 ch 转换为小写字符,从而简化 switch 中的 case 分支。测试字符函数的用法请参阅其他读物,这里不详细讨论。算法的流程如图 7.6 所示。

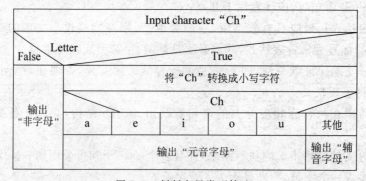

图 7.6 判断字母类型算法

```c
#include <stdio.h>
#include <ctype.h>
int main()
{
    char ch;
    printf("输入一个字符\n");
    scanf(" %c", &ch);

    if(!isalpha(ch))
        printf("非字母\n");
    else
    {
        switch(tolower(ch))
        {
        case 'a':   case 'o':
        case 'e':   case 'u':
        case 'i':
            printf("元音字母\n");
            break;
        default:
            printf("辅音字母\n");
        }
    }
    return 0;
}
```

7.4 案例分析

如何使程序能够解决实际问题？这要求程序设计者在深入分析问题的基础上，找到明确的解决方案，并将其映射成计算机能理解的指令序列。除了选择正确的数据表示与操作方法，还必须安排好每个指令的顺序，才能使程序按照程序员的意图运行。就如司马光能想到如何解救小伙伴的方法，要将其准确地表述出来，并指挥大家有条不紊地行动，才能将掉进水缸中的同伴及时安全地救出来。

程序由若干个语句构成，合理安排语句顺序是非常重要的。执行这些语句的时候可以一条一条按顺序执行，也可以有选择地执行，有时还需要反复执行一段代码。C 语言是一种结构化的程序语言，它的程序可由三种基本结构组成：顺序结构、选择结构和循环结构。所有 C 语言开发的程序，不管实现怎样复杂的功能，都是由这些基本结构按照不同的方式组合而成的。就如我们小时候玩的积木玩具，用有限种类的积木块可以堆砌成各种精妙的建筑或物品。本节通过计算个人所得税问题，讨论用顺序结构和选择结构组成算法，解决复杂的逻辑问题。

纳税是每个公民的责任和义务，从 2008 年 3 月 1 日起，规定我国公民个人所得税起征点为 2000 元。个人的工资薪金扣除福利费用（住房公积金、基本养老保险金、医疗保险金和失业保险金等）后，不超过 2000 元无须纳税，否则，对于超过 2000 元的部分，要按不同的税率交纳税金。个人工薪每月所得税计算公式如下：

应纳税额＝应纳税所得额×税率－速算扣除数

应纳税所得额＝应发工资－福利费用－2000

适用九级超额累进税率(5%～45%)计缴个人所得税,相关数据见表7.1。

表7.1 工资薪金所得适用九级超额累进税率表

级数	含 税 级 距	税率(%)	速算扣除数
1	不超过500元的	5	0
2	超过500元至2000元的部分	10	25
3	超过2000元至5000元的部分	15	125
4	超过5000元至20 000元的部分	20	375
5	超过20 000元至40 000元的部分	25	1375
6	超过40 000元至60 000元的部分	30	3375
7	超过60 000元至80 000元的部分	35	6375
8	超过80 000元至100 000元的部分	40	10 375
9	超过100 000元的部分	45	15 375

例如,大毛当月应得工资收入为9403元,每月个人承担的福利费用共计1000元,则大毛当月应纳税所得额为9403－1000－2000＝6403元。应纳个人所得税税额为6403×20%－375＝905.60元。

【问题描述】

编程计算当月应交纳的个人工资薪金所得税,要求输入当月工薪收入和福利费用值,输出个人所得税金额。为了简化程序的分支,这里假设每月工薪不超过20 000元。

【算法分析】

这是多选一的逻辑问题,将需纳税的收入划分为如下几个区间,按如下方式确定相应的税率和速算扣除数(简称速算数):

需纳税的收入＜0   税率＝0   速算数＝0
需纳税的收入∈[0,500]   税率＝5%   速算数＝0
需纳税的收入∈(500,2000]   税率＝10%   速算数＝25
需纳税的收入∈(2000,5000]   税率＝15%   速算数＝125
需纳税的收入∈(5000,20 000] 税率＝20%   速算数＝375

【数据需求】

问题常量：THREDHOLD 2000   个人所得税的起征点
问题输入：double salary   当月收入
        doube welfare   福利费用
问题输出：double tax   应缴税金
中间变量：double deduct   速算扣除数
        double income   应纳税所得额

【算法设计】

(1) 输入变量salary和welfare的值;

if(salary＜0 ‖ salary ＞20000) 输出"错误输入",结束程序。

(2) 计算 income ＝ salary － welfare － 2000;

(3) 根据 income 的值计算 rate 和 decudt

if(income≤0) rate=0; deduct = 0;
if(0<income≤500)rate=0.05; deduct = 0;
if(500<income≤2000)rate=0.1; deduct = 25
if(2000<income≤5000)rate=0.15; deduct = 125
if(5000<income≤20 000)rate=0.2; deduct = 375

(4) 计算 tax = income * rate − deduct;

(5) 输出税金 tax。

其中关键步骤流程图如图 7.7 所示。

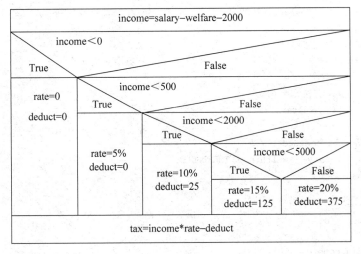

图 7.7 个人所得税算法

多分支选择结构可以用 if 语句构造，包括多个简单的 if 语句、嵌套的 if 语句以及 else-if 语句等形式。如果选用简单的 if 语句，实现该问题的关键代码为：

if(income≤0) { rate=0; deduct = 0;}
if(0<income&& income≤500)　{rate=0.05; deduct = 0;}
if(500<income&& income≤2000)　{rate=0.1; deduct = 25}
if(2000<income&& income≤5000)　{rate=0.15; deduct = 125;}
if(5000<income&& income≤20 000　{rate=0.2; deduct = 375;}

这种方式的优点是结构对称清晰，但是效率不高，要顺序执行所有 if 语句，计算 5 个逻辑表达式的值。

如果采用嵌套的 if 语句，由于分支较多，嵌套层次较深，则代码的可读性不好。而采用 if-else if-else 语句实现，不仅结构对称清晰，可读性好，而且执行效率高，因此选择这种方式实现算法。

在实际应用系统中，需要对数据的有效性进行判断。本例中假设本月收入值的范围为 0 元≤收入≤20 000 元，如果用户输入的数值不在此范围内，则需要输出提示信息，无须再进行下面的操作，使程序直接结束。

【代码实现】

```c
#include <stdio.h>
#define THREDHOLD 2000                          /*税金起征点*/
int main()
{
    double salary, welfare,                     /*收入和费用*/
           tax, rate,                           /*税金和税率*/
           income,                              /* 应纳税所得额*/
           deduct;                              /*速算扣除数*/
    printf("输入本月收入(0<收入<20 000元): ");
    scanf("%lf",&salary);
    if(salary<0 || salary>20000)                /*数据有效性判断*/
    {
      printf("输入错误!");
      return 1;                                 /*程序结束*/
    }
    printf("输入应扣除费用: ");
    scanf("%lf",&welfare);

    /*计算rate和deduct*/
    income = salary - welfare - THREDHOLD;
    if(income <= 0)
    {
      rate = 0;
      deduct = 0;
    }
    else if(income <= 500)
    {
       rate = 0.05;
      deduct = 0;
    }
    else if(income <= 2000)
    {
        rate = 0.10;
      deduct = 25;
    }
    else if(income <= 5000)
    {
        rate = 0.15;
      deduct = 125;
    }
    else
    {
      rate = 0.20;
      deduct = 375;
    }
     /*计算并输出税金*/
    tax = income * rate - deduct;
    printf("本月应交个人所得税为%.2f\n",tax);
    return 0;
}
```

【简单测试】

程序源码完成后,需要构造多组数据调试程序,试图发现存在的错误和漏洞。测试数据的选取原则,必须将所有的逻辑分支测试到,即多次运行程序后所有代码都要被执行过。如果运行结果或执行的顺序与预期不符合,则需要重新设计算法或者修改程序代码,直到排除所有的 Bug。

构造多组输入数据,检测各个分支的执行情况和输出的结果,列举 4 个测试用例,输出结果如下所示。

(1) 测试用例 1。

输入本月收入(0<收入<20 000 元):9403

输入应扣除费用:1000

本月应交个人所得税为 905.60

(2) 测试用例 2。

输入本月收入(0<收入<20 000 元):2500

输入应扣除费用:256

本月应交个人所得税为 12.20

(3) 测试用例 3。

输入本月收入(0<收入<20 000 元):1500

输入应扣除费用:223

本月应交个人所得税为 0.00

(4) 测试用例 4。

输入本月收入(0<收入<20 000 元):-2

输入错误!

习题

1. 从键盘输入三个整数,按从小到大的顺序输出。

2. 判断某人是否属于肥胖体型,常使用"体指数"指标:

$$体指数\ t = 体重/((身高)\times(身高))(单位:kg,m)$$

当 $t<18$ 时偏瘦;当 $18 \leqslant t \leqslant 25$ 时正常体重,当 $25<t<27$ 时超重体重,而 $t>27$ 属于肥胖。编写程序,输入身高和体重,判断你属于何种体型,输出判断结果。

3. 学生考试成绩可用百分制和等级制两种表示方式,规定成绩大于或等于 85 分时等级为 A,在 70 分到 85 分之间等级为 B,在 60 到 70 分之间时等级为 C,在 60 分以下为不及格,其等级为 D。编写程序实现百分制和等级制的成绩转换。

(1) 输入成绩等级,输出相应百分制的分数段。

(2) 输入百分制的分数,输出相应成绩等级。

4. 编写程序计算货物运费,要求分别用三种选择语句实现该程序。设货物运费每吨单价 p(美元)与运输距离 s(千米)之间有如下关系:

$$p = \begin{cases} 30, & s < 100 \\ 27.5, & 100 \leqslant s < 200 \\ 25, & 200 \leqslant s < 300 \\ 22.5, & 300 \leqslant s < 400 \\ 20, & s \geqslant 400 \end{cases}$$

输入要托运的货物重量为 w 吨,托运距离 s 千米,计算并输出总运费 $t = p \times w \times s$。

5. 字符型数据可以简单分为数字、大写字母、小写字母及其他字符四类。从键盘输入一个字符,输出它的类型。

6. 设计一个程序,推断三角形的类别和面积。输入三角形的三条边的边长,如果三条边能构成三角形,则输出三角形的面积及种类(注意:种类包括一般三角形、直接三角形和等边三角形)。

7. 设计简单的计算器程序。要求根据用户输入的表达式:

操作数 1　　运算符 op　　操作数 2

指定的算术运算符为+、-、*和/。

(1) 如果操作数为整数,计算并输出计算结果。

(2) 如果希望程序能进行浮点数运算,如何修改程序?

(3) 如果要求连续进行多次运算,程序该如何修改?

8. 编写程序判断日期是否有效。用户输入日期数据(年、月和日),输出相应判断结果。

提示:需要分别判断年月日的有效性,可以假设年 year 为正整数,月 month 为 1~12 的整数,而日 day 为 0~maxDay 的整数,其中 maxDay 的值取决于该日期所在的年份(是否为闰年)和月份(是大月、小月还是 2 月)。

9. 设计简单的日期计算器,分别输入年、月和日,输出该日期的前一天和后一天。

10. 输入一个小于 1 万的正数,将其转换为大写数字。

第8章 循环结构

8.1 理解循环结构

上一章学习了如何比较数据,并根据其结果进行判断,使程序执行不同的操作。这种选择结构可实现"如果晚饭没吃饱,或者临睡前又饿了,那么吃宵夜"的判断和操作。生活中有一些事情常需要周而复始地发生,例如每个人一日要吃早餐、午餐、晚餐,第二天还要重复吃的动作,一日三餐是循环往复的。为解决此类问题,程序会在特定的条件下,按某一模式进行重复操作,这称为循环。程序用循环结构处理需要重复执行的操作,该结构通常包括循环体和循环条件两部分。循环体指重复执行的语句,这些语句不能无休止地执行下去,即不允许无限次的循环,因此必须设定相应的循环条件。当条件满足时执行循环体,当不满足该条件时,结束循环操作。循环条件可以为关系表达式、逻辑表达式以及有逻辑值的任何表达式。

有人吃多了需要运动,会选择在操场上跑步,如果他说"跑了一圈,又跑了一圈,再跑一圈,跑啊跑,……",会觉得很啰唆,可以表述成"跑了 N 圈,直到跑不动为止"。使用循环结构实现算法,可以提高代码的简洁性。例如,求和中的累加操作、求幂指数的累乘操作、打印报表中多个数据项等,都需要多次执行相同的动作。如果没有循环结构,只有顺序结构罗列而成,算法会变得多么冗长而乏味啊!

古时候有个不学无术的富家子弟,请一个先生教其认字。第一天先生教他"一"字的写法,第二天教他"二"字,待第三天欲教他时,他说:"三字就是三个横吧",师傅夸他聪明,他辞退了教书先生,告诉他父亲:"认字很简单,孩儿能自学成才",其父大悦。数日后家里宴请亲友,其父令他写请帖,一天也没有完成,见儿子画了一堆横,问其缘由,儿子抱怨:"这个人叫什么不好,叫'万百千'"。有时复杂问题并不是简单问题的重复,程序中的一些算法也不能由顺序和选择结构简单组合,必须由循环结构实现。例如,求解方程根中的迭代算法和用级数逼近 Pi 的算法。

用程序解决循环问题时,为了正确设计循环结构需要思考以下问题:
(1) 需要重复哪些步骤,即循环体中包含哪些操作;
(2) 能否确定循环次数,对于循环次数确定结构,通常使用计数器控制循环;
(3) 如果循环次数不能确定,需要合理设计循环条件,使循环不会无限次执行;
(4) 如何修改循环条件,使循环条件的值趋近 0。

循环结构有两种基本类型:当型循环和直到型循环,两种循环结构的流程如图 8.1 所示。当型循环先判断循环条件是否成立,如果为真则执行循环体,重复以上操作直到循环条件为假结束循环。直到型循环先执行一次循环体,然后判断是否满足循环条件,如果为真则继续执行循环体,直到循环条件为假时结束循环。

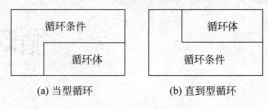

图 8.1 基本循环结构

同一个问题用这两种循环结构解决,可以达到相同的效果。例如,在"吃饭问题"中,循环条件为"感到饿",循环体为"吃一碗饭"。用当型循环描述成:"当感到饿时吃一碗饭,若没吃饱再来一碗",而用直到型循环描述为:"先来一碗饭,没吃饱就再来一碗,直到吃饱了为止"。而两者的区别在于当型循环中循环体可能无法执行;而用直到型循环实现,循环体至少执行一次。

8.2 循环语句

C 程序用 while 语句、do-while 语句和 for 语句实现循环结构。下面分别介绍三种语句的形式和执行过程。

8.2.1 while 语句

while 语句用来实现当型循环,其一般形式为:

while(表达式)
{ 循环体语句 }

执行该语句时先求解表达式,根据其值判断是否执行循环体。若表达式的值为逻辑真(非 0 值),表示循环条件成立,则执行花括号中的语句;结束一轮循环后,再次计算表达式,若值为真则再次执行循环体;重复以上过程,直到表达式的值为逻辑假(值为 0),则结束循环,执行花括号后面的语句。

通常一个使用 while 语句实现的循环结构,其算法包括以下几个步骤:

(1) 在循环结构外设置条件变量,即为与循环条件相关的变量赋值;
(2) 测试循环条件,以决定是否依次执行循环体,若其值为假结束循环;
(3) 执行循环体中的语句;
(4) 更新条件变量的值;
(5) 重复(2)~(4)步骤。

例 8.1 用 while 语句实现求 1~100 的和。

分析:循环体算法是循环结构的核心。经归纳法分析,本例中循环的第 i 步为计算(1+2+…+i−1+i)的值,需定义存放累加和的变量 sum 以及每次累加的加数 i。

设计循环结构的前提是合理设置循环条件。本例的循环条件为i<=100,循环终止条件为i>100。使用计数器i记录循环执行的次数,使循环体执行100次。

循环体中应该有使循环趋近结束的语句。为保证循环能够结束,本例在循环体中修改循环控制变量,对i进行自增操作(i++),使循环趋近终止条件。算法流程图如图8.2所示。

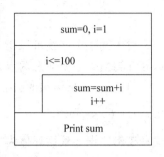

图 8.2　用 while 语句实现求和

```
#include <stdio.h>
int main()
{
    int sum = 0,            /*累加和*/
        i = 1;              /*循环计数器*/
    while( i<=100 )         /*循环条件*/
    {
        sum += i;
        i++;                /*修改循环控制变量*/
    }
    printf("sum = %d\n",sum);
    return 0;
}
```

循环开始前需对相关变量进行合理的初始化,其值和循环条件的设计紧密相关。请思考,若设置 sum=1 或者 i = 0,循环条件应如何修改?

8.2.2　do 语句

do-while 语句用来实现直到型循环,其一般形式为:

do{

　　循环体语句

}**while**(表达式);

执行该语句时,先执行一次循环体语句,然后判断表达式是否成立。若表达式的值为逻辑真(非0),表示循环条件成立,则再次执行花括号中的语句;重复以上过程,直到表达式的值为逻辑假(值为0),则结束循环,执行花括号外的语句。

在大多数情况下,算法中的循环结构,用 while 语句和 do-while 语句都可以实现。

例 8.2　用 do-while 语句实现求 1~100 的和。

请将其与例 8.1 进行对比,算法流程图如图 8.3 所示。

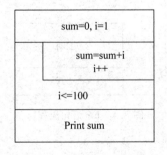

图 8.3　用 do-while 语句实现求和

```
#include <stdio.h>
int main()
{
    int sum = 0, i = 1;
    do{                     /*循环体*/
        sum += i;
        i++;
```

```
        }while(i<=100);                    /*循环条件*/
        printf("sum = %d\n",sum);
        return 0;
}
```

对于同一个问题可以用 while 语句处理,也可以用 do-while 语句处理,一般两种语句可以相互转换。但要注意两点:

(1) do-while 语句的圆括号后用分号结束,而 while 语句的圆括号后不能有分号。例如:

```
while( i<=100);
```

这种逻辑错误导致循环体为空,无法修改循环条件,从而造成无限循环。

(2) while 语句的循环体若为 1 条语句,则可以省略花括号,但是好的习惯是不缺省{},防止造成逻辑错误。例如:

```
while ( i<=100)
    sum += i;
    i++;
```

循环体中只有"sum += i;"语句,"i++;"为循环体外的语句,因此造成无限循环。而对于 do-while 语句,若循环体包含多条语句,省略花括号为语法错误,因为循环体后找不到 while。

8.2.3 for 语句

for 语句为 C 程序中使用最广泛和最灵活的循环语句,常用来实现当型循环,一般形式为:

for(表达式 1;表达式 2;表达式 3)
{
    循环体语句 ;
}

for 语句的执行过程如图 8.4 所示,步骤如下:

(1) 执行表达式 1;
(2) 执行表达式 2;

若其值为逻辑真,则执行循环体中的语句;若其值为假则结束循环,转到第(6)步;

图 8.4 for 语句流程

(3) 执行循环体中的语句;
(4) 执行表达式 3;
(5) 重复执行步骤(2)~(4)中的操作;
(6) 循环结束,执行 for 语句后的语句。

for 语句中包含三个表达式,表达式 1 一般用来初始化循环控制变量,表达式 2 通常为循环条件,表达式 3 的作用是修改循环控制变量。for 语句最简单的应用也是最容易理解的形式如下:

for(循环变量赋值 ;循环条件 ;修改循环变量)

循环体语句

例如：

```
int sum = 0, i;
for (i = 1; i <= 100; i++)
    sum += i;
```

for 语句中三个表达式起到不同的作用，用分号将其分开，有几点说明如下：

① 表达式 1 一般为赋值语句，常用来给循环控制变量赋初值，也可以设置循环体中其他变量的值。如果为多个变量赋值，用逗号分开，例如：

```
for ( sum = 0 , i=1 ;  i<=100 ;   i++)
    sum += i;
```

该表达式可以缺省，和 while、do-while 语句相似，在循环体外实现赋值。例如：

```
int sum = 0, i = 1;
for ( ; i<=100; i++)
    sum += i;
```

② 表达式 2 提供循环条件，逻辑表达式、关系表达式及算术表达式等所有具有逻辑或整型算术值的表达式，均可作为循环的判断条件。缺省该表达式时该表达式值为 1，若不做其他处理便成为死循环，此时必须在循环体中用跳转语句结束循环。例如：

```
for ( i=1;   ; i++)
{
    sum += i;
    if(i == 100) break;
}
```

③ 循环体中的语句执行后计算表达式 3，该表达式用来修改循环变量，定义该变量在每次循环后的变化方式，使循环条件趋近于 0。该表达式也可以缺省，例如：

```
for(i=1;i<=100;)
    sum += i++;
```

与 while 语句和 do-while 语句形式很相似，可在循环语句体中加入修改循环控制变量的语句。该表达式可以为简单的表达式，也可以为逗号分隔的多个表达式。例如：

```
for(i=1, j=100; i<=50; i++, j--)
    sum += i + j;
```

④ 三个表达式可以缺省其中的一个或几个，但是";"不能省略。例如：

```
sum = 0, i = 0
for( ;i<=100; )
    sum += ++i;
```

该形式与 while 语句等价。for 语句比其他循环语句的功能强大灵活，因此最好不要随意缺省其中某个表达式，以提高代码的可读性和简洁性。

8.2.4 几种循环语句的比较

三种循环都可以用来处理同一个问题,一般可以互相代替,它们的区别如下:

(1) 用 while 和 do-while 循环时,循环变量初始化的操作应在 while 和 do-while 语句之前完成,而 for 语句可以在表达式 1 中实现循环变量的初始化。

(2) while 和 do-while 循环,循环体中应包括使循环趋于结束的语句。而 for 语句可以在表达式 3 中实现该操作。

(3) for 语句和 while 语句一般用来实现当型循环,此类循环中,循环体可能一次也不执行;而 do-while 语句构成的直到型循环,循环体至少执行一次。

例 8.3 求 2 的 n 次幂,分别用三种语句实现。

```
#include <stdio.h>
int main()
{
  int power = 1,          /*2的n次幂*/
      n = 3,              /*指数*/
      i = 1;              /*计数器*/

  while(i<=n)
  {
    power *= 2;
    i++;
  }
  printf("2^%d = %d\n",n,power);

  power = 1, i = 1;
  do
  {
    power *= 2;
    i++;
  }while( i<=n );
  printf("2^%d = %d\n",n,power);

  for( i=0, power = 1; i<n; i++)
    power *= 2;

  printf("2^%d = %d\n",n,power);
  return 0;
}
```

请读者分析代码并思考:n 的值在什么范围内,程序能输出正确的结果?

8.3 循环条件

为合理使用循环结构实现算法,必须正确设计循环条件。一般循环条件表达式的值由

某个变量控制,根据控制变量的性质,将循环分为两类:
(1) 计数器控制循环;
(2) 标记控制循环。
如果循环条件和控制变量设置得不合理,导致循环无限次运行,即造成死循环错误。

8.3.1 计数器控制循环

设计算法时若能知道循环将执行的确切次数,就使用计数器控制循环。常用一个计数器变量(counter)统计循环执行的次数,在循环执行前将其赋予特定的值,并在循环体执行的过程中不断对其进行修改,使其能改变循环条件的值,直到某次重复循环体操作后循环条件为逻辑假,结束循环。前面的例子中循环执行的次数为常量,例 8.4 中使用计数器变量控制循环。

例 8.4 求 m 的 n 次幂(n 为正整数)。

```
#include <stdio.h>
int main()
{
  int power = 1,                  /*指数*/
      base, exp,                  /*底数与指数*/
      counter ;                   /*计数器*/

  printf("输入底数与指数(>0):");
  scanf("%d %d",&base,&exp);
  for( counter = 0; counter< exp ; counter++ )
  {
    power *= base;
  }
  printf("%d 的 %d 次幂为 %d\n",base, exp, power);
  return 0;
}
```

运行结果:
输入底数与指数(>0):2 3
2 的 3 次幂为 8

循环计数器变量的初值决定循环表达式的构造方法。例子中的循环也可以写成如下形式:

```
counter = 0, power = base;
while(counter < exp)
{
  power *= base;
  ++counter;
}
```

可使用单步调试的方法跟踪循环执行情况,避免出现循环次数多 1 或者少 1 次的逻辑错误。

8.3.2 标记控制循环

在上节求 m 的 n 次幂的程序有不完善的地方,比如用户将指数误输入成负数,则运行输出错误结果:

输入底数与指数(>0):2 -3
2 的 3 次幂为 1

利用循环结构保证输入的指数为整数,若为负数则重新输入,输入指数与底数的代码修改为:

```
do{
    printf("输入底数与指数(>0):");
    scanf("%d %d",&base,&exp);
}while( exp<0);
```

这是一种执行次数不确定的循环结构,根据用户的输入决定循环是否继续。对于这种执行次数不确定的循环,通常采用标志控制循环的方法。设置并检测标志变量,若其值满足某个条件,则重复循环体操作,否则循环结束。

在标记循环中,常使用事先指定的特殊值作为标记,当某个控制变量等于这个特殊值时,表示循环结束。该特殊值不能与一般数据相混淆,必须有明显的区别。例如,统计输入一行文本包含的字符个数,可以写成:

```
for( i = 0 ; (c = getchar())!= '\n'; i++);
printf("%d";i);
```

当输入回车时循环结束,显示输入的字符数(包括空格或 Tab 键)。

例 8.5 求若干人的平均收入。

```
#include <stdio.h>
int main()
{
    double salary = 0,              /*收入*/
           sum = 0;
    int    counter = 0;             /*循环次数*/

    printf( "Please enter salary(-1 to end):") ;
    scanf( "%lf",&salary);

    while(salary!=-1)
    {
        sum += salary;
        ++counter;
        printf( "Please enter salary(-1 to end):") ;
        scanf( "%lf",&salary);
    }
    printf( "Average = %5.2f\n", sum/counter );
    return 0;
}
```

请思考,若循环结构写成如下形式,会有什么逻辑问题:
(1) 输入语句在 while 中

```
while(salary!=-1)
```

```
{
    printf( "Please enter salary( -1 to end):") ;
    scanf( "%lf",&salary);
    sum += salary;
    ++counter;
}
```

(2) 用 do-while 实现

```
do
{
    printf( "Please enter salary( -1 to end):") ;
    scanf( "%lf",&salary);
    sum += salary;
    ++counter;
} while(salary! = -1);
```

8.4 循环嵌套

8.4.1 循环嵌套结构

有时需要将一个循环放在另一个循环里面。就像计算宿舍楼中某一层有多少学生居住,首先要进入每个房间,计算该房间里有多少人住,再进入另一间房间计算人数,最终统计出所有房间人数的总和。统计所有房间里的总人数用一个外层循环实现,在外层循环的每轮执行过程中,都要使用一个内部循环来计算当前房间居住的人数。如果要计算整个宿舍的总人数,要分别统计每层的学生人数,再用一层循环实现。

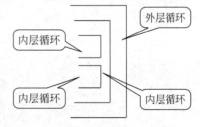

图 8.5 循环嵌套示意图

一个循环体中又包含另一个完整的循环结构,称为循环嵌套。内层循环中还可以嵌套循环,即为多层循环。while、do-while 和 for 三种循环语句可以分别构成嵌套结构,也可以相互嵌套,即在 while 循环、do-while 循环和 for 循环体内,包含上述任一循环结构(见图 8.5)。下面为合法嵌套形式:

(1) for (…)   外层循环   (2) while (…)   外层循环
    {   {
        ⋮   ⋮
        for (…)   内层循环   while (…)   内层循环
        { … }   { … }
        ⋮   ⋮
    }   }

(3) do　　外层循环
　　{
　　　　⋮
　　　　for（…）　内层循环
　　　　{ … }
　　　　⋮
　　}while（…）;

(4) while(…)　外层循环
　　{
　　　　⋮
　　　　for（…）　内层循环
　　　　{ … }
　　　　⋮
　　}

执行嵌套循环时，先执行外层的循环体算法，并由外层循环进入内层循环；然后执行内层嵌套循环；内层循环终止后，执行本轮外层循环的其他操作。重复以上步骤，当外部循环执行完毕后终止整个循环嵌套。例如：

```
for(  i=1;  i<=3;  i++)           /* 外循环 */
{
    printf("i=%d:\n", i);
    for(  j=1;  j<=3;  j++)       /* 内循环 */
        printf("j=%d\n",j);
    printf("--------\n");
}
```

算法的流程图如图 8.6 所示。外层 for 循环执行 3 轮，用计数器变量 i 控制循环；内层 for 语句在每轮中执行 3 次，共执行 9 次，用计数器变量 j 控制循环；分析该过程可知，内层循环中的语句执行次数多于外层循环中的其他语句，内层循环控制变量 j 自增的频率高于外层循环控制变量 i 的自增操作。

运行结果为：
i=1：
j=1
j=2
j=3
----
i=2：
j=1
j=2
j=3
----
i=3：
j=1
j=2
j=3

图 8.6　循环嵌套流程图

设计循环嵌套结构时，应注意以下几点：
(1) 合理设计和安排各个循环的嵌套关系，保证逻辑正确性。

(2) 在各层循环体中,用花括号将循环体语句括起来(即使循环体中只有一个语句),并采用正确的缩进方法,增强程序的可读性。

(3) 内层循环与外层循环的循环控制尽量不用同名变量,避免引起歧义。

例 8.6 计算宿舍楼居住的总人数。

假设该宿舍楼共 3 层,每层 6 个房间,分别输入每个房间中居住的人数,输出整个楼居住的总人数。

算法用双层循环嵌套实现,算法流程图见图 8.7。

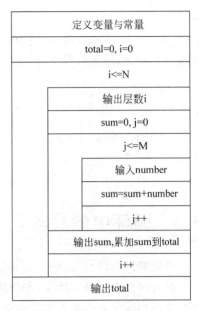

```c
#include<stdio.h>
#define N 3                    /*楼层数目*/
#define M 6                    /*每层房间数*/
int main()
{
    int total,                 /*总人数*/
        sum,                   /*每层人数*/
        number,                /*每个房间人数*/
        i, j;                  /*循环控制变量*/
    total = 0;
    for( i = 1; i <= N; i++)   /*外层循环*/
    {
        printf( "第%d层:\n", i);
        sum = 0;
        for( j = 1; j <= M; j++)  /*内循环*/
        {
            printf("输入%d号房间人数:",j);
            scanf("%d",&number);
            sum += number;
        }
        printf( "本层共%d人\n",sum );
        total += sum;
    }
    printf( "本楼共%d人\n",total);
    return 0;
}
```

图 8.7 计算宿舍楼居住的总人数算法

请思考,对于下列问题,算法应如何修改。

① 每层楼房间的数目不确定(提示:可用标记控制循环);

② 每个宿舍楼的层数不确定(提示:循环次数为变量);

③ 宿舍区中包含 n 栋宿舍楼,统计所有楼中居住的总人数(提示:用三层循环嵌套结构实现)。

8.4.2 循环中的选择结构

结构化程序由顺序、选择和循环结构组成,三种基本结构可以按堆栈和嵌套的形式构成任何算法。堆栈形式是基本结构的简单罗列,而嵌套形式是在某个结构中包含一个完整的结构,如图 8.8 所示。

上节讨论循环结构之间的嵌套,其实循环体算法可以由各种语句构成,若在循环体内包

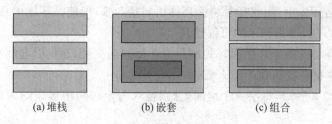

图 8.8 基本模块的组合方式

含 if、if-else 或 switch 语句,则为循环结构嵌套选择结构,即在每次循环中有选择地执行某些操作。例如,输入一行字符,统计其中数字的个数,可用如下嵌套结构实现:

```
char c; int num = 0;
while( (c = getchar()) != '\n')
{
   if(c >= '0' && c <= '9')
      num++;
}
```

8.5 循环中的跳转

根据循环条件,循环结构周而复始地执行循环体中的操作,直到循环条件变为逻辑假为止。但有时候在某种条件下,希望跳过本次循环或者离开整个循环体。例如,要从含有 100 个名字的列表中找到某个特定的名字,只要找到所需的名字,循环即可结束。C 语言允许从循环体中跳转到循环体后的语句,可以用 break、continue 或者 goto 跳转语句实现。

8.5.1 break 语句

跳转语句可用于控制程序的转移,在选择结构和循环结构中改变程序执行的流程。第 7 章中介绍过 break 语句的用法,在 switch 语句中用于跳出多分支选择结构。在循环体中,可用 break 语句使流程发生转移,即提前结束当前循环,转而执行循环结构后面的语句。一般 break 与 if 语句结合,构成条件跳转语句,使循环在特定的条件下直接结束。例如,在 while 循环中用 break 语句实现转移,其语句形式如下:

```
while(表达式 1)
{ 语句 1;
  if(表达式 2)
    break;
  语句 2;
}
语句 3;
```

该代码块执行流程图如图 8.9 所示。由于 NS 盒图没有表示跳转的形式,本书涉及跳转的 NS 盒图引入标记 Flag,以控制循环是否继续进行。将循环条件修

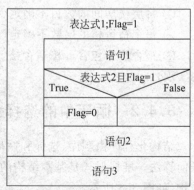

图 8.9 break 语句流程图

正为：表达式1&&Flag。Flag的默认值为1，当执行break语句时标记置0(Flag=0)，结束当前循环。

除了在while语句中使用，break语句在其他循环结构中同样可控制转移。例如：

```
for(表达式1 ; 1; 表达式3)
{
  循环体语句
  if ( 表达式2)
      break;
}
```

当for语句中的表达式2缺省时或者表达式为1时，循环体中用条件跳转语句结束循环，代替表达式2的使用。

例8.7 素数是只能被1和它本身整除的数。从键盘输入一个正整数，编程判断它是否为素数，输出判断结果。

分析：从素数的定义出发，若判断整数m是否为素数，则需要寻找可能整除m的因子i，i的范围为2~m−1之间的所有整数。如果都除不尽则m为素数；反之，只要有一个因子能整除m，该数就不是素数。该例的算法可以由以下伪代码描述：

```
for ( i = 2~m-1 )
   if (m 能被 i 整除 ) 跳出循环
if ( 循环执行 m-1 次 )
   m 是素数
else(循环提前结束)
   m 不是素数
```

实现代码如下：

```c
#include <stdio.h>
int main()
{
  int m,  i;
  printf("Please input a number:\n");
  scanf("%d",&m) ;
   /* 寻找 m 的因子 i */
  for( i = 2; i < m ; i++)
  {
     if( m%i == 0 )   break;
  }
  /* 判断素数 */
  if( i == m )                        /* 循环 m-1 次 */
    printf("%d is a prime.\n",m) ;
  else                                /* 提前跳出循环 */
    printf("%d is not a prime..\n",m) ;
  return 0;
}
```

判断素数算法实现的关键在于如何终止循环，即一旦找到m的一个因子，就停止对其他数据的测试。在程序代码中，若输入数字为素数则遍历for循环，即经过确定次数的操作后，正常退出循环；若输入非素数，在循环体中用break语句跳出循环，即提前终止循环操作。此时循环体的出口为两者中的一个,程序流程较复杂,其实可以用其他语句代替跳转语句,例如用标记控制循环方法。

请思考:当检测 i 能否整除 m 时,是否需要对 2~m 范围内的所有 i 值进行测试?显然,只需在 2~m/2 之间找寻 m 的因子,循环次数缩减为原来的一半。其实还可以尽量缩小测试范围,数学方法可以证明,只需用 2~$\sqrt{m}$ 之间的所有整数分别除 m,即可得到正确的结果。为了提高程序的执行效率,将原程序优化后的实现代码如下:

```
/* 素数判断 2 */
#include <stdio.h>
#include <math.h>
int main()
{
    int m, i, k, flag;
    printf("Please input a number:\n");
    scanf("%d",&m);

    flag = 1;
    k = sqrt(m);                          /* 添加头文件 math.h */
    /* 寻找 m 的因子 i */
    for( i = 2; i < m && flag ; i++)
    {
        if( m%i ==0 )
            flag = 0;
    }
    /* 判断素数 */
    if( flag)                             /* 遍历循环 */
        printf("%d is a prime.\n",m);
    else                                  /* 提前跳出循环 */
        printf("%d is not a prime..\n",m);
    return 0;
}
```

这种标记控制循环的方法,用 flag 代替 break 语句。for 循环在标记 flag=0 时提前结束,程序结构更为清晰,并且在 if 语句中 flag 作为输出判断结果的依据,意义明确。

8.5.2 continue 语句

在循环结构中,可以根据特定条件跳过循环体的某部分代码。C 语言中的 continue 语句用来跳过本次循环,继续执行下一轮循环操作。与 break 语句不同,它并不跳出整个循环结构,而是跳过当前循环体中剩余的语句,结束本轮循环,继而执行下一轮循环。continue 语句只用在 for、while、do-while 等循环体中,常与 if 条件语句一起使用,用来加速循环。若在 while 循环中用 continue 语句控制转移,其语句形式如下:

```
while ( 表达式 1)
{
    语句 1
    if (表达式 2) continue;
    语句 2
}
语句 3
```

包含 continue 的循环结构,代码的可读性不好,可以用其他形式代替该跳转语句。例如:

```
for ( i = 1;  n < 100; n++)
{
    if(n % 3 != 0) continue;
    printf("n = % d\n", n);
}
```

该代码段的功能是输出 100 以内 3 的倍数,可以用下面的代码实现:

```
for ( i = 1;  n < 100; n++)
{   if(n % 3 == 0)
        printf("n = % d\n", n);
}
```

continue 一般用于条件语句中,通过将判断条件取反,可以免去 continue 的使用,以构筑良好的程序风格。

8.5.3　goto 语句

在嵌套循环中,break 语句和 continue 语句只在它们所在的循环层起作用。在下面的代码块中,对比两种跳转语句的作用。

```
while (…) / * 外层循环 * /           while (…) / * 外层循环 * /
{                                    {
    for (…) / * 内层循环 * /              for (…) / * 内层循环 * /
    {                                    {
        if (…) break;                        if (…) continue;
        …                                    …
    }                                    }
}                                    }
```

对于上述代码段,break 语句在内层 for 循环中使用,当满足条件时执行转移,跳出内层循环,继而执行外层 while 循环中的其他语句,但是不能直接跳出外层循环。对于相同的嵌套结构,如果用 continue 控制转移,只能结束内层循环的本轮操作,继续执行 for 循环的下一轮操作,而不能跳出 for 循环。

如果想直接从内层循环中直接跳出外层循环,可以使用跳转能力更强的 goto 语句。goto 语句一般为无条件跳转语句,与标号语句配合使用。执行 goto 时程序直接跳转到标号所指示的语句,一般形式为:

goto 标号;
⋮
标号:语句;
⋮

例如:

```
while（…）/* 外层循环 */
{
    for（…）/* 内层循环 */
    {
        if（…）goto Label；
        …
    }
    …
}
Lable：
语句
```

goto 语句具有很大的灵活性。但是过多使用 goto 语句会降低代码的可读性，使程序的流程难以跟踪。很多学者认为 goto 语句是低级语言的表征，不利于结构化编程，因此应尽量少使用该跳转语句。

8.6 案例分析

使用循环结构，不仅能提高代码的简洁性，还能实现很多有用的算法，解决人工不能完成的各种重复操作。一般用循环思想设计的算法，可以分为：计数法、迭代法和穷举法等。如果一个循环结构不能实现预期的重复操作，可以尝试用循环嵌套结构来实现算法。下面讨论这几种典型的循环算法。

1. 穷举法

穷举是一种重复型算法，其基本思想是：列举出问题中所有可能出现的情况，对各个状态一一测试，直到找到符合条件的情况，或将全部可能状态都测试完为止。前面解决素数判断的程序，列举了所有可能的因子，采用的就是穷举算法。经典的鸡兔同笼、水仙花数以及百钱百鸡问题，都属于此类循环算法。

例 8.8 百钱百鸡问题。

我国古代著名数学家张丘建在他所著的《算经》中提出了著名的"百钱买百鸡问题"：鸡翁一，值钱五；鸡母一，值钱三；鸡雏三，值钱一；百钱买百鸡，问翁、母、雏各几何？

【问题分析】

这是一个不定方程求解问题，设公鸡、母鸡和鸡雏的数目分为 iCocks、iHens 和 iChicken，根据给定条件列出以下方程：

(1) 鸡的总数为 100。

cocks ＋hens ＋chicken ＝100

(2) 买鸡款为 100 钱，其中一只公鸡 5 钱，一只母鸡 3 钱，三只雏鸡 1 钱。

5 * cocks ＋ 3 * hens ＋chicken/3 ＝100

(3) 如果每种鸡都必须有，则 cocks＞0,hens＞0,且小鸡数目为 3 的倍数，即 chicken％3＝0。用程序实现不定方程的求解和手工计算不同，可以采用穷举法在特定范围内对所有可能的解进行测试。考虑三种鸡数目的全部可能组合,然后从中选择出满足条件的解,直到找出该方程的所有整数解。

【算法设计】

解决该类问题可采用如下两种方法。

方法一:用多层循环结构分别列举出公、母、雏的个数,将满足条件的数目输出,用内嵌的选择结构实现,算法用伪代码描述如下:

```
for(公鸡数目所有可能情况)
    for(母鸡数目所有可能情况)
        for(小鸡数目所有可能情况)
        {   if(满足方程 1 且 满足方程 2 且 满足方程 3)
               输出可能结果
        }
```

方法二:用多层循环分别列举出公、母、雏的个数,排除所有不可能组合,当不满足条件时结束循环的本轮操作,用内嵌的选择结构实现,算法用伪代码描述如下:

```
 for(分别列举出公、母、雏的所有可能个数)                 /* 为多重循环 */
{
  if(不满足方程 1) continue;
  if(不满足方程 2) continue;
  if(不满足方程 3) continue;
  输出满足所有条件的各种鸡的数目
  }
```

【代码实现】

```c
#include<stdio.h>
int main()
{
    int cocks,hens,chicken;
    for (cocks = 1; cocks < 100; ++cocks)
      for (hens = 1; hens < 100; ++hens)
        for (chicken = 3; chicken < 100; chicken += 3)
        {
            if( 5 * cocks + 3 * hens + chicken/3 == 100     /*百鸡*/
                && cocks + hens + chicken == 100 )          /*百钱*/
                printf("cocks = %d,hens = %d,chicken = %d\n", cocks, hens, chicken);
        }
        return 0;
}
```

本例用在 for 语句中嵌套选择结构,筛选所有可能的结构。选择结构用 if 语句实现,判断条件由多个关系表达式组合而成逻辑表达式。

【算法优化】

为了提高代码的时间效率,可以减少嵌套的层数,并减少每层循环执行的次数,从而加快穷举搜索速度。在分析题目条件的前提下,尽量缩小搜寻范围,若全买公鸡最多能买 20 只鸡,若全买母鸡最多能买 33 只,若全买小鸡最多只能买 100 只。若 100 只鸡中必须有三

种鸡,可进一步确定三个变量的范围。同时三种鸡的总数为100,因此可用双层 for 循环来实现,该算法可优化为:

```
for (cocks = 1; cocks < 20; ++cocks)
for (hens = 1; hens < 33; ++hens)
{
  chicken = 100 - cocks - hens;                              /*百鸡*/
  if (5 * cocks + 3 * hens + chicken/3 == 100 && chicken % 3 == 0)   /*百钱*/
    printf("cocks = % d,hens = % d,chicken = % d\n", cocks, hens, chicken);
}
```

【其他算法】

解决该类问题可采用逐一排除的方法。用多层循环结构分别列举出公、母、雏的个数,内嵌选择结构排除所有不可能组合,当不满足条件时跳出循环的本轮操作实现的算法如下:

```
for (cocks = 1; cocks < 20; ++cocks)
  for (hens = 1; hens < 33; ++hens)
  {
    chicken = 100 - cocks - hens                             /* 不满足"百钱"*/
    if (chicken % 3) continue;
    if (5 * cocks + 3 * hens + chickens/3 - 100)
    continue;
    printf("cocks = % d,hens = % d,chicken = % d\n", cocks, hens, chicken);
  }
```

程序运行结果:

cocks＝4,hens＝18,chicken＝78
cocks＝8,hens＝11,chicken＝81
cocks＝12,hens＝4,chicken＝84

2. 迭代法

迭代是一种循环算法,它是不断用新值取代变量的旧值,或由旧值递推出变量的新值的过程。前面讨论求和问题的累加操作和求幂指数的累乘操作,都是循环次数确定的迭代算法。解决很多数学问题和实际应用问题中,经常使用循环次数不确定的迭代算法。

例 8.9 利用泰勒级数逼近 $\sin(x)$ 的值。泰勒公式为:

$$\sin(x) \approx x - \frac{x^3}{3!} + \frac{x^5}{5!} - \frac{x^7}{7!} + \frac{x^9}{9!} - \cdots$$

要求最后一项的绝对值小于 10^{-6},并统计累加了多少项。

【问题分析】

数值问题是循环结构的典型应用,本例求累加操作的循环次数是未知的,直到满足精度要求才能终止循环。若设累加式中的当前项为 term,则循环结束条件是最后一项小于给定值,即 $|\text{term}| \leqslant 10^{-8}$。循环体算法的伪代码为:

```
term = x, sum = 0;
while (| term | >= 10⁻⁶)
{
```

```
        累加当前项 sinX += term;
        求下一项值 term
}
```

【算法设计】

如何得到累加的当前项 term 是该问题实现的关键,有以下两种方案。

(1) 通项法:用归纳法找出通项的表达式,第 n 项可以表示为 term$=(-1)^{n-1}x^{2n-1}/(2n-1)!$,其中 $n=1,2,\cdots$

(2) 递推法:由前项推算后项的表达式,并用新值取代 term 原来的值。

分析泰勒公式,累加项的符号正负交替出现,其分子为 x 的奇次幂,其分母为奇数的阶乘值,用迭代算法求累加项。观察累加项可知,若前一项分子为 x^n 则当前项分子为 x^{n+2},即当前项分子值可在前一项分子的基础上乘以 x^2 得到。求分母时,若前一项分母为 n 的阶乘 $n\times(n-1)\times\cdots\times 2\times 1$,则当前项 $(n+2)!$ 在此基础上累乘 $(n+2)(n+1)$ 得到。因此若前一项为 term,则用迭代算法得到当前项为 $-\text{term}\times x\times x/(n+1)(n+2)$。在循环结构中由迭代得到各项值,并将其累加到 sum 中,直至被加项满足精度要求,求得 $\sin(x)$ 的近似值。

【代码实现】

```c
# include < stdio.h >
# include < math.h >
# define PI 3.14159
int main()
{
    double degree , x,                              /* 角度与弧度 */
           sum, term;                               /* 和与累加项 */
    int n = 1;                                      /* 分母(2n-1)! */

    printf("输入角度: ");
    scanf("% lf",&degree);
    x = degree * PI/180;
    sum = x;
    term = x;
    while (fabs(term) >= 1e-6)
    {
        term = - term * x * x / ((n + 1) * (n + 2));   /* 递推当前项 */
        sum += term;                                   /* 累加当前项 */
        n += 2;
    }
    printf("迭代%d次:", n/2);
    printf("sin(%.2f) = %.5f\n",x, sum);
    return 0;
}
```

运行结果

输入角度:45

迭代 6 次:sin(0.79) = 0.70711

迭代算法中利用前项值推求后项,充分利用了前面的计算结果。如果利用通项公式分别计算每个累加项,显然有一些不必要的重复操作。如求当前项时,可用两个内层循环分别求分子和分母,随着 n 的增大,循环次数增多,因此这种非迭代方式计算当前项的方法效率不高。请读者实现第二种算法,体会迭代和非迭代算法的特点。

例 8.10 设计一个简单的猜数游戏,综合运用选择结构和循环结构控制程序流程,实现较为复杂的算法。同时介绍几个标准库函数的用法。

【问题描述】

设计一个猜数游戏。从 1 到 100 之间任意找一个整数,请参加游戏的人猜。如果猜对了则结束游戏,否则输出提示信息,告诉游戏者所猜的数太大还是太小,直到游戏者猜对为止。统计猜测的次数,以此来反映猜数者的水平。编写程序实现该游戏,要求程序自动生成一个随机数作为被猜数,游戏者通过键盘输入猜测的数字,游戏结束后输出猜字的次数。

【算法分析】

欲进行游戏首先要设置被猜数,由程序自动生成一个 100 以内的自然数,可通过调用标准库中的随机函数 rand() 来完成。

玩家将猜测的数值通过键盘输入,程序比较该值和被猜数,并记录猜数。如果猜测不正确则要根据两者的关系输出相应信息,如"太大"或"太小",并提示玩家继续输入。因此程序应具有比较判断机制,用选择结构实现。玩家继续输入猜测数,程序重复前面的操作,直到答案正确才能终止游戏,用循环结构实现。

【数据需求】

输入数据:玩家猜测数字 int guess

输出数据:猜测次数 int counter

中间变量:目标数据 int magic

【算法设计】

算法的流程图见图 8.10,其步骤如下。

(1) 生成目标数据,即猜测的数据 magic。

(2) 输入猜测值 guess,猜测次数 counter 增 1。

(3) 比较猜测值和答案 magic。

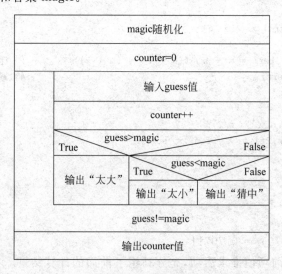

图 8.10 猜数游戏算法

- 若 guess>magic,则输出"太大!";
- 若 guess<magic,则输出"太小!"。

(4) 若 guess≠magic 重复执行步骤(2)~(3);

直到 guess = magic,结束循环。

(5) 输出猜测次数 counter。

【实现代码】

用 do-while 循环实现该操作,参考代码如下:

```c
/*猜字游戏1*/
#include <stdio.h>
#include <stdlib.h>
int main()
{
    int magic,                                          /*被猜数*/
        guess,                                          /*猜测数*/
        i, counter;                                     /*猜测次数*/

    printf(" ==== This is a Number Guess Game! ==== \n");
    magic = rand() % 100 + 1;                           /*随机生成被猜数,1~100*/

    i = 0;
    counter = 0;
    do
    {
        printf("Please input a number between 1 and 100: ");
        scanf("%d",&guess);
        counter++;
        if( guess > magic )
            printf("Wrong! Too large!\n");
        else if(guess < magic)                          /* guess < magic */
            printf("Wrong! Too small!\n");
    }while(guess!= magic );                             /*猜测成功*/

    printf("You have tried %d times.\n",counter);       /*猜测结果*/

    return 0;
}
```

C 语言在标准库中提供了产生随机数的函数 int rand(),在头文件 stdlib.h 中声明,该函数的一般使用形式为 rand()% a+b。调用 rand 函数随机产成 0~32 767 范围内的随机数,变量 a 的值表示随机数产生的范围,变量 b 表示该范围的起始值,如 rand()% 100+1 产生 1~100 内的随机数。

细心的读者会发现,实际 magic 为一个伪随机数,即每次运行程序生成同一数字序列。若使 magic 为真正意义的随机数,可调用 stdlib.h 中声明的库函数 srand,该函数的形式为:

void srand(unsigned int seed);

括号中的参数为随机种子,不同的参数产生不同的随机数。只要提供的种子值不同,每次运行时会产生不同的随机数序列。

该种子的数值可由用户输入，若不希望每次通过输入种子实现被猜数的随机化，则可以使用计算机系统时间作为随机种子。由于函数 time(0) 可返回当前时间（以秒为单位），该值可以转换为无符号类型的整数，作为函数 srand 的参数，如 srand(time(10))。

程序中选用 do-while 语句实现循环结构，保证至少猜测一次，比用 while 语句实现更为合理。重新修改算法，若假设最多猜测 10 次，并根据猜测次数输出相应的信息。修改后代码如下：

```c
/* 猜字游戏 2 */
#include <stdio.h>
#include <stdlib.h>
#include <time.h>
int main()
{
    int magic,                                      /* 被猜数 */
        guess,                                      /* 猜测数 */
        i, counter = 0;                             /* 猜测次数 */

    printf("====This is a Number Guess Game!====\n");
    srand(time(0));
    magic = rand() % 100 + 1;                       /* 随机生成被猜数 */
    for( i = 0; i < 10 ; i ++)                      /* 最多猜 10 次 */
    {
        printf("Please input a number between 1 and 100: ");
        scanf("%d", &guess);
        counter++;
        if(guess == magic )                         /* 猜测成功 */
            break;
        else if( guess > magic )
            printf("Wrong! Too large!\n");
        else                                        /* guess < magic */
            printf("Wrong! Too small!\n");
    }
    /* 猜测结果 */
    printf("You have tried %d times.\n", counter);
    switch(counter)
    {
    case 1:case 2:
        printf("Genius!\n");
        break;
    case 3:case 4:
        printf("Smart!\n");
        break;
    case 5:case 6:
        printf("Not bad!\n");
        break;
    case 7:case 8:
        printf("Fool!\n");
        break;
    default:
```

```
        printf("You lose!");
        break;
    }
    return 0;
}
```

此例为循环结构和选择结构的综合应用,通过分析理清逻辑关系,选择合适的基本结构并合理设计其嵌套关系。不要急于编写代码,设计流程图是进行程序分析的便捷手段,先绘制好流程图再动手写程序,有利于排查逻辑错误,提高编程效率。

习题

1. 关于阶乘的数值问题,尝试用各种循环语句实现:

(1) 编写程序求 n 阶乘。输入一个正整数 n,输出阶乘值 $n! = 1 \times 2 \times \cdots \times (n-1) \times n$

(2) 编写程序求阶乘和。对于一个正整数 m,输出 $1 \sim m$ 的阶乘和 $\sum\limits_{i=1}^{m} = 1! + 2! + \cdots + m!$。

(3) 编写程序求常量 e 的近似值,估算公式如下:$e = 1 + \dfrac{1}{1!} + \dfrac{1}{2!} + \dfrac{1}{3!} \cdots$

(4) 编写程序计算的 e^x 值,公式如下:$e^x = 1 + \dfrac{x}{1!} + \dfrac{x^2}{2!} + \dfrac{x^3}{3!} \cdots$

2. 求 π 的近似值,分别利用如下两个级数公式估算 π,要求误差小于 10^{-6}。

$$\frac{\pi}{4} \approx 1 - \frac{1}{3} + \frac{1}{5} - \frac{1}{7} + \cdots + (-1)^{n-1} \times \frac{1}{2n-1}$$

$$\frac{\pi}{2} = \frac{2 \times 2}{1 \times 3} \times \frac{4 \times 4}{3 \times 5} \times \frac{6 \times 6}{5 \times 7} \times \cdots \times \frac{2n * 2n}{(2n-1) * (2n+1)}$$

3. 分别用穷举法和迭代法求两个整数的最大公约数。输入两个正整数 m 和 n,编程求它们的最大公约数。

最简单的求最大公约数算法为遍历法,即在小于两数最小值的所有整数中寻找公约数,能将两数整除的最大因子为最大公约数。为了加快搜寻速度,常采用辗转相除法求最大公约数:m 与 n 的最大公约数等于 n 与 m%n 的最大公约数;用 n 和 m%n 替换原来的 m 与 n 的值;直到 n=0 时,当前 m 的值为所求最大公约数。

例如,m=24,n=9 时:

(1) 24 和 9 的最大公约数等于(24%9)=6 和 9 的最大公约数;

(2) 9 和 6 的最大公约数等于(9%6)=3 和 6 的最大公约数;

(3) 6 和 3 的最大公约数等于(6%3)=0 和 3 的最大公约数。

因此 24 和 9 的最大公约数等于 3。

4. 菲波那契在数学代表作《算盘书》提出了这样的问题:有小兔一对,若在它们出生后第二个月成年,第三个月就有生殖能力,而有生殖能力的一对兔子每一个月都生一对兔子。设所生的一对兔子均为一雌一雄,且均无死亡。问新生的一对兔子一年后可以繁殖成多少对兔子?该问题可以用菲波那契数列解决。

Fibonacci 数列:0,1,1,2,3,5,8,13,21,34,…

$f0 = 0$

$f1 = 1$

$fn = fn-1 + fn-2 \quad (n >= 2)$

用迭代的方法输出数列的前 20 项,每行输出 8 个数。

5. 有一分数序列:2/1,3/2,5/3,8/5,13/8,21/13,…求出这个数列的前 20 项之和。

6. 编程判断一个数是否为素数,输出 n~m 内的所有素数,并统计素数的个数。

7. 输入一个正整数,如果该数不是素数,则将其分解质因数,输出所有的因子。例如:输入 90,打印出 $90 = 2 * 3 * 3 * 5$。

8. 猴子吃桃问题:猴子第一天摘下若干个桃子,当即吃了一半,还不过瘾,又多吃了一个,第二天早上又将剩下的桃子吃掉一半,又多吃了一个。以后每天早上都吃了前一天剩下的一半零一个。到第 10 天早上想再吃时,见只剩下一个桃子了。求第一天共摘了多少?

9. 有 1、2、3、4 个数字,能组成多少个互不相同且无重复数字的三位数?都是多少?

10. 输入 5 位以内的任何数字,分离每一位的数值,并输出各位的和。如输入 2345,输出 $2+3+4+5=14$。

11. 打印图 8.11 中的三角形图案。

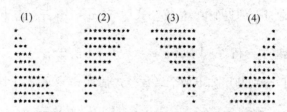

图 8.11 输出三角形

12. 编程实现猜数游戏。

由程序自动生成一个 1~10 之间随机整数,请参加游戏的人猜,游戏者通过键盘输入猜测的数字,如果猜对了则结束游戏;否则输出提示信息,显示所猜的数是太大还是太小。游戏结束后输出猜字的次数。若规定输入猜测字的次数不得超过 6 次,若多于 6 次仍未猜中则自动结束游戏,并输出"输局"的信息。在游戏过程中,玩家可以随时终止游戏,在提示玩家继续输入新的猜测数时,可由用户选择是否继续进行游戏。

13. 设计一个测试记忆力的游戏。计算机会在屏幕上显示一串数字,在很短的时间内玩家必须记住该数字串,在其消失后输入一个数字串,如果完全正确则过关。下一关计算机会显示一个更长的数字串,让玩家继续游戏,直到输入错误结束游戏。

14. 相传国际象棋是古印度舍罕王的宰相达依尔发明的。舍罕王十分喜欢象棋,决定让宰相自己选择何种赏赐。聪明的宰相指着 8×8 共 64 格的象棋盘说:陛下,请您赏给我一些麦子吧,就在棋盘的第一个格子中放 1 粒,第 2 格中放 2 粒,第 3 格中放 4 粒,以后每一格都比前一格增加一倍,依次放完棋盘上的 64 个格子,我就感恩不尽了。舍罕王让人扛来一袋麦子,国王能兑现他的许诺吗?试编程计算舍罕王共要多少麦子赏赐他的宰相,这些麦子合多少立方米?(已知 1 立方米麦子约 $1.42e^8$ 粒)

15. 24 美元能再次买下纽约吗?

纽约是美国最大的工商业城市,有美国经济首都的称号。但是在 1626 年 9 月 11 日,荷兰人彼得·米纽伊特(Peter Minuit)只花了24美元就从印第安人那里买下了曼哈顿岛。据说这是美国有史以来最合算的投资，超低风险超高回报，而且所有的红利全部免税。彼得·米纽伊特简直可以做华尔街的教父。就连以经商著称于世的犹太人也嫉妒死了彼得·米纽伊特。但是，如果换个角度来重新计算呢？如果当时的24美元没有用来购买曼哈顿，而是用来投资呢？假设每年8％的投资收益，不考虑中间的各种战争、灾难、经济萧条等因素，这24美元到2010年会是多少呢？到现在能买下几个纽约？这将会产生一个可怕的数字，体会复利的魔力。

第 9 章 数组

9.1 理解数组

计算机的计算能力强不只是体现在计算速度上,还体现在对大量数据的管理能力上。前面章节讨论的数据都为基本数据类型,采用基本数据类型定义的变量管理单个的数据,而实际应用中经常需要计算管理多个数据。如计算一个班级的平均成绩,需要管理若干个成绩值;统计商场一天的销售额,需要管理每笔销售金额。对于上述两种情形需要开辟若干个空间(几十到几百个)存储成绩,需要开辟若干个空间(几千到几万个)存储销售金额。若逐个定义变量是编写程序的灾难,还不如手工计算的效率高。

先看这样一个问题,一个导游带领 100 个游客去住酒店,当安排每位游客的房间是随机的、不连续的,导游想管理游客时,需要东找一个游客、西找一个游客,非常不方便。换一种做法,若把 100 位游客安排在连续的 100 个房间中,导游只需要记住第一个游客的房间,他就很容易依次找到所有游客,但前提条件是酒店要具备连续的 100 个空房间。

对于程序中大量同类型数据,可以采用同样的管理方式。当需要多个数据(如学生的成绩、商场的若干笔销售额)时,也可以在内存中开辟能够存放若干数据的连续空间,对这些空间也只需要记住最前面一个空间即可。将类型相同的一组相关数据集中存储,这就是 C 语言数组的概念。

9.2 一维数组

C 语言数组是一个由若干同类型数据组成的集合,数组由连续的存储单元组成,最低地址对应于数组的第一个元素,最高地址对应于最后一个元素。数组是一种构造类型,同样需要先定义后使用。

9.2.1 一维数组定义

一维数组的定义形式为:
类型说明符 数组名[常量表达式];
其中:
- 类型说明符是任一种基本数据类型或构造数据类型。
- 数组名是用户定义的数组标识符。

- 方括号中的常量表达式表示数据元素的个数,也称为数组的长度。
- 数组中每个成员称为数组元素。

例如:

```
int iA[5];        说明整型数组 iA,有 5 个整型元素
float fA[5];      说明浮点型数组 fA,有 5 个浮点型元素
char cA[5];       说明字符型数组 cA,有 5 个字符型元素
```

对于数组类型说明应注意以下几点:

(1) 类型说明符实际上是指数组元素的类型。对于同一个数组,其所有元素的数据类型都是相同的。

(2) 数组名实际上就是第一个元素的地址,不代表变量值,这一点和一般变量是不同的。而且数组名是一个常量,不能更改。

例如:

```
int iA1[5],iA2[5];
iA1 = iA2;
```

iA2 给 iA1 赋值是错误的,因为 iA1 和 iA2 是代表两块内存空间的常量地址,编译系统是不允许更改的,若更改将无法正常访问对应空间的数据。

(3) 方括号中常量表达式表示数组元素的个数,如 iA[5]表示定义的数组 iA 有 5 个整型元素。方括号中必须用常量表达式来定义元素的个数,不允许使用变量,但是可以使用符号常量。

例如:

```
int iA[5];                /*用常数定义合法*/
int iA[4 + 1];            /*用常量表达式定义合法*/
```

或

```
#define NUMBER  5
…
int iA[NUMBER];           /*用符号常量定义合法*/
```

以上定义都是只用到了常量,因此都是合法的。

但是下述定义方式是错误的。

```
int iN;
scanf("%d",&iN);
int iA[iN];               /*用变量定义不合法*/
```

或

```
int iN = 5;
int iA[iN];               /*用变量赋初值定义也不合法*/
```

因为数组和一般变量空间的开辟,在编译阶段分配。而变量的值在运行时刻才获得,所以编译时,并不知道变量的值,无法为数组分配空间,所以不能用变量定义数组空间的大小。

(4) 数组占用空间大小的计算,可以用 sizeof 运算符。一维数组的总字节数可按下式计算:

数组总字节数＝sizeof(类型说明符)∗数组长度
例如：

```
int iA[5];
sizeof(iA) = sizeof(int) * 5     值为 20(假定一个 int 类型占 4 字节)
```

9.2.2 一维数组引用

数组由若干个数组元素组成，数组元素是组成数组的基本单元。每个数组元素相当于一个普通变量，其标识方法为数组名后跟一个下标。下标表示了数组元素在数组中的序号。

引用数组元素的一般形式为：

数组名[下标]

其中下标只能为整型常量、整型变量或整型表达式。

例如：

```
iA[5]
iA[i1 + j1]                      /* i1、j1 均为整型变量 */
```

都是合法的数组元素。

每个数组元素可以和一般变量一样，进行读写、输入输出等操作。

数组定义和数组元素的引用在形式上有些相似，但这两者具有完全不同的含义。数组定义的方括号中给出的是数组的长度，而数组元素引用中的下标是该元素在数组中的位置标识。前者只能是常量，后者可以是常量、变量或表达式。

引用数组元素要注意以下几点：

(1) 使用具有 N 个元素的数组 iA 时，引用下标从 0 到 $N-1$，即 iA[0],iA[1],…,iA[$N-1$]，共 N 个元素。数组名代表起始地址，下标代表从起始地址开始偏移几个元素。因此，第一个元素偏移为 0，所以下标为 0；第二个元素偏移量为 1，所以下标为 1；第 N 个元素偏移量为 $N-1$，所以下标为 $N-1$，如表 9.1 所示。

表 9.1 数组下标

下标	0	1	2	3	…	$N-1$
元素	1	2	3	4	…	N

(2) 引用数组元素下标越界时，运行时并不报错(因为检查是否越界要占用系统时间，C 语言崇尚高效便捷)，但是，越界使用有可能会破坏其他数据。

例如：

```
int iA[5];
iA[5] = 100;
```

引用 iA[5]代表从 iA 起的第 6 个整型数据，而这个空间并不是数组 iA 开辟的空间，可能是其他变量的空间，这样就把其他变量空间的数据破坏了，进而影响程序的运行结果的准确性。

(3) 在 C 语言中只能单个地使用下标表示每个数组元素，而不能一次引用整个数组。

例如，输出包含 5 个元素的数组必须使用循环语句逐个输出各数据元素：

```
int iA[5];
for(i1 = 0; i1 < 5; i1 ++)
   printf("%d",iA[i1]);
```

而不能用一个语句输出整个数组,下面的写法是错误的:

```
printf("%d",iA);
```

数组元素的赋值也需要逐个赋值,不可以整体一次性赋值。

例如,对有 5 个元素的数组分别赋值 1、2、3、4、5:

```
int iA[5];
for(i1 = 0; i1 < 5; i1 ++)
   iA[i1] = i1 + 1;
```

而不能用一个语句给整个数组赋值,下面的写法是错误的:

```
int iA[5];
iA = {1,2,3,4,5};
```

数组元素的输入也需要逐个输入,不可以整体一次性输入。

```
int iA[5];
for(i1 = 0; i1 < 5; i1 ++)
   scanf("%d",&iA[i1]);
```

而不能用一个语句输入整个数组,下面的写法是错误的:

```
scanf("%d",&iA);
```

(4) 数组定义后,其元素若不赋值,则值为由编译器指定的无意义的数据。

9.2.3 一维数组初始化

给数组赋值的方法有两种,除了用赋值语句对数组元素逐个赋值外,还可采用初始化赋值的方法。数组初始化赋值是指在数组定义时给数组元素赋予初值。数组初始化是在编译阶段进行的。这样将减少运行时间,提高效率。

初始化赋值的一般形式为:

类型说明符 数组名[常量表达式]={值1,值2,…,值n};

其中,在{ }中的各数据值即为各元素的初值,各值之间用逗号间隔。

例如:

```
int iA[5] = {1,2,3,4,5};
```

相当于 a[0]=1,a[1]=2,…,a[4]=5;

注意:

```
int iA[5] = {1,2,3,4,5};
```

和

```
int iA[5];
```

```
iA[5] = {1,2,3,4,5};
```

两种操作是不同的,前者是赋初值;后者先定义后赋值,而数组不允许整体赋值,所以是错误的。

C 语言对数组的初始化赋值还有以下几点规定:

(1) 可以只给部分元素赋初值。

当{ }中值的个数少于元素个数时,只给前面部分元素赋值,未赋值的部分会置为与数组类型相关的特定值,整型为 0,浮点型为 0.0,字符型为'\0'。

例如:

```
int iA[5] = {1,2,3};
```

表示只给 iA[0]到 iA[2] 3 个元素赋值,而后 2 个元素自动赋 0 值。

(2) 只能给元素逐个赋值,不能给数组整体赋值。

例如,给 5 个元素全部赋 1 值,只能写为:

```
int iA [5] = {1,1,1,1,1};
```

而不能写为:

```
int iA [5] = 1;
```

(3) 如给全部元素赋值,则在数组说明中,可以不给出数组元素的个数,由初始值的个数决定数组的大小。

例如:

```
int iA [5] = {1,2,3,4,5};
```

可写为:

```
int iA [ ] = {1,2,3,4,5};
```

9.2.4 一维数组案例分析

例 9.1 把一个整数插入到已经按照从小到大顺序排好序的整型数组中,使得整型数组依然有序。

【问题分析】

为了把一个整数插入到按照从小到大顺序排好序的整型数组中,首先需要找到插入位置,然后把该位置(包含该位置)以后的所有元素顺次后移,最后插入数据。

【算法描述】

(1) 确定插入位置,可把欲插入的数据与数组中元素从头开始逐个比较,当找到第一个比插入数据大的数组元素时,该元素位置即为插入位置。如果被插入数据比所有的元素值都大则插入最后位置。

(2) 移动数据,从数组最后一个元素开始到插入位置为止,逐个后移一个单元。注意,一定从后向前依次移动,若从前向后依次移动,则会覆盖掉后面的一系列数据。

(3) 插入数据,把要插入数据赋值到插入位置。

【具体盒图】

图 9.1 为在有序数组中插入数据算法的 NS 盒图。

图 9.1 有序数组插入数据 NS 盒图

【完整代码】

```c
#include<stdio.h>
int main()
{
    int iA[10] = {1,3,5,6,9,10};        /*最初有序数组*/
    int iNumber = 6;                    /*最初有序数组数据个数*/
    int i1;
    int iIndex;                         /*插入位置*/
    int iValue = 7;                     /*插入值*/
    /*查找插入位置*/
    for(i1 = 0;i1 < iNumber;i1 ++ )
        if(iA[i1]> iValue)
            break;
    iIndex = i1;
    /*移动数据*/
    for(i1 = iNumber - 1;i1 >= iIndex;i1 -- )
        iA[i1 + 1] = iA[i1];
    /*插入数据*/
    iA[iIndex] = iValue;
    /*输出插入后数组数据*/
    for(i1 = 0;i1 < iNumber + 1;i1 ++ )
        printf("%d\t",iA[i1]);
    return 0;
}
```

例 9.2 统计一个字符数组中每个英文字母出现的次数。

【问题分析】

统计一个字符数组中每个英文字母出现的次数,可以通过一个大小为 26 的整型数组

iNumber[26]计数每个字母(包含大小写)出现次数,iNumber[0]记录'A'(包括'a')的出现次数,iNumber[1]记录'B'(包括'b')的出现次数,……,iNumber[25]记录'Z'(包括'z')的出现次数。判断每个字母利用 if 或 switch 情况太多了,所以可以采用以下技巧解决(下面只描述了大写字母的情形,还要考虑小写字母情形):

若字母字符-'A'等于 i,则 iNumber[i]++。比如字符'C',减去字符'A'值为 2,所以 iNumber[2]++。

【算法描述】

(1) 定义字符型数组 cA 存储字符,定义大小为 26 的整型数组 iNumber[26]分别存储每个英文字符(不区分大小写)的出现次数。iNumber[0]存储字母'a'或'A'的出现次数,iNumber[1]存储字母'b'或'B'的出现次数,……,iNumber[2]存储字母'z'或'Z'的出现次数。

(2) 输入字符到字符数组。

(3) 计算每个字符出现次数,存储到 iNumber 数组。cA[i1]-'A'恰好为字母 cA[i1]计数到 iNumber 数组的对应下标。注意还要处理小写字母。

(4) 输出每个字母出现的次数。

【具体盒图】

图 9.2 为统计每个英文字母出现次数的 NS 盒图。

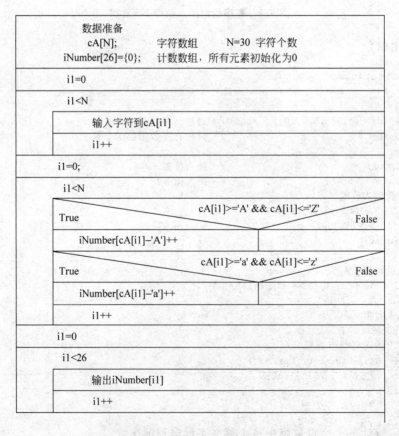

图 9.2 统计每个英文字母出现次数的 NS 盒图

【完整代码】

```c
#include <stdio.h>
#define N 30
int main()
{
    char cA[N];                      /*字符数组*/
    int iNumber[26] = {0};           /*计数数组,所有元素初始化为 0*/
    int i1;
    /*输入字符到字符数组*/
    for(i1 = 0;i1 < N;i1 ++ )
        scanf("%c",&cA[i1]);
    /*计算每个字母出现的次数,大小写字母 aA 都累加在 iNumber[0]中;
    大小写字母 bB 都累加在 iNumber[1]中,以此类推*/
    for(i1 = 0;i1 < N;i1 ++ )
    {
        if(cA[i1]> = 'A' && cA[i1]< = 'Z')
            iNumber[cA[i1] - 'A'] ++ ;
        if(cA[i1]> = 'a' && cA[i1]< = 'z')
            iNumber[cA[i1] - 'a'] ++ ;
    }
    /*输出每个字母出现次数*/
    for(i1 = 0;i1 < 26;i1 ++ )
        printf("%c: %d\n",'A' + i1,iNumber[i1]);
    return 0;
}
```

通过几个例子可以看出,对一维数组的输入、遍历、输出过程通常采用一重循环处理。

例 9.3 冒泡排序。

冒泡排序(BubbleSort)算法的基本思想:依次比较相邻的两个数,将小数放在前面,大数放在后面。即首先比较第 1 个和第 2 个数,将小数放前,大数放后。然后比较第 2 个数和第 3 个数,将小数放前,大数放后,如此继续,直至比较最后两个数,将小数放前,大数放后,这样最后一个数是最大的数。重复以上过程做第 2 趟,仍从第一对数开始比较,将小数放前,大数放后,一直比较到最大数前的一对相邻数,将小数放前,大数放后,第二趟结束,倒数第二个数为一个新的次最大数,这次考查的范围比上次少了一个。如此下去,若 n 个排序数,共需要做 $n-1$ 趟就完成排序了,因为剩一个数肯定就是最小的了,而且是在最前面。

由于在排序过程中总是小数往前放,大数往后放,相当于气泡往上升,所以称作冒泡排序。

对以下数据:

8   4   3   9   6   2

排序过程如下:

- ⟺ 代表比较两个数据。
- ⟶ 代表比较并交换两个数据。
- □ 代表本趟找到的最大数

```
第一趟    8 ←——→ 4       3        9        6        2
          4       8 ←——→ 3        9        6        2
          4       3       8 ⇔     9        6        2
          4       3       8        9 ←——→ 6        2
          4       3       8        6        9 ←——→ 2
          4       3       8        6        2        9

第二趟    4 ←——→ 3        8        6        2       [9  不在考查范围]
          3       4 ⇔     8        6        2       [9  不在考查范围]
          3       4       8 ←——→ 6        2       [9  不在考查范围]
          3       4       6        8 ←——→ 2       [9  不在考查范围]
          3       4       6        2        8       [9  不在考查范围]

第三趟    3 ⇔     4        6        2       [8       9   不在考查范围]
          3       4 ⇔     6        2       [8       9   不在考查范围]
          3       4       6 ←——→ 2       [8       9   不在考查范围]
          3       4       2        6       [8       9   不在考查范围]

第四趟    3 ⇔     4        2       [6       8        9   不在考查范围]
          3       4 ←——→ 2       [6       8        9   不在考查范围]
          3       2        4       [6       8        9   不在考查范围]

第五趟    3 ←——→ 2       [4       6        8        9   不在考查范围]
          2       3       [4       6        8        9   不在考查范围]
```

观察以上过程,对于 6 个整数排序,第一趟共需要 5 次比较,第二趟共需要 4 次比较,依此类推,第 5 趟共需要 1 次比较。经过 5 趟比较,就剩一个最小的数在最前面。推广到一般情况,对给定 n 个整数排序,共需要进行 $n-1$ 趟排序,对于第 i 趟排序,共需要进行 $n-i$ 次比较。因此可以用二重循环来进行排序,外层循环控制排序趟数,内重循环用来处理每趟排序内的多次比较。详细的冒泡排序算法 NS 盒图见图 9.3。

【完整代码】

```c
#include "stdio.h"
#define N 6
int main()
{
    int array[N] = {8,4,3,9,6,2};
    int i,j;
    int temp;                              /* 交换数据的临时空间 */
    for(i = 0;i < N-1;i++)                 /* i 从 0 到 N-2,共 N-1 趟    */
        for(j = 0;j < N-i-1;j++)           /* j 从 0 到 N-i-2,共 N-i-1 次 */
            if(array[j] > array[j+1])
            {
                temp = array[j];
                array[j] = array[j+1];
                array[j+1] = temp;
```

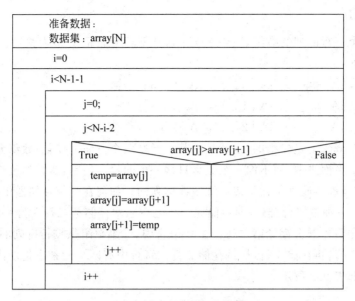

图 9.3　冒泡排序算法 NS 盒图

```
    }
    for(i = 0;i < N;i ++ )
      printf(" % d  ",array[i]);
    return 0;
}
```

9.3　二维数组

实际应用中很多情况下数据的逻辑结构是二维的。如一个班级的成绩表（假定每个同学 5 门课，共 30 个学生）、一个矩阵等。虽然可以用一维数组管理逻辑上是二维的数据，但使用不方便，为此 C 语言引入了二维数组（两个下标）的概念。事实上 C 语言的二维数组也是一个逻辑的概念，只是引入两个下标，真正物理结构还是一维的。在此基础上还可以引入多维数组（多个下标）。

9.3.1　二维数组定义

数组只有一个下标，称为一维数组，其数组元素也称为单下标变量。多维数组元素有多个下标，以标识它在数组中的位置，所以也称为多下标变量。本书只介绍二维数组，多维数组可由二维数组类推而得到。

二维数组定义的一般形式是：

类型说明符 数组名[常量表达式 1][常量表达式 2]；

其中，常量表达式 1 表示第一维下标的长度，常量表达式 2 表示第二维下标的长度。在二维数组中，第一维也称为行，第二维称为列。

例如：

```
int iA[3][4];
```

说明了一个三行四列的数组,数组名为 iA,其下标变量的类型为整型。该数组的元素共有 3×4 个,即:

iA[0][0], iA[0][1], iA[0][2], iA[0][3]
iA[1][0], iA[1][1], iA[1][2], iA[1][3]
iA[2][0], iA[2][1], iA[2][2], iA[2][3]

二维数组在概念上是二维的,也就是说其下标在两个方向上变化,数组元素在数组中的位置也处于一个平面之中,而不像一维数组只是一个向量。但是,实际的硬件存储器却是连续编址的,也就是说存储器单元是按一维线性排列的。如何在一维存储器中存放二维数组,可有两种方式:一种是按行排列,即存储完一行之后顺次存储第二行。另一种是按列排列,即存储完一列之后再顺次存储第二列。在 C 语言中,二维数组是按行排列的。

即先存储 0 行,再存储 1 行,最后存储 2 行。每行中有四个元素也是依次存储。二维数组的存储结构如表 9.2 所示。

表 9.2 二维数组存储结构

[0][0]	[0][1]	[0][2]	[0][3]	[1][0]	[1][1]	[1][2]	[1][3]	[2][0]	[2][1]	[2][2]	[2][3]

9.3.2 二维数组引用

二维数组的元素也称为双下标变量,其表示的形式为:

数组名[下标 1][下标 2]

其中,下标应为整型常量、整型变量或整型表达式。

例如:

iA[1][2]

表示 iA 数组 1 行 2 列的元素。

对 M 行 N 列的二维数组,引用下标取值范围为 $0 \sim M-1$、$0 \sim N-1$。

9.3.3 二维数组初始化

二维数组初始化是在定义的同时给各数组元素赋初值。二维数组可按行分段赋初值,也可按行连续赋初值。

例如,对二维数组 iA[3][4]初始化,可以用以下两种形式:

(1) 按行分段赋初值:

```
int iA[3][4]={{1,2,3,4},{5,6,7,8},{9,10,11,12}};
```

(2) 按行连续赋初值:

```
int iA[3][4]={1,2,3,4,5,6,7,8,9,10,11,12};
```

这两种初始化的结果是完全相同的。

对于二维数组初始化还有以下几点说明:

① 可以只对部分元素赋初值,未赋初值的部分会置为与数组类型相关的特定值,整型

为 0,浮点型为 0.0,字符型为 '\0'。

例如：

int iA[3][4] = {{1},{2},{3}};

是对每一行的第一列元素赋初值,未赋初值的元素取 0 值。赋初值后各元素的值为：

1 0 0 0
2 0 0 0
3 0 0 0

int iA[3][4]={{0,1},{0,0,2},{3}};

赋初值后的元素的值为：

0 1 0 0
0 0 2 0
3 0 0 0

② 如对全部元素赋初值,则第一维的长度可以省略。

例如：

int iA [3][3] = {1,2,3,4,5,6,7,8,9};

可以写为：

int iA [ ][3] = {1,2,3,4,5,6,7,8,9};

因为,可以根据元素个数和列数计算出行数。注意,第二维长度是不允许缺省的。

③ 数组是一种构造类型的数据类型。二维数组可以看作是以一维数组为元素构成的一维数组。也就是说一维数组的每个元素又是一个一维数组,就组成了二维数组。这样,一个二维数组也可以分解为多个一维数组(每行),C 语言允许这种分解。

如,定义二维数组

int iA[3][4];

可以看作由三个一维数组组成,其数组名分别为：

iA [0]、iA [1]、iA [2]

这三个一维数组都有 4 个元素,例如：一维数组 iA [0]的元素为：

iA [0][0],iA [0][1],iA [0][2],iA [0][3]

需要注意的是,iA [0]、iA [1]、iA [2]目前不能当作数组元素直接使用,它们是数组名。在函数和指针部分将会介绍具体的用法。

9.3.4 二维数组案例分析

例 9.4 一个学习小组有 5 个人,每个人有 3 门课的考试成绩。计算每门课程的平均成绩。

如：

	赵	钱	孙	李	张
Math	80	61	59	85	76
C	75	65	63	87	77
English	92	71	70	90	85

【问题分析】

可定义一个二维数组 score[3][5]存储五个人3门课的成绩。再定义一个一维数组 courseAverage[3]存储计算所得各门课程的平均成绩。

【算法描述】

(1) 依次输入每门课程的成绩(每门课一行)。
(2) 计算每门课程平均成绩,即对每行计算平均值。
(3) 输出每门课程平均成绩。

【完整代码】

```c
#include <stdio.h>
int main()
{
    int i,j;
    float sum;
    float score[3][5];                /*存储成绩*/
    float courseAverage[3];           /*存储每门课程平均成绩*/
    /*输入成绩*/
    for(i=0;i<3;i++)                  /*行(每门课)循环*/
        for(j=0;j<5;j++)              /*行内每列循环*/
            scanf("%f",&score[i][j]);
    /*输出成绩表*/
    for(i=0;i<3;i++)                  /*行(每门课)循环*/
    {
        for(j=0;j<5;j++)              /*行内每列循环*/
            printf("%f\t",score[i][j]);
        printf("\n");                 /*每行结束输出一个换行*/
    }
    /*计算平均成绩*/
    for(i=0;i<3;i++)                  /*行(每门课)循环*/
    {
        sum=0;                        /*计算每门课程平均成绩前sum置0*/
        for(j=0;j<5;j++)              /*行内每列循环,计算一行中每列的和*/
            sum+=score[i][j];
        courseAverage[i]=sum/5;
    }
    /*输出成绩表*/
    for(i=0;i<3;i++)
        printf("%f\t",courseAverage[i]);
    return 0;
}
```

例9.4中程序对输入输出、计算都需要遍历二维数组,都需要采用二重循环。以计算部分为例说明,外层循环每次循环处理一行,内层循环依次把该行中每个成绩数据累加到sum中。退出内层循环后再把该累加成绩sum除以5送入courseAverage[i]之中,这就是该门课程(一行)的平均成绩。外层循环共循环三次,分别求出三门课各自的平均成绩并存放在courseAverage数组之中。

当然,对于二重循环结构,也可以把外层循环处理每次一列,内层循环依次处理该列中

每个成绩数据,循环结构如下:

```
for(i = 0;i < 5;i++)       /* lie(每个人)循环 */
    for(j = 0;j < 3;j++)   /* 列内每行循环 */
```

对于二维数组的输入输出、遍历,通常采用二重循环,需要注意的是,每一重循环控制好下标取值范围。

习题

1. 统计出包含10个元素的一维数组中大于等于所有元素平均值的元素个数。
2. 将两个从小到大有序整型数组 a 和 b 合并成一个有序整数数组 c。
3. 利用数组计算并保存 Fibonacci 数列的前20项。
4. 狐狸捉兔子问题:围绕着山顶有10个洞,狐狸要吃兔子,兔子说:"可以,但必须找到我,我就藏身于这十个洞中,你从10号洞出发,先到1号洞找,第二次隔1个洞找,第三次隔2个洞找,以后如此类推,次数不限。",但狐狸从早到晚进进出出了1000次,仍没有找到兔子。问兔子究竟藏在哪个洞里?
5. 用筛法计算100之内的素数。
6. 统计出一个字符数组中的字母、数字、空格和其他字符的个数。
7. 将一个一维数组中的元素前后翻转。
8. 对于有 n 个整数的数组,使其前面各数顺序向后移 m 个位置,让最后 m 个数变成最前面的 m 个数。
9. 把一个数组中的重复元素去掉。如 a[]={1,1,2,7,3,2,3,4,5,8,7,4},输出为:1,2,7,3,4,5,8。
10. 输入一个整型数组,数组元素有正数有负数。数组中连续的一个或多个整数构成一个子数组。求所有子数组中元素和值最大的子数组。
例如:3,2,−6,4,7,−3,5,−2 和值最大的子数组为 4,7,−3,5。
11. 统计3行3列二维数组中每行偶数的个数。
12. 将一维整型数组的20个元素复制到20×2的二维数组中,且偶数与奇数分别存储在0列和1列上。
13. 输出杨辉三角形前10行。格式如下:

```
1
1   1
1   2   1
1   3   3   1
1   4   6   4   1
...
```

14. 找出二维数组中的所有鞍点,即该位置的元素在该行上最大,但是在该列上最小。也有可能没有鞍点。
15. 矩阵乘法 $C = A \times B$。
前提条件:A 的列数等于 B 的行数,假定为 M。

则 $C[i][j] += A[i][k] * B[k][j]$；$k=0,1,\cdots,M-1$。

16. 一个学习小组有 5 个人，每个人有 3 门课的考试成绩。计算每门课的平均成绩按照升序输出，计算每人的平均成绩并按照降序输出。

17. 计算生成乘法口诀表并存在数组中，然后输出下三角形，输出结果如下：

	1	2	3	4	5	6	7	8	9
1	1								
2	2	4							
3	3	6	9						
⋮									
9	9	18	27	36	45	54	63	72	81

第 10 章

函数

10.1 理解函数

人类解决复杂问题的方式是分解和抽象,进而分而治之。

分解是把规模大的问题分割为若干规模较小的问题,对规模较小的问题继续分割,以此类推,直到分解为非常容易解决的小问题为止,这样当把所有小问题解决了,大的问题自然也就解决了。比如,经营一个餐馆,当把"洗菜"、"切菜"、"炒菜"、"叫勺"、"洗碗"、"迎客"、"点菜"、"上菜"、"买单"、"送客"过程都完成,那么整个餐馆的经营活动就完成了,如图 10.1 所示。

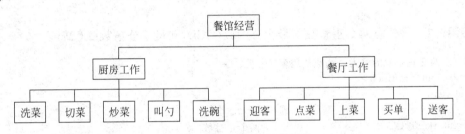

图 10.1 餐馆工作过程分解图

抽象是把若干问题的实现过程中实现内容重复的部分抽取出来,作为一个独立的单元单独实现,以后各个问题实现时,凡是用到该单元实现内容时,直接使用即可,这样便达到了重复利用的目的。这样做还有一个好处,若改进了独立单元的实现过程,以后所有使用该单元的问题都会用到新的实现过程。比如,一个木器加工厂的生产过程,该厂分别能够生产桌子和床,具体分解过程如图 10.2 所示。

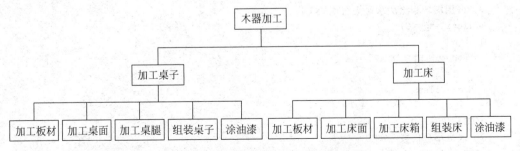

图 10.2 桌子和床的加工过程分解图

通过对分解小任务的分析发现,"加工桌子"和"加工床"都会分解出"加工板材"和"涂油漆"的过程,于是,把"加工板材"和"涂油漆"单独抽取出来,为"加工桌子"和"加工床"共用,而且当"加工板材"和"涂油漆"工序采用新工艺改变后,所有桌子加工过程和床加工过程都会用到新工艺,抽象过程如图 10.3 所示。

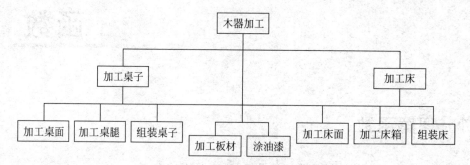

图 10.3 桌子和床的加工过程分解抽象图

若没有这个抽象过程,当对"加工板材"和"涂油漆"这两个过程改进工艺时,需要对"加工桌子"和"加工床"分别改进(对图 10.2 而言),产生了大量的重复工作。

C 语言函数正是程序中对分解与抽象思想的实现。C 语言函数把大段的程序代码按照功能分解开来,同时,也体现出对重复使用的程序段的抽象。通过例 10.1 和例 10.2 来体会一下。

例 10.1 求任意两个正整数的最大公约数(GCD)和最小公倍数(LCM)。

```
/*求两个正整数的最大公约数使用辗转相除法*/
#include<stdio.h>
int main()
{
    int iNum1,iNum2;                /*两个正整数*/
    int iGCD,iLCM;                  /*最大公约数与最小公倍数*/
    int iNum1Copy,iNum2Copy;        /*两个正整数的备份,计算最小公倍数时使用*/
    int iTemp;
    printf("Input num1 & num2:");
    scanf("%d%d",&iNum1,&iNum2);
    /*备份两个正整数,因为计算过程中原数被改变了*/
    iNum1Copy = iNum1;
    iNum2Copy = iNum2;
    iTemp = iNum2;
    /*采用辗转相除法求最大公约数*/
    while(iTemp!= 0)
    {
        iTemp = iNum1 % iNum2;
        iNum1 = iNum2;
        iNum2 = iTemp;
    }
    iGCD = iNum1;
    /*求最小公倍数*/
    iLCM = iNum1Copy * iNum2Copy/iGCD;
    /*输出最大公约数*/
```

```c
    printf("The GCD of %d and %d is: %d\n",iNum1Copy,iNum2Copy,iGCD);
    /*输出最小公倍数*/
    printf("The LCM of %d and %d is: %d\n",iNum1Copy,iNum2Copy,iLCM);
    return 0;
}
```

这段程序较长,编辑、调试不是很方便,而且,若对另外的数计算最大公约数和最小公倍数还需要重复上述代码。因此,对例 10.1 可以把计算最大公约数和最小公倍数的算法分解开来,见例 10.2。

例 10.2 采用函数分解,求任意两个正整数的最大公约数(GCD)和最小公倍数(LCM)。

```c
/*采用函数分解,求任意两个正整数的最大公约数(GCD)和最小公倍数(LCM)*/
#include<stdio.h>
/*辗转相除法求最大公约数*/
int gcd(int iN1,int iN2)
{
    int iTemp = iN2;
    while(iTemp!=0)
    {
        iTemp = iN1 % iN2;
        iN1 = iN2;
        iN2 = iTemp;
    }
    return iN1;
}
/*求最小公倍数*/
int lcm(int iN1,int iN2)
{
    int iGCDInside = gcd(iN1,iN2);          /*调用函数求最大公约数*/
    return iN1 * iN2/iGCDInside;
}
int main()
{
    int iNum1,iNum2;                         /*两个正整数*/
    int iGCD,iLCM;                           /*最大公约数与最小公倍数*/
    printf("Input num1 & num2:");
    scanf("%d%d",&iNum1,&iNum2);
    /*调用函数求最大公约数*/
    iGCD = gcd(iNum1,iNum2);
    /*调用函数求最小公倍数*/
    iLCM = lcm(iNum1,iNum2);
    /*输出最大公约数*/
    printf("The GCD of %d and %d is: %d\n",iNum1,iNum2,iGCD);
    /*输出最小公倍数*/
    printf("The LCM of %d and %d is: %d\n",iNum1,iNum2,iLCM);
    return 0;
}
```

再来观察一下程序,发现 main 函数非常整洁,只是负责输入、输出两个整数,具体计算最大公约数和最小公倍数的过程都交给了 gcd 函数和 lcm 函数,每个函数的职责也非常明确,只完成非常单一的功能。整个程序结构看上去也非常明了,而且,以后还会介绍把不同的函数放到不同的文件中,这样,程序结构就更清楚了。另外,如果程序中还有地方要用到最大公约数与最小公倍数,可以直接调用这两个函数,不需要再写计算过程,这也充分体现出抽象的思想。

当 C 语言程序采用函数(main 之外)后,进一步了解 C 语言程序的结构:

(1) 一个 C 程序可以由多个模块构成,每个模块可由若干个小模块构成,以此类推不断分解,直到分解成不可分割的最小模块单元为止,而这个最小的模块单元即为一个函数,由此可以看出,C 语言程序是由多个函数构成的。每个函数可以单独放在一个文件中,也可以将若干个功能相关的函数放在一个文件中,从中可以看出,C 语言程序可以由多个文件组成,文件负责组织存放若干个函数。

(2) 源程序文件为 C 语言程序的编译单位,每个文件单独编译,便于调试,也给团队开发提供了方便。

(3) main 函数是程序执行的入口,main 函数可以调用其他函数,其他函数调用结束后,还要返回 main 函数,main 函数执行完毕,整个程序就结束了。

(4) main 函数可以出现在任何位置,其他所有函数的位置也不是强制的,但每个程序有且仅有一个 main()函数,和每个家庭必须有一家之主,而且只能有一个一家之主同样道理。

(5) C 语言程序的所有函数都是平行定义的(如例 10.2 中的 gcd 函数和 lcm 函数),在一个函数内部不允许定义另外的函数。函数可以互相调用(如例 10.2 中 lcm 函数调用 gcd 函数,main 函数调用 gcd 函数和 lcm 函数),甚至可以调用自己,但是不能调用 main 函数。

10.2 函数定义和分类

10.2.1 函数定义

函数定义的一般形式:

1. 无参函数的一般形式

类型说明符 函数名()

{

  声明部分

  执行语句部分

}

例 10.3 输出当前时间。

```
#include<stdio.h>
#include<time.h>
/*showTime 函数返回 1970 年 1 月 1 日 0 时 0 分 0 秒到当前的秒数*/
long showTime()
{
```

```
    long lct;
    lct = time(0);/* time(0)返回 1970 年 1 月 1 日 0 时 0 分 0 秒到当前的秒数 */
    return lct;
}
int main()
{
    long lCurTime;
    lCurTime = showTime();
    printf("%ld",lCurTime);/* 输出 1970 年 1 月 1 日 0 时 0 分 0 秒到当前的秒数 */
    return 0;
}
```

函数由函数首部和函数体两部分构成。

1) 函数首部

函数首部包括类型说明符和函数名称及形式参数。类型说明符指明了本函数的类型，函数的类型实际上是函数返回值的类型，如例 10.3 中 showTime()函数的 long 说明函数将会返回一个 long 类型的数据。函数名是由用户自定义的标识符，函数名后有一个空括号，其中无参数，但括号不可少。

2) 函数体

{}中的内容称为函数体。函数体包括说明部分和执行语句部分。说明部分对函数体内部所用到的变量和函数的类型进行说明，如例 10.3 中的"long lCurTime;"。执行语句部分是函数对数据进行加工完成函数功能的部分，如例 10.3 中的"lct=time(0);"。

2. 有参函数的一般形式

类型说明符 函数名(形式参数表)
{
    声明部分
    执行语句部分
}

有参函数比无参函数多了形式参数表，形式参数表的格式为：

类型 1 形参变量 1，类型 2 形式变量 2，…，类型 n 形参变量 n

在形参表中给出的参数变量称为形式参数，它们可以是各种类型的变量，各参数之间用逗号间隔。在进行函数调用时，主调函数将赋予这些形式参数实际的值。形参既然是变量，当然必须给以类型说明。例 10.2 中的 int gcd(int iN1,int iN2);就是一个有参函数。

10.2.2 函数分类

在 C 语言中可从不同的角度对函数分类。

(1) 从函数定义的角度看，函数可分为库函数和用户定义函数两种。

① 库函数：由 C 系统提供，用户无须定义，也不必在程序中作类型说明，只需在程序前包含有该函数原型的头文件即可在程序中直接调用。在前面各章的例题中反复用到的 printf、scanf、sqrt 等函数均属此类。

② 用户定义函数：由用户按需要写的函数，如例 10.2 中的 gcd 函数和 lcm 函数。对于

用户自定义函数，不仅要在程序中定义函数本身，而且通常在主调函数模块中还必须对该被调函数进行类型说明，然后才能使用，被调函数与主调函数在同一文件中且被调函数在主调函数之前定义，可以不进行类型声明（本章后面会介绍到）。

（2）C语言的函数兼有其他语言中的函数和过程两种功能，从这个角度看，又可把函数分为有返回值函数和无返回值函数两种。

① 有返回值函数：此类函数被调用执行完后将向调用者返回一个执行结果，称为函数返回值。如例 10.2 中的 gcd 函数属于此类函数，gcd 返回值为 int 型的最小公倍数。由用户定义的这种需要返回函数值的函数，必须在函数定义和函数说明中明确返回值的类型，如例 10.2 中的 gcd 函数定义：int gcd(int iN1,int iN2)函数的返回值为 int 类型。

② 无返回值函数：此类函数用于完成某项特定的处理任务，执行完成后不向调用者返回函数值。这类函数类似于其他语言的过程。由于函数无须返回值，用户在定义此类函数时可指定它的返回为"空类型"，空类型的说明符为 void。把例 10.3 改造一下，见例 10.4。

例 10.4 输出当前时间。

```
# include < stdio.h >
# include < time.h >
/* showTime 函数返回 1970 年 1 月 1 日 0 时 0 分 0 秒到当前的秒数 */
void showTime()
{
  long lct;
  lct = time(0);/* time(0)返回 1970 年 1 月 1 日 0 时 0 分 0 秒到当前的秒数 */
  printf(" % ld",lct);      /* 输出 1970 年 1 月 1 日 0 时 0 分 0 秒到当前的秒数 */
}
int main()
{
  showTime();
  return 0;
}
```

例 10.4 中的 void showTime()为无返回值函数，函数类型为 void，当函数返回类型为 void 时，函数体内不需要 return 语句。

（3）从主调函数和被调函数之间数据传送的角度看又可分为无参函数和有参函数两种。

① 无参函数：函数定义、函数说明及函数调用中均不带参数，如例 10.4 中的 void showTime()函数。主调函数和被调函数之间不进行参数传送。此类函数通常用来完成一组指定的功能，可以返回或不返回函数值。

② 有参函数：也称为带参函数。在函数定义及函数说明时都有参数，称为形式参数（简称为形参）。在函数调用时也必须给出参数，称为实际参数（简称为实参）。进行函数调用时，主调函数将把实参的值传送给形参，供被调函数使用。例 10.2 中的 int gcd(int iN1,int iN2)为有参函数，其中 iN1 和 iN2 为形参，10.2 中的 main 函数中的函数调用语句 iGCD = gcd(iNum1,iNum2);中的参数 iNum1 和 iNum2 为实参。关于函数参数在后面还将介绍。

（4）C语言提供了极为丰富的库函数，这些库函数又可从功能角度进行以下分类。

① 字符类型分类函数：用于对字符按 ASCII 码分类，即字母、数字、控制字符、分隔符、

大小写字母等。

② 转换函数：用于字符或字符串的转换，在字符量和各类数字量（整型、实型等）之间进行转换，在大、小写之间进行转换。

③ 目录路径函数：用于文件目录和路径操作。

④ 诊断函数：用于内部错误检测。

⑤ 图形函数：用于屏幕管理和各种图形功能。

⑥ 输入输出函数：用于完成输入输出功能。

⑦ 接口函数：用于与 DOS、BIOS 和硬件的接口。

⑧ 字符串函数：用于字符串操作和处理。

⑨ 内存管理函数：用于内存管理。

⑩ 数学函数：用于数学函数计算。

⑪ 日期和时间函数：用于日期、时间转换操作。

⑫ 进程控制函数：用于进程管理和控制。

⑬ 其他函数：用于其他各种功能。

以上各类函数不仅数量多，而且有的还需要硬件知识才会使用，因此要想全部掌握则需要一个较长的学习过程。应首先掌握一些最基本、最常用的函数，再逐步深入。由于篇幅关系，本书只介绍了很少一部分库函数，其余部分读者可根据需要查阅有关手册。

10.3 函数调用和声明

10.3.1 函数调用

C 语言中，函数调用的一般形式为：

函数名（实际参数表）

对无参函数调用时则无实际参数表。实际参数表中的参数可以是常数、变量或其他构造类型数据及表达式，各实参之间用逗号分隔。

在 C 语言中，可以用以下几种方式调用函数。

（1）函数表达式：函数作为表达式中的一项出现在表达式中，以函数返回值参与表达式的运算。这种方式要求函数是有返回值的。如例 10.4 中的 lct=time(0)是一个赋值表达式，把 time(0)的返回值赋予变量 lct。

（2）函数语句：函数调用的一般形式加上分号即构成函数语句。

例如：

printf ("%d",iAa);
scanf ("%d",&iB);

都是以函数语句的方式调用函数。

（3）函数实参：函数作为另一个函数调用的实际参数出现。这种情况是把该函数的返回值作为实参进行传送，因此要求该函数必须是有返回值的。

例如：

```
printf("%d",max(x,y));
```

即是把 max 调用的返回值又作为 printf 函数的实参来使用的。

函数调用过程的执行顺序：首先运行主调函数（以例 10.3 为例运行 main 函数），当运行函数调用语句时(lCurTime=showTime();)，开始执行被调函数（showTime 函数），被调函数执行结束后，回到主调函数，继续向下执行，其调用过程如图 10.4 所示。

函数还可以嵌套调用，如在例 10.2 中 main 函数调用 lcm 函数，lcm 又调用 gcd 函数。

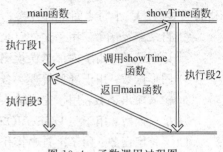

图 10.4 函数调用过程图

在函数调用中还应该注意的一个问题是求值顺序的问题。所谓求值顺序是指对实参表中各量是自左至右使用，还是自右至左使用。对此，各系统的规定不一定相同。如例 10.5。

例 10.5 输出 i1 增减后的值。

```
#include <stdio.h>
int main()
{
    int i1 = 3;
    printf("%d\n%d\n", ++i1, --i1);
    return 0;
}
```

对 printf 函数的调用，实参按照从右至左的顺序求值。运行结果应为：

3
2

对 printf 函数的调用，实参按照从左至右的顺序求值。运行结果应为：

4
3

应特别注意的是，无论是从左至右求值，还是自右至左求值，其输出顺序都是不变的，即输出顺序总是和实参表中实参的顺序相同。

10.3.2 函数声明

与变量一样，函数也遵循先定义后使用的原则。若被调用函数在主调函数之后定义，需要在主调函数中对被调函数调用之前进行声明，以便使编译系统知道被调函数返回值的类型，在主调函数中按此种类型对返回值作相应的处理。

函数声明的一般形式为：

类型说明符 被调函数名（类型 形参1，类型 形参2，…）；

或为：

类型说明符 被调函数名（类型1，类型2，…）；

括号内给出了形参的类型和形参名，或只给出形参类型。这便于编译系统进行检错，以防止可能出现的错误。因为声明是一条语句必须以分号结束。

例 10.6 通过函数计算两个浮点数的和。

```
#include <stdio.h>
int main()
{
  float fA = 3.5,fB = 4.6,fC;
  float add(float fA1,float fB1);/* 函数声明 */
  fC = add(fA,fB);/* 函数调用 */
  printf("%f\n",fC);
  return 0;
}
float add(float fA1,float fB1)/* 函数定义 */
{
  return fA1 + fB1;
}
```

声明部分,若把 float add(float fA1,float fB1);改为 float add(float,float);是一样的。把 float add(float fA1,float fB1);放在 void main()之前也可以,则在后面所有函数都可以使用声明函数。

调用部分,若把 fC=add(fA,fB);改为 fC=add(fA,fB)%5;,编译时就会报错,因为声明部分已经说明 add 函数的返回类型是 float 类型,参与%运算是不允许的;若把 fC= add(fA,fB);改为 fC=add(fA,fB,5.0);,编译时也会报错,因为声明部分已经说明 add 函数调用时需要提供两个浮点数,而这里调用给了 3 个。从这个角度看,函数声明说明一个函数的具体调用方法,同时也给编译器检错提供了依据。

C 语言中又规定在以下几种情况时可以省去主调函数中对被调函数的函数说明。

(1) 如果被调函数的返回值是整型或字符型时,可以不对被调函数作说明,而直接调用。这时系统将自动对被调函数返回值按整型处理。

(2) 当被调函数的函数定义出现在主调函数之前时,在主调函数中也可以不对被调函数再作说明而直接调用。在例 10.6 中,把函数 add 的定义放在 main 函数之前,因此可在 main 函数中省去对 max 函数的函数声明 float add(float ,float)。

(3) 如在所有函数定义之前,在函数外预先说明了各个函数的类型,则在以后的各主调函数中,可不再对被调函数作说明。例如:

```
void function3(int );
int main()
{
  function3(5);
   ⋮
}
void function1()
{
  function3(3);
   ⋮
}
void function2()
{
  function3(8);
```

```
    ⋮
}
```

其中第一行对 function3 函数预先做了说明,因此在以后各函数中无须对 function3 函数再作说明就可直接调用。

(4) 对库函数的调用不需要再作说明,但必须把该函数的头文件用 include 命令包含在源文件前部。

回顾一下函数的定义、调用和声明,定义只做一次,调用可以很多次,声明用来说明函数的具体调用方式。用某产品做个比方:生产产品好比定义函数,调用就是使用产品,而声明就是产品的使用说明书,使用产品之前应该查看产品的使用说明书,了解产品的具体使用方式。

10.4　函数参数和函数值

10.4.1　形式参数与实际参数

函数的参数分为形式参数(简称形参)和实际参数(简称实参)。形参是指函数定义时的参数,实参是指函数调用时的参数。

如例 10.6 中的 float add(float fA1,float fB1) 为函数定义,其中 fA1 和 fB1 为形参,例 10.6 中的 main 函数中的函数调用语句 fC=add(fA,fB);中的参数 fA 和 fB 为实参。

形参和实参的关系为:形参出现在函数定义中,在整个函数体内都可以使用,离开该函数则不能使用。实参出现在主调函数中,进入被调函数后,实参变量也不能使用。形参和实参的功能是进行数据传送。发生函数调用时,主调函数把实参的值传送给被调函数的形参从而实现主调函数向被调函数的数据传送,见例 10.7。

例 10.7　通过函数调用试图交换两个整数。

```c
#include <stdio.h>
int main()
{
    int iA = 3, iB = 4;
    void swap(int iA1, int iB1);        /*函数声明*/
    swap(iA, iB);                       /*函数调用*/
    printf("iA = %d, iB = %d\n", iA, iB);
    return 0;
}
void swap(int iA1, int iB1)             /*函数定义*/
{
    int iC1;
    iC1 = iA1;
    iA1 = iB1;
    iB1 = iC1;
}
```

main 函数开始运行时分配变量空间,为变量 iA 和 iB 分配空间并且赋初值 3 和 4,如

图 10.5 所示。

当函数调用语句 swap(iA,iB);执行时,main 函数暂停(记住中断点和保存目前数据),程序控制权交给 swap 函数。swap 函数分配变量空间包括 iA1、iB1、iC1 的空间,并用实参按顺序传值给 iA1 和 iB1,使得 iA1 为 3,iB1 为 4,如图 10.6 所示。

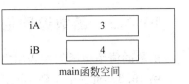

图 10.5 main 函数变量空间图

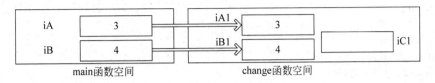

图 10.6 main 函数调用 swap 函数后的变量空间图

swap 函数开始运行,iA1 和 iB1 通过 iC1 进行交换,main 函数的变量不受影响,如图 10.7 所示。

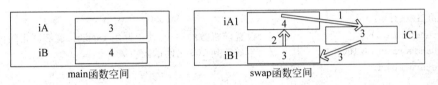

图 10.7 swap 函数执行交换的变量空间图

swap 函数运行结束后,swap 所占用空间释放,程序控制权交给 main 函数,而 main 函数的变量 iA 和 iB 依然维持原来的值,可以看出 main 函数的实参变量 iA 和 iB 的值不受形参 iA1 和 iB1 改变的影响,如图 10.8 所示。

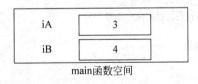

图 10.8 main 函数变量空间图

函数的形参和实参具有以下特点:

(1) 形参变量只有在被调用时才分配内存单元,在调用结束时,即刻释放所分配的内存单元。因此,形参只有在函数内部有效。函数调用结束返回主调函数后则不能再使用该形参变量。

(2) 实参可以是常量、变量、表达式和函数等,例 10.7 中的函数调用语句 swap(iA,iB);,可以是 swap(3,5)、swap(iA+5,iB);等,这些都是合法的。在进行函数调用时,它们都必须具有确定的值,以便把这些值传送给形参。因此应预先用赋值、输入等办法使实参获得确定值。

(3) 实参和形参在数量上、类型上及顺序上应赋值兼容,实参的数据类型可以赋值给形参,否则会发生"类型不匹配"的错误。

(4) 函数调用中发生的数据传送是单向的。即只能把实参的值传送给形参,而不能把形参的值反向地传送给实参。因此在函数调用过程中,形参的值发生改变,而实参中的值不会变化。

10.4.2 函数返回值

函数的值是指函数被调用之后,执行函数体中的程序段所取得并返回给主调函数的值。

例 10.8 对一个 1 到 100 之间的随机数,计算其与 7 取余的值。

```
#include <stdio.h>
#include <time.h>
int main()
{
    int iResult;
    int getRand();
    iResult = getRand() % 7;
    printf("%d",iResult);
    return 0;
}
/*获取1到100之间的随机数*/
int getRand()
{
    int iRand;
    srand(time(0));              /*设置随机数的种子,使得调用rand时,能够真正随机化*/
    iRand = rand() % 100 + 1;    /*生成1到100之间的随机数*/
    return iRand;
}
```

在例 10.8 中,getRand 函数返回值交给 main 函数。具体执行过程如图 10.9 所示。

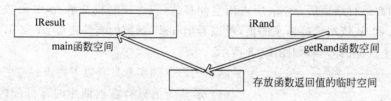

图 10.9 函数返回值传递过程图

例 10.8 执行过程:

(1) main 函数开始运行,分配 main 函数空间。

(2) 调用 getRand 函数,保存 main 函数现场,分配 getRand 函数空间。

(3) 执行 getRand 函数,把语句 return iRand;返回的值放入临时空间,释放 getRand 函数的空间。

(4) 程序控制权回到 main 函数,main 函数读出临时空间的值继续运行。

对函数的值(或称函数返回值)有以下一些说明:

• 函数的值只能通过 return 语句返回主调函数。return 语句的一般形式为:

return 表达式;

或者为:

return (表达式);

该语句的功能是计算表达式的值,并返回给主调函数。在函数中允许有多个 return 语句(通常在条件语句中),但每次调用只能有一个 return 语句被执行。当 return 语句执行时,函数也就结束了,返回到主调函数,其他 return 语句就不会被执行了。见下面语句:

```
if(iA > iB)
    return iA;
else
    return iB;
```

说明一个函数只能返回一个函数值,以后会讨论返回多值的方法。

- 函数值的类型和函数定义中函数的类型应保持一致。如果两者不一致,则以函数类型为准,自动进行类型转换。

被调函数给主调函数返回值是通过一个临时空间实现的。临时空间的数据类型就是函数的类型。当 return 语句的数据类型与函数类型不一致时,return 语句的数据类型向函数类型转换,因为 return 语句的数据要存放到临时空间,而临时空间的类型是函数类型。例如在例 10.8 中,把 getRand 函数的 return 语句改为:return iRand * 1.0,iRand * 1.0 的类型为 double,但是,当把该数据存入临时空间(整型)时,只能变为整型,main 函数得到的也是整型。如果把函数定义部分 int getRand()改为 double getRand(),则临时空间也就是 double 类型,main 函数得到的也是 double 类型,就会产生编译错误,因为 double 类型不能参加%运算。

- 如函数值为整型,在函数定义时可以省去类型说明。
- 不返回函数值的函数,可以明确定义为"空类型",类型说明符为 void。如例 10.7 中函数 swap 并不向主函数返回函数值,函数中不需要 return。因此可定义为:

```
void swap(int iA1,int iB1)           /* 函数定义 */
{
    int iC1;
    iC1 = iA1;
    iA1 = iB1;
    iB1 = iC1;
}
```

一旦函数被定义为空类型后,就不能在主调函数中使用被调函数的函数值了。通常调用语句只是一个函数语句:

```
swap(iA,iB);                          /* 函数调用 */
```

10.4.3 数组作函数参数

1. 数组元素作为函数参数

数组元素和一个普通变量用法完全一样,作为函数实参也是相同的,如例 10.9。

例 10.9 数组元素作实参。

```
#include <stdio.h>
int main()
{
```

```c
    int iArr1[3] = {2,5,3};
    int iA = 2, iB = 5, iC = 3;
    int iSum;
    int add(int iA, int iB, int iC);
    iSum = add(iArr1[0],iArr1[1],iArr1[2]);      /*数组元素作为实参*/
    printf("%d\n",iSum);
    iSum = add(iA, iB, iC);                       /*普通变量作为实参*/
    printf("%d\n",iSum);
    return 0;
}
int add(int iA, int iB, int iC)
{
    return iA + iB + iC;
}
```

2. 数组名作为函数参数

在普通变量或下标变量作函数参数时,形参变量和实参变量是由编译系统分配的两个不同的内存单元,在函数调用时发生的值传送是把实参变量的值赋予形参变量。

数组名实际上是一个常量地址,当用数组名作为实参时,实际上是把该常量地址传给形参。而形参数组并不分配接收实参数组元素的数据空间,只是分配一个接收常量地址(实参数组名)的空间。见例10.10 和图 10.10。

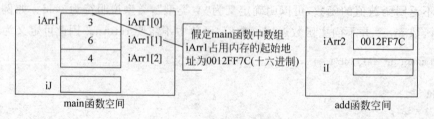

图 10.10   数组名作函数参数空间分配图

例 10.10   对数组中的每个元素加 1。

```c
#include <stdio.h>
int main()
{
    int iArr1[3] = {2,5,3}, iJ;
    void add(int iArr2[3]);
    /*输出数组*/
    for(iJ = 0; iJ <= 2; iJ ++)
        printf("%d ",iArr1[iJ]);
    printf("\n");
    add(iArr1);                                   /*数组名作为实参,注意,只有数组名,没有下标*/
    /*函数调用后,输出数组*/
    for(iJ = 0; iJ <= 2; iJ ++)
        printf("%d ",iArr1[iJ]);
    printf("\n");
    return 0;
}
```

```c
void add(int iArr2[3])
{
    int iI;
    for(iI = 0;iI <= 2;iI ++ )
        iArr2[iI] ++ ;
}
```

例 10.10 中的 add 函数形参 iArr2 并未分配接收实参数组 iArr1 数据元素的空间,只是分配了一个接收常量地址(实参数组名)的空间 iArr2,也就是说把实参数组的首地址赋予形参数组名变量。形参数组并不分配自己的数据元素空间,形参数组名变量只是取得实参首地址,然后,add 函数中通过 iArr2 访问数组元素,实际上是根据地址访问实参数组,也就是形参数组和实参数组为同一数组,共同拥有一段内存空间,这样,当 add 函数中改变了 iArr2 的数据元素,当回到 main 函数时,数组 iArr1 的元素也就改变了。图 10.10 说明了这种情形。

好比甲有一个房间,他有一把房间的钥匙,他又配了一把钥匙给乙,这两把钥匙对应同一个房间,当乙打开房间,挪动了房间里面的东西,甲在看该房间时,看到的是挪动后的情形。

由于形参数组并不分配空间,所以定义时指定大小就没有意义了,例 10.10 的 add 函数形参定义写成 int iArr2[3]、int iArr2[ ]、int iArr2[1000]结果都是一样的,但每个形参数组必须有[ ]。

通常情况下,为了能够让函数处理不同长度的数组,可以在参数中增加一处理数据长度的形参变量,对例 10.10 改造为例 10.11。

例 10.11 函数处理不同长度的数组,对数组中的每个元素加 1。

```c
# include <stdio.h>
int main()
{
    int iArr1[3] = {2,5,3},iJ;
    int iArr3[5] = {1,2,3,4,5};
    void add(int iArr2[3],int iLength);
    /****************** 处理 iArr1 ************* /
    ⋮
    /* 运算长度为 3 的数组 */
    add(iArr1,3);/* 数组名作为实参,注意,只有数组名,没有下标 */
    ⋮
    /****************** 处理 iArr3 ************* /
    ⋮
    /* 运算长度为 5 的数组 */
    add(iArr3,5);/* 数组名作为实参,注意,只有数组名,没有下标 */
    ⋮
    return 0;
}
void add(int iArr2[3],int iLength)
{
    int i1;
    for(i1 = 0;i1 <= iLength - 1;i1 ++ )
        iArr2[i1] ++ ;
}
```

例 10.11 增加了一个形参 iLength,函数 add 就可以处理不同长度的实参数组了。

在变量作函数参数时,所进行的值传送是单向的。即只能从实参传向形参,不能从形参传回实参。形参的初值和实参相同,而形参的值发生改变后,实参并不变化。而当用数组名作函数参数时,情况则不同,由于实际上形参和实参为同一数组,因此当形参数组发生变化时,实参数组也随之变化。当然这种情况不能理解为发生了"双向"的值传递,但从实际情况来看,调用函数之后实参数组的值将随着形参数组值的改变而变化。这也是解决函数不能返回多个返回值的一个方法。

多维数组也可以作为函数的参数。在函数定义时对形参数组可以指定第一维的长度,也可省去第一维的长度,见例 10.12。

例 10.12 3×4 的二维整型数组所有元素加 1。

```
#include <stdio.h>
int main()
{
  int iArr1[3][4] = {{1,2,3,4},{5,6,7,8},{9,10,11,12}},iI,iJ;
  void add(int iArr2[3][4],int iRow,int iCol);
  /*输出数组*/
  for(iI = 0;iI <= 2;iI ++)
  {
    for(iJ = 0;iJ <= 3;iJ ++)
      printf(" %d ",iArr1[iI][iJ]);
    printf("\n");
  }
  printf("\n");
  add(iArr1,3,4);          /*二维数组名作为实参*/
  /*函数调用后,输出数组*/
  for(iI = 0;iI <= 2;iI ++)
  {
    for(iJ = 0;iJ <= 3;iJ ++)
      printf(" %d ",iArr1[iI][iJ]);
    printf("\n");
  }
  printf("\n");
  return 0;
}
void add(int iArr2[3][4],int iRow,int iCol)
{
  int iI1,iJ1;
  for(iI1 = 0;iI1 <= iRow - 1;iI1 ++)
    for(iJ1 = 0;iJ1 <= iCol - 1;iJ1 ++)
      iArr2[iI1][iJ1] ++;
}
```

形参数组的第一维大小可以省略,使用如下形参数组与程序中形参数组是相同的。
int iArr2[ ][4]
但是第二维的大小是不能省略的,在指针部分还会介绍。

10.5 函数递归调用

递归调用是指一个函数在其函数体中又直接或间接调用自身的一种方法。它通常把一个大型复杂的问题层层转化为一个与原问题相似的规模较小的问题来求解,递归策略只需少量的程序就可描述出解题过程所需要的多次重复计算,大大地减少了程序的代码量。一般来说,递归需要有递归结束条件和简化过程。

问题 1 计算 n 的阶乘。
分析:
当 n>1 时 n!=n*(n-1)!
当 n=1 时 n!=1
简化过程:
n!=n*(n-1)!
把计算 n! 的问题简化为计算(n-1)! 的问题,规模变小了。
递归结束条件:
当 n=1 时 n!=1
当 n=1 时,已经知道结果,不需要再简化,递归结束。
例 10.13 计算 n 的阶乘。

```
#include <stdio.h>
int main()
{
  int iN = 3;
  int iFact;
  int fact(int iN1);
  iFact = fact(iN);                /* 调用 fact 函数 */
  printf("%d\n",iFact);
  return 0;
}
int fact(int iN1)
{
  int iF1;
  if(iN1 > 1)
     iF1 = fact(iN1 - 1) * iN1;    /* 递归调用 fact 函数 */
  else
     iF1 = 1;
  return iF1;
}
```

从图 10.11 中可以看出一共有 3 次 fact 函数调用。第一次调用 fact 函数,在 main 函数中调用 fact(iN)时,实参为 iN,值为 3,所以,fact 函数形参 iN1 值为 3;第二次调用 fact 函数,在 fact(3)中调用 fact(iN1-1)时,实参为 iN1-1,值为 2,所以 fact 函数的形参 iN1 的值为 2;第三次调用 fact 函数,在 fact(2)中调用 fact(iN1-1)时,实参为 iN1-1,值为 1,所以 fact 函数的形参 iN1 的值为 1。在 fact(1)中运算得 iF1 值为 1,返回给调用者 fact(2);

fact(2)运算得到自己的 iF1 值为 2,返回给调用者 fact(3);fact(3)运算得到自己的 iF1 值为 6,返回给调用者 main 函数;main 函数运算得到 iFact 的值为 6。

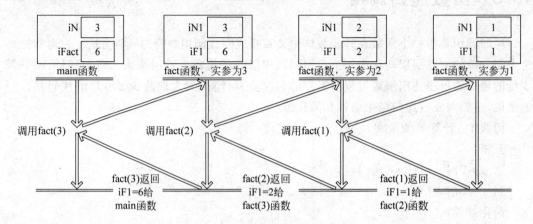

图 10.11 阶乘调用及其空间分配图

从图 10.11 中还可以看到,当 fact(1)运行时,fact(3)、fact(2)函数都没有运行结束,各自都有自己的 iN1 空间和 iF1 空间,也就是说这时系统开辟了 3 份 iN1 空间和 iF1 空间。所以说递归程序的系统空间开销是较大的。

问题 2 计算斐波那契数列的第 n 个数,记为 f(n)。

分析：

当 n>=3 时   f(n)=f(n−1)+f(n−2)

当 n=1 或 n=2 时   f(n)=1

简化过程：

f(n)=f(n−1)+f(n−2)

把计算 f(n)的问题简化为计算 f(n−1)和 f(n−2)的问题,f(n−1)和 f(n−2)规模变小了。

递归结束条件：

当 n=1 或 n=2 时,f(n)=1

当 n=1 或 n=2 时,已经知道结果,不需要再简化,递归结束。

例 10.14 计算斐波那契数列的第 n 项值。

```
#include <stdio.h>
int main()
{
    int iN = 10;
    int iFib;
    int fib(int iN1);
    iFib = fib(iN);              /*调用 fib 函数*/
    printf("%d\n",iFib);
    return 0;
}
int fib(int iN1)
{
```

```
    int iF1;
    if(iN1 == 1 || iN1 == 2)
        iF1 = 1;
    else
        iF1 = fib(iN1 - 1) + fib(iN1 - 2);    /* 递归调用 fib 函数 */
    return iF1;
}
```

例 10.14 中,和计算阶乘的区别是函数体内调用了自身两次。

问题 3 在 n 个数(a[1],a[2],…,a[n])中找出最大数,记为 f(n)。

分析:

当 n>1 时   f(n) = f(n−1)和 a[n]的最大值

当 n=1 时   f(n) = a[1]

简化过程:

f(n) = f(n−1)和 a[n]的最大值

把计算 f(n)的问题简化为计算 f(n−1)和 a[n]的最大值问题,f(n−1)规模变小了。

递归结束条件:

当 n=1 时,f(n) = a[1]

当 n=1 时,已经知道结果,不需要再简化了,也就是递归结束了。

例 10.15 在 n 个数(a[1],a[2],…,a[n])中找出最大数。

```c
#include <stdio.h>
int main()
{
    int iN = 5, iMax;
    int iArr[6] = {0,4,7,2,9,1};              /* iArr[0]不参加计算 */
    int max(int iArr1[], int iN1);
    iMax = max(iArr, iN);                     /* 调用 max 函数 */
    printf("%d\n", iMax);
    return 0;
}
int max(int iArr1[], int iN1)
{
    int iMax1, iTemp;
    if(iN1 > 1)
    {
        iTemp = max(iArr1, iN1 - 1);          /* 递归调用 max 函数 */
        if(iTemp > iArr1[iN1])
            iMax1 = iTemp;
        else
            iMax1 = iArr1[iN1];
    }
    else
        iMax1 = iArr1[1];
    return iMax1;
}
```

例 10.15 中,对 n 个数据处理时,先计算前 n−1 个数据的最大值,然后,取其与 a[n]的大者作为这 n 个数据的最大值；对 n-1 个数据处理时，先计算前 n-2 个数据的最大值，然后，取其与 a[n-1] 的大者作为前 n-1 个数据的最大值；以此类推，到 n 为 1 时，a[1] 为前 1 个数据的最大值。这样，知道前 1 个数据最大值就能推出前 2 个数据的最大值，知道前 2 个数据最大值就能推出前 3 个数据的最大值，以此类推，知道前 n-1 个数据最大值就能推出前 n 个数据的最大值。注意理解数组名参数在递归调用的若干次传递中都是同一个地址，本例的目的是介绍怎样利用递归方式处理数组数据。

由例 10.13、例 10.14、例 10.15 可以看出，递归是从复杂推到简单（递归调用），再由简单返回到复杂（返回值）的一个过程（会有无返回值的情形，在本书后面会介绍），这个过程中需要记载大量数据，因此，递归较占用空间。递推是由简单到复杂的过程，例 10.13、例 10.14、例 10.15 完全可以由递推方法实现，但是，有些问题写递推程序非常困难，如汉诺塔问题（本书后面会介绍）。

10.6 变量作用域与生存期

学习函数的目的是分而治之，当代码分割为若干函数之后，各个函数之内的变量可以相互利用吗？各个函数若需要共享数据该怎么办？这就需要了解变量的作用域与生命周期。

10.6.1 变量作用域

在例 10.7 讨论函数的形参变量时曾经提到，函数的形参变量以及在函数内定义的变量只在被调用期间才分配内存单元，调用结束立即释放。这一点表明函数中的变量只有在函数内才是有效的，离开该函数就不能再使用了。这种变量有效性的范围称变量的作用域。C 语言中所有的量都有自己的作用域。变量说明的方式不同，其作用域也不同。C 语言中的变量，按作用域范围可分为两种，即局部变量和全局变量。

1. 局部变量

局部变量也称为内部变量。局部变量是在函数内作定义说明的。其作用域仅限于函数内，离开该函数后再使用这种变量是非法的。

例如：

```
int max(int iA, int iB)          /* 函数 max, iA、iB、iC 的作用域    */
{
  int iC;
  if(iA > iB)
     return iA;
  else
     return iB;
}
int add(int iD, int iE)          /* 函数 add, iD、iE、iK 的作用域 */
{
  int iK;
```

```
    iK = iD + iE;
    return iK;
}
main()                          /*函数 main，iM、iN 的作用域*/
{
    int iM = 1, iN = 2;
    printf("max = %d\nadd = %d", max(iM, iN), add(iM, iN));
}
```

iA、iB、iC 变量的作用域限于 max 函数内。iD、iE、iK 的作用域限于 add 函数内。iM、iN 的作用域限于 main 函数内。关于局部变量的作用域还要说明以下几点：

（1）主函数中定义的变量也只能在主函数中使用，不能在其他函数中使用。同时，主函数中也不能使用其他函数中定义的变量。因为主函数也是一个函数，它与其他函数是平行关系。

（2）形参变量是属于被调函数的局部变量，实参变量是属于主调函数的局部变量。

（3）允许在不同的函数中使用相同的变量名（包括实参和形参使用相同的变量名），它们代表不同的对象，分配不同的单元，互不干扰，也不会发生混淆。

例 10.16 复合语句中局部变量作用域。

```
#include <stdio.h>
int main()
{                    /*iJ、iK 的作用域为整个 main 函数,包括里面的复合语句*/
    int iJ = 1, iK = 2;
    {                                 /*iK、iL 的作用域仅限于此复合语句内*/
        int iK = 3, iL = 4;
        printf("iJ = %d\n", iJ);      /*iJ 为复合语句外的 iJ,值为 1*/
        printf("iK = %d\n", iK);      /*iK 为复合语句中的 iK,值为 3*/
        printf("iL = %d\n", iL);      /*iL 为复合语句中的 iL,值为 4*/
    }
    printf("iJ = %d\n", iJ);          /*iJ 为复合语句外的 iJ,值为 1*/
    printf("iK = %d\n", iK);          /*iK 为复合语句外的 iK,值为 2*/
    printf("iL = %d\n", iL);          /*编译时会报错,iL 未定义*/
    return 0;
}
```

本程序在 main 中定义了 iJ、iK 两个变量，在复合语句内又定义了两个变量 iK、iL。注意两个 iK 不是同一个变量，在复合语句外由 main 定义的 iK 起作用，而在复合语句内则由在复合语句内定义的 iK 起作用（虽然复合语句内也是复合语句外定义的 iK 的作用域范围，但是当出现同名时内部屏蔽外部的，内部的起作用）。复合语句中用到的 iJ 是复合语句外定义的，因为复合语句内并没有定义 iJ。复合语句结束后，复合语句内定义 iK、iL 就释放了，因此，在复合语句后用到的 iK 为复合语句外定义的，在复合语句后用到 iL 时会报告未定义错误。

2. 全局变量

全局变量也称为外部变量，它是在函数外部定义的变量。它不属于哪一个函数，它的作用域是整个程序。在函数中使用全局变量，一般应作全局变量说明，只有在函数内经过说明的全局变量才能使用。全局变量的说明符为 extern。但在一个函数之前定义的全局变量，在该函数内使用可不再加以说明。例如：

```
int iA,iB;              /* 全局变量 */
void f1()               /* 函数 f1 */
{
 ⋮
}
float fX,fY;            /* 全局变量 */
int f2()                /* 函数 f2 */
{
 ⋮
}
main()                  /* 主函数 */
{
 ⋮
}
```

iA、iB、fX、fY 都是在函数外部定义的外部变量，都是全局变量。iA、iB 定义在源程序最前面，因此，函数 f1、f2 及 main 内不加说明都可以使用。但 fX、fY 定义在函数 f1 之后，在函数 f2 及 main 内不加说明都可以使用；而在 f1 内又无对 fX、fY 的说明，所以它们在 f1 内无效。如果在 f1 函数内要使用 fX、fY，可以使用变量声明：

extern float fX、fY；

例 10.17　输入长方体的长宽高 l、w、h，求体积及表面积。

```
#include <stdio.h>
int iArea;
int volumeAndArea(int iL,int iW,int iH)
{
    iArea = 2 * (iL * iW + iL * iH + iW * iH);
    return iL * iW * iH;
}
int main()
{
    int iL,iW,iH,iVolume;
    printf("input length,width and height\n");
    scanf("%d%d%d",&iL,&iW,&iH);
    /* 函数调用返回体积,同时计算表面积存放在全局变量中 */
    iVolume = volumeAndArea(iL,iW,iH);
    printf("\nvolume = %d\narea = %d\n",iVolume,iArea);
    return 0;
}
```

本程序中定义了外部变量 iArea，用来存放表面积，其作用域覆盖 volumeAndArea 函数和 main 函数。函数 volumeAndArea 返回体积，同时计算表面积存放在全局变量 iArea 中，main 函数通过返回值接收体积，通过全局变量 iArea 获取面积。由于 C 语言规定函数返回值只有一个，当需要增加函数的返回数据时，使用全局变量是一种实现函数之间数据通信的有效手段。

不必要时尽量不要使用全局变量,因为:

(1) 全局变量可加强函数模块之间的数据联系,但是又使函数要依赖这些变量,因而使得函数的独立性降低,也就是说当一个函数改变了全局变量,其他函数使用该全局变量时都会受到影响。从模块化程序设计的观点来看这是不利的。

(2) 全局变量在程序的全部执行过程中都占用存储单元,而不是仅在需要时才开辟单元。

C语言允许全局变量和局部变量同名。在局部变量的作用域内,全局变量不起作用,会被屏蔽掉,与复合语句内外变量同名是同样道理。若把例10.17改为例10.18,结果就不对了。

例 10.18 输入长方体的长宽高 l、w、h,求体积及表面积。

```
#include <stdio.h>
int iArea;
int volumeAndArea(int iL,int iW,int iH)
{
    int iArea;                  /*定义局部变量iArea,与全局变量同名*/
    iArea = 2 * (iL * iW + iL * iH + iW * iH);
    return iL * iW * iH;
}
int main()
{
    int iL,iW,iH,iVolume;
    printf("input length,width and height\n");
    scanf("%d%d%d",&iL,&iW,&iH);
    /*函数调用返回体积,同时计算表面积存放在全局变量中*/
    iVolume = volumeAndArea(iL,iW,iH);
    /*表面积值为0,此处用到全局变量iArea,全局变量未赋初值默认为0*/
    printf("\nvolume = %d\narea = %d\n",iVolume,iArea);
    return 0;
}
```

在例10.18中,volumeAndArea函数内又定义局部变量iArea,与全局变量同名,这时在volumeAndArea函数内计算出表面积值赋值给了局部变量iArea,全局变量iArea并未改变,当返回到main函数,用到iArea时,使用的是全局变量iArea,全局变量未赋初值默认为0,所以输出面积为0。

10.6.2 变量存储类别与生存期

C语言的存储空间分为三部分,包括代码区、静态存储区、动态存储区,因此,变量的存储方式可分为"静态存储"和"动态存储"两种。

静态存储变量通常是在编译时就分定存储单元并一直保持不释放,直至整个程序结束,全局变量即属于此类存储方式。

动态存储变量是在程序执行过程中,使用它时才分配存储单元,使用完毕立即释放。典型代表函数的形式参数,在函数定义时并不给形参分配存储单元,只是在函数被调用时,才予以分配,调用函数完毕立即释放。如果一个函数被多次调用,则反复地分配、释放形参变量的存储单元。

从以上分析可知,静态存储变量是一直存在的,而动态存储变量则时而存在时而消失。把这种由于变量存储方式不同而产生的特性称为变量的生存期。生存期表示了变量存在的时间。生存期和作用域是从时间和空间这两个不同的角度来描述变量的特性,这两者既有联系,又有区别。

在C语言中,对变量的存储类型说明有以下四种:

自动变量(auto)、寄存器变量(register)、外部变量(extern)、静态变量(static)。

自动变量和寄存器变量属于动态存储方式,外部变量和静态变量属于静态存储方式。在介绍了变量的存储类型之后,可以知道对一个变量的说明不仅应说明其数据类型,还应说明其存储类型。因此变量声明定义的完整形式应为:

存储类型说明符 数据类型说明符 变量名,变量名,…;

例如:

```
static int iA,iB;           声明定义 iA,iB 静态类型变量
auto char cA,cB;            声明定义 cA,cB 为自动字符变量
register int iK=1;          声明定义 iK 为寄存器变量
extern int iX,iY;           声明 iX,iY 为外部整型变量
```

前三者称为"声明定义",是因为它们开辟空间。

最后一个称其为"声明",因为它是对其他已经存在的外部变量进行声明,如同函数声明一样。

下面分别介绍以上四种存储类型。

1. 自动变量

自动变量的类型说明符是 auto。自动变量存储类型是 C 语言程序中使用最广泛的一种类型。C 语言规定,函数内凡未加存储类型说明的变量均视为自动变量,也就是说自动变量可省去说明符 auto。在前面各章的程序中所定义的变量凡未加存储类型说明符的都是自动变量,形参也是自动变量。

自动变量具有以下特点:

(1) 自动变量的作用域仅限于定义该变量的代码单元(通常为函数或复合语句)内。在函数中定义的自动变量,只在该函数内有效。在复合语句中定义的自动变量只在该复合语句中有效。例 10.16 中的变量定义说明了这个问题。

(2) 自动变量属于动态存储方式,只有在使用它,即定义该变量的函数被调用时才给它分配存储单元,开始它的生存期。函数调用结束,释放存储单元,结束生存期。因此函数调用结束之后,自动变量的值不能保留。在复合语句中定义的自动变量,在退出复合语句后也不能再使用,否则将导致变量不能识别错误。

(3) 由于自动变量的作用域和生存期都局限于定义它的代码单元(函数或复合语句)内,因此不同的代码单元(函数或复合语句)中允许使用同名的变量而不会混淆。即使在函数内定义的自动变量也可与该函数内部的复合语句中定义的自动变量同名。

(4) 自动变量若不赋初值,则没有明确的值(由各个编译器决定)。

例 10.19 自动变量生存周期与作用域。

```c
#include <stdio.h>
void f()
{
    int iA = 2;                /* f 函数内 auto 变量 iA */
    {
        int iA;                /* 复合语句内 auto 变量 iA,与复合语句外 iA 同名 */
        int iB;                /* 复合语句内 auto 变量 iB */
        iA = iB;               /* 此处使用的是复合语句内的 iA */
    }
    /********************************************************
    此处不能使用复合语句内的 iB.
    从生存周期角度看,复合语句已经结束,iB 空间已经释放;
    从作用域角度看,iB 只在复合语句内有效.
    ******************************************************** /
    iA = iB;
}
int main()
{
    int iC;/* main 函数内 auto 变量 iC */
    f();
    /********************************************************
    此处不能使用函数 f 的 iA 变量.
    从生存期角度看,函数 f 已经结束,iA 空间已经释放;
    从作用域角度看,iA 只在 f 内有效.
    ******************************************************** /
    iC = iA;
    return 0;
}
```

2. 外部变量

外部变量的类型说明符是 extern。外部变量定义时位于函数之外(即为全局变量定义),声明时前面加上 extern。外部变量就是全局变量,这里从生存的角度再加以介绍:

(1) 外部变量和全局变量是对同一类变量的两种不同角度的提法。全局变量是从它的作用域提出的,外部变量则是从它的存储方式提出的,表示了它的生存期。

(2) 当一个源程序由若干个源文件组成时,在一个源文件中定义的外部变量在其他的源文件中也有效。例如有一个源程序由源文件 file1.C 和 file2.C 组成。

```
file1.C
int iA;                    /* 外部变量定义 */
char cB;                   /* 外部变量定义 */
int main()
{
    ⋮
}
file2.C
extern int iA;             /* 外部变量说明 */
```

```
extern char cB;              /* 外部变量说明 */
function(int iX)
{
    ⋮
}
```

在 file1.C 和 file2.C 两个文件中都要使用 iA、cB 两个变量。在 file1.C 文件中把 iA，cB 都定义为外部变量。在 file2.C 文件中用 extern 把两个变量说明为外部变量，表示这些变量已在其他文件中定义，编译系统不再为它们分配内存空间。

对外部变量，可以在定义时作初始化赋值，在编译时赋初值，即只赋初值一次，若定义时不赋初值，编译时自动赋初值 0（对数值型变量）或空字符（对字符变量）。

3. 静态变量

静态变量的类型说明符是 static。静态变量属于静态存储方式，但是属于静态存储方式的变量不一定就是静态变量。例如外部变量虽属于静态存储方式，但不一定是静态变量，必须由 static 加以定义后才能成为静态外部变量，或称静态全局变量。例如对于以下全局变量定义：

`static int iA;`

iA 为静态全局变量。

`int iB;`

iB 为全局变量，但不是静态变量。

但是二者都存储在静态存储区，都是静态存储方式的变量。

对于自动变量，前面已经介绍它属于动态存储方式。但是也可以用 static 定义它为静态自动变量，或称静态局部变量，从而成为静态存储方式。由此看来，一个变量可由 static 进行再说明，并改变其原有的存储方式。

1) 静态局部变量

在局部变量的说明前再加上 static 说明符就构成静态局部变量。

例如：

`static int iA;`

静态局部变量属于静态存储方式，它具有以下特点：

(1) 静态局部变量在函数内定义，但不像自动变量那样，当调用时就存在，退出函数时就消失。静态局部变量始终存在，也就是说它的生存期为整个程序。

(2) 静态局部变量的生存期虽然为整个程序，但是其作用域仍与自动变量相同，即只能在定义该变量的函数内使用该变量。退出该函数后，尽管该变量还继续存在，但不能使用它。

(3) 静态局部变量在编译时赋初值，即只赋初值一次；而对自动变量赋初值是在函数调用时进行，每调用一次函数重新给一次初值，相当于执行一次赋值语句。如果在定义局部变量时不赋初值，则对静态局部变量来说，编译时自动赋初值 0（对数值型变量）或空字符（对字符变量），而对自动变量来说，如果不赋初值则它的值是一个不确定的值。

根据静态局部变量的特点,可以看出它是一种生存期为整个程序的变量。虽然离开定义它的函数后不能使用,但如再次调用定义它的函数时,它又可继续使用,而且保存了前次被调用后留下的值。因此,当多次调用一个函数且要求在调用之间保留某些变量的值时,可考虑采用静态局部变量。虽然用全局变量也可以达到上述目的,但全局变量由于作用域范围大,有时不小心会被其他地方利用,造成意外的副作用,因此仍以采用局部静态变量为宜。

例 10.20 静态局部变量。

```
#include <stdio.h>
void f()
{
  int iA = 2;                /*局部变量 iA*/
  static int iB = 1;         /*静态局部变量 iB*/
  iA++;
  iB++;
  printf("iA = %d\n",iA);
  printf("iB = %d\n",iB);
}
int main()
{
  f();
  f();
  return 0;
}
```

程序中定义了函数 f,其中变量 iA 说明为自动变量,当 main 中两次调用 f 时,iA 均重新分配空间并赋初值为 2,故每次输出值均为 2。变量 iB 说明为静态自动变量,程序编译时已经指定 iB 的静态空间,并赋予初始值为 2。当 main 中两次调用函数 f 时,iB 不再分配空间,也不重新赋值,直接读取静态空间中静态变量 iB 的值参与运算,故第一次调用函数 f 时,iB 的值为 2,++运算后变为 3,输出 3,函数 f 结束后 iB 空间并不释放,第二次调用函数 f 时,iB 的值为 3,++运算后变为 4,输出 4。

例 10.21 打印 1 到 5 的阶乘值。

```
#include <stdio.h>
int fact(int iN)
{
  static int iFact = 1;
  iFact = iFact * iN;
  return(iFact);
}
int main()
{
  int iI;
  for(iI = 1;iI <= 5;iI++)
    printf("%d! = %d\n",iI,fact(iI));
  return 0;
}
```

利用静态局部变量,程序效率非常高。

2) 静态全局变量

全局变量(外部变量)的说明之前再冠以 static 就构成了静态的全局变量。全局变量本身就是静态存储方式，静态全局变量当然也是静态存储方式。这两者在存储方式上并无不同。这两者的区别在于非静态全局变量的作用域是整个程序，当一个程序由多个文件组成时，非静态的全局变量在各个源文件中都是有效的(通过 extern 声明)。而静态全局变量则限制了其作用域，即只在定义该变量的源文件内有效，在同一程序的其他文件中不能使用它。由于静态全局变量的作用域局限于一个文件内，只能为该源文件内的函数公用，因此可以避免在其他源文件中引起错误。从以上分析可以看出，把局部变量改变为静态变量后是改变了它的存储方式即改变了它的生存期。把全局变量改变为静态变量后是改变了它的作用域，限制了它的使用范围。因此 static 说明符在不同的地方所起的作用是不同的。应予以注意。

4．寄存器变量

上述各类变量都存放在存储器(内存)内，因此当对一个变量频繁读写时，必须要反复访问内存储器，从而花费大量的存取时间。为此，C 语言提供了另一种变量，即寄存器变量。这种变量存放在 CPU 的寄存器中，使用时，不需要访问内存，而直接从寄存器中读写，这样可提高效率。寄存器变量的说明符是 register。对于循环次数较多的循环控制变量及循环体内反复使用的变量均可定义为寄存器变量。

```
register iI,iSum = 0;
for(iI = 1;iI <= 100;iI + + )
   iSums = iSum + iI;
printf("iSum = % d\n",iSum);
```

本程序段循环 100 次，iI 和 iSum 都将频繁使用，因此可定义为寄存器变量。

对寄存器变量还要说明以下几点：

(1) 只有局部自动变量和形式参数才可以定义为寄存器变量。因为寄存器变量属于动态存储方式。凡需要采用静态存储方式的量不能定义为寄存器变量。

(2) 在 Turbo C、MS C 等环境上使用的 C 语言中，实际上是把寄存器变量当成自动变量处理的。因此速度并不能提高。而在程序中允许使用寄存器变量只是为了与标准 C 保持一致。

(3) 即使能真正使用寄存器变量的机器，由于 CPU 中寄存器的个数是有限的，因此使用寄存器变量的个数也是有限的。

10.7 内部函数和外部函数

函数一旦定义就可被其他函数调用。但当一个程序由多个文件组成时，在一个源文件中定义的函数能否被其他文件中的函数调用呢？为此，C 语言又把函数分为两类。

1．内部函数

如果在一个源文件中定义的函数只能被本文件中的函数调用，而不能被同一程序其他

文件中的函数调用,这种函数称为内部函数。定义内部函数的一般形式是:

static 类型说明符 函数名(形参表)

例如:

static int f(int iA,int iB)

内部函数也称为静态函数,但此处静态 static 的含义已不是指存储方式,而是指对函数的调用范围只局限于本文件。因此,在不同的源文件中定义同名的静态函数不会引起混淆。

2．外部函数

外部函数在整个源程序中都有效,其定义的一般形式为:

extern 类型说明符 函数名(形参表)

例如:

extern int f(int iA,int iB)

如在函数定义中没有说明 extern 或 static,则隐含为 extern。在一个文件的函数中调用其他文件中定义的外部函数时,应用 extern 说明被调函数为外部函数。例如:

```
file1.C(源文件一)
Int main()
{
   extern int f1(int iI);         /*外部函数说明,表示 f1 函数在其他源文件中*/
   f1(5);                         /*外部函数调用*/
    ⋮
}
file2.C(源文件二)
extern int f1(int iI)             /*外部函数定义,此处 extern 可缺省*/
{
    ⋮
}
```

习题

1．编写一个 square(int x)函数,计算一个整数的平方,然后调用该函数计算并打印 1~10 的平方。

2．编写一个函数 pirntnChars(int n,char t),打印出 n 个连续的字符 t,比如 printnchars(5,'a')将会输出 aaaaa。

3．编写函数 distance(float x1,float y1,float x2,float y2),计算两点(x1,y1)和(x2,y2)之间的距离,返回值使用 float 类型。

4．写一个函数判断一个整数是否为素数,并利用该函数输出 1~200 之间所有的素数。

5．一个整数的所有因子(包括 1,但不包括本身)之和等于该数,则该数称为完数。例如 6 是一个完数,因为 6=1+2+3。编写一个 isPerfectnum 函数,判断参数 number 是否为完数。利用该函数判断并打印 1~1000 之间的所有完数。

6. 编写递归函数,把输入的一个整数转换成二进制数输出。

7. 编写递归函数对数组元素求和。

8. 编写用牛顿迭代法计算方程 $ax^3+bx^2+cx+d=0$ 的根的函数,要求:系数 a、b、c、d 由 main 函数输入;计算 x 在 1 附近的一个实根;计算的结果由 main 函数输出。

9. 输入一个日期,计算并输出该日期为当年的第几天,要求使用闰年函数。

10. 计算组合数 C(n,m),输入 n 和 m 的值(n>m),输出组合数 $\frac{n!}{m!(n-m)!}$。

11. 某班有 5 名学生选修 4 门课。要求把成绩数组定义为全局变量。编写函数实现以下功能:

(1) 输入所有成绩。

(2) 计算每名同学不及格的课程数。

(3) 统计每门课程的及格率。

(4) 以二维方式输出所有成绩。

12. 编写一个程序,给小学生出一道加法运算题,然后判断学生输入的答案对错与否,按下列要求以循序渐进方式编程。

程序 1 通过输入两个加数给学生出一道加法运算题,如果输入答案正确,则显示"Right!",否则显示"Not correct!",程序结束。

程序 2 通过输入两个加数给学生出一道加法运算题,如果输入答案正确,则显示"Right!",否则显示"Not correct! Try again!",直到做对为止。

程序 3 通过输入两个加数给学生出一道加法运算题,如果输入答案正确,则显示"Right!",否则提示重做,显示"Not correct! Try again!",最多给三次机会,如果三次仍未做对,则显示"Not correct. You have tried three times! Test over!",程序结束。

程序 4 连续做 10 道题,通过计算机随机产生两个 1~10 之间的加数给学生出一道加法运算题,如果输入答案正确,则显示"Right!",否则显示"Not correct!",不给机会重做,10 道题做完后,按每题 10 分统计总得分,然后打印出总分和做错的题数。

程序 5 通过计算机随机产生 10 道四则运算题,两操作数为 1~10 之间的随机数,运算类型为随机产生的加、减、乘、整除中的任意一种,如果输入答案正确,则显示"Right!",否则显示"Not correct!",不给机会重做,10 道题做完后,按每题 10 分统计总分数,然后打印出总分数和做错题数。

第 11 章 指针

11.1 理解指针

当问路时,经常听到这样的回答:"向前走过 3 个路口右转,再过两个路口左转,在前行 200 米左右就到了。"

在图书馆中找一本书时,经常是这样找:"第五排书架,从上向下数第二层,左数第 6 本。"

老师提问学生,在不知道学生姓名的情况下,经常说:"第 4 排左数第二个同学。"

上述例子说明对一个事务的访问,当不能够通过名称直接访问时,只能通过其位置进行访问。

C 程序同样的道理,前面的章节对数据的访问是通过变量名称实现的,但是,有时候不知道其名称,甚至其没有名称,这时候只能通过该数据所在的地址进行访问。

在计算机中,所有的数据都是存放在存储器中的。一般把存储器中的一个字节称为一个内存单元,不同的数据类型所占用的内存单元数不等,如整型变量占 2 个单元(VC6.0 占 4 字节),字符变量占 1 个单元等。为了正确地访问这些内存单元,必须为每个内存单元编上号。根据一个内存单元的编号即可准确地找到该内存单元。内存单元的编号也叫做地址。既然根据内存单元的编号或地址就可以找到所需的内存单元,所以通常也把这个地址称为指针。内存单元的指针和内存单元的内容是两个不同的概念。如在一个旅馆中,房间的编号为指针,房客为内容。对于一个内存单元来说,单元的地址即为指针,其中存放的数据才是该单元的内容。在 C 语言中,允许用一个变量来存放指针,这种变量称为指针变量。如一个卡片上写着"第五排书架,从上向下数第二层,左数第 6 本。"这个卡片就是一个指针变量,变量的值为"第五排书架,从上向下数第二层,左数第 6 本。"根据这个值就可以找到一本书(普通变量),一个指针变量的值就是某个内存单元的地址或称为某内存单元的指针。

既然指针变量的值是一个地址,那么这个地址不仅可以是变量的地址,也可以是其他数据结构的地址。在一个指针变量中存放一个数组的首地址,因为数组是连续存放的,通过访问指针变量取得了数组的首地址,也就找到了该数组。在 C 语言中,一种数据类型或数据结构往往都占有一组连续的内存单元。用"地址"这个概念并不能很好地描述一种数据类型或数据结构,而"指针"虽然实际上也是一个地址,但它却是一个数据结构的首地址,它是"指向"一个数据结构的,因而概念更为清楚,表示更为明确。这也是引入"指针"概念的一个重要原因。

11.2 指向变量的指针

当在 C 语言中定义一个变量时,例如:
int i1=3;
空间分配如图 11.1 所示。

从图 11.1 可以看出变量的定义描述了变量相关的三方面属性:值、地址、类型。

(1) 值为 3,通过变量名访问,如 i1+5 等。

(2) 地址为 0012FF78(32 位机器,0012FF78 为十六进制数),占用内存空间的位置,通过 &i1 访问,& 在 scanf 语句中使用过。

(3) 类型为 int,决定了该变量能够参加的运算,同时也决定了其占用空间的大小(从起始地址开始占用的连续字节数),占用空间的大小的计算使用 sizeof 运算符,在 VC 中 sizeof(i1) 为 4 字节,sizeof(int) 也可以。

图 11.1 变量空间分配图

变量的指针就是变量的地址,存放变量地址的变量是指针变量。即在 C 语言中,允许用一个变量来存放指针,这种变量称为指针变量。因此,一个指针变量的值就是某个变量的地址或称为某变量的指针。

把变量 i1 的地址存放于指针变量 pi1 中,如图 11.2 所示。

图 11.2 指向变量的指针空间分配图

C 语言中一个指针变量同样也是一个变量,如图 11.2 的 pi1 为一个指针变量,pi1 的值为 0012FF78(变量 i1 的地址),pi1 的地址为 0012FF74(指针变量也是变量,有起始地址,占用空间,32 位机器指针变量地址为 32 位,即 4 字节),sizeof(pi1) 为 4 字节。因为指针变量 pi1 的值为变量 i1 的地址,所以通过指针变量 pi1 能够找到变量 i1,正如通过卡片的内容能够找到书一样。

11.2.1 指针变量定义

指针变量定义的一般形式为:
类型说明符　*变量名;
例如:

int *pi1;

对指针变量的定义包括三个内容:
(1) 指针类型说明,* 表示这是一个指针变量;
(2) 指针变量名,pi1 为指针变量名;

(3) 指针所指向的变量的数据类型,int 为指针变量所指向的变量的数据类型,说明 pi1 只能存储整型变量的地址。

再如:

```
float * pf1;              /* pf1 是指向浮点变量的指针变量 */
char  * pc1;              /* pc1 是指向字符变量的指针变量 */
```

11.2.2 指针变量引用

指针变量同普通变量一样,使用之前不仅要定义说明,而且必须赋予具体的值。未经赋值的指针变量不能使用,否则将造成系统混乱,甚至死机。指针变量的赋值只能赋予地址,决不能赋予任何其他数据,否则将引起错误。在 C 语言中,变量的地址是由编译系统分配的,用户不知道变量的具体地址。

下面介绍和指针相关有两个运算符 & 和 * 。

(1) &:取地址运算符。

其一般形式为:

& **变量名**

表示取一个内存变量的地址。

(2) *:指针运算符(或称"间接访问"运算符)。

其一般形式为:

* **指针变量名**

通过指针变量间接访问指针变量所指向变量的数据。

```
int i1;
int * pi1 = &i1;          /* 指针变量初始化(定义同时赋值) */
```

注意,**此处 * 是类型说明符**,表示其后的变量 pi1 是指针类型,并非间接访问运算符,本语句含义为取变量 i1 的地址赋值给指针变量,如图 11.2 所示。

```
int i2 = * pi1 + 1;
```

此处 * 代表间接访问运算符,本语句含义为取指针变量 pi1 所指向的变量 i1 的值(对 i1 间接访问)加 1 赋值给变量 i2。此语句结果完全等价于:

```
int i2 = i1 + 1;
```

此时是对 i1 的直接访问(用变量名),而前面使用 pi1 间接访问 i1。

上面用的是对指针变量初始化的方法,还可以用先定义后赋值的方法:

```
int i1;
int * pi1;
pi1 = &i1;
```

下面关于指针变量的应用作进一步说明:

① 对 * 要区别类型说明符与间接访问符。

② 不能用一个数给指针变量赋值,下面的赋值是错误的:

```
int * pi1;
pi1 = 20;
```

但是,指针可用 0 赋值,代表空指针,即不指向任何数据。

③ 给指针变量赋值时,指针变量前不能加 * 说明符,下面的写法是错误的:

```
int i1;
int * pi1;
* pi1 = &i1;
```

指针变量 pi1 前面加 * 就代表间接访问 i1。

④ 指针变量未指向具体有效地址时,间接访问会有危险,例如:

```
int * pi1;              /* 指针变量 pi1 未赋值,不知道指向哪里 */
* pi1 = 200;            /* 向 pi1 所指向的地址空间赋值 200 */
```

C 语言对于未赋值的指针变量的值是不确定的。上面语句中使 pi1 所指向的空间赋值 200,这时,当指针 pi1 指向有用数据空间时,该数据将被 200 覆盖,导致数据破坏;当指针 pi1 指向系统空间时,系统遭到破坏,严重时将导致系统瘫痪。

指针变量定义时,编译系统就会给定一个值,那么怎么判定一个指针变量是否指向有效空间呢?建议定义指针时初始化为 0,间接访问前让它指向有效空间(不这样做,值为 0),这样,间接访问时,就可以判断指针是否指向有效地址。例如:

```
int * pi1 = 0;
⋮
if(pi1 != 0)
    * pi1 = 200;
```

省略号部分,若未使 pi1 指向有效空间,这对 * pi1 的赋值就不会执行。

⑤ 指针变量的值是可以改变的,和一般变量一样,可以被重新赋值,也就是说可以改变它们的指向。例如:

```
int i1 = 3, i2 = 4, * pi1;
pi1 = &i1;
i2 = i2 + * pi1;
```

此时,指针变量 pi1 指向变量 i1,然后通过 pi1 间接访问 i1 累加到变量 i2 中,如图 11.3 所示。

图 11.3 指向变量间接访问数据图

若继续执行下面语句:

pi1 = &i2;

改变指针变量 pi1 的值,使其指向 i2,如图 11.4 所示。

⑥ 指针变量只能用同类型的地址赋值,以下赋值是错误的:

图 11.4　改变指针变量指向图

```
float * pf1;              /* pf1 是指向浮点变量的指针变量 */
char c1;                  /* 字符变量 */
pf1 = &c1;
```

pf1 只能存储 float 数据的地址,用字符型数据地址赋值是错误的。

⑦ 同类型指针变量间可以相互赋值。

例 11.1　交换指针变量的值。

```
#include <stdio.h>
int main()
{
    int i1 = 3, i2 = 4;
    int * pi1, * pi2, * pi3;
    pi1 = &i1; pi2 = &i2; pi3 = 0;
    /* 交换指针变量 */
    pi3 = pi1;
    pi1 = pi2;
    pi2 = pi3;
    printf("i1 = %d\ni2 = %d\n", i1, i2);
    printf("*pi1 = %d\n*pi2 = %d\n", *pi1, *pi2);
    return 0;
}
```

例 11.1 运行结果为:

i1＝3

i2＝4

*pi1＝4

*pi2＝3

交换指针变量前后的内存状态如图 11.5 所示。

交换了指针变量的值,导致指针变量交换了指向。把例 11.1 改造一下,变为例 11.2。

例 11.2　交换指针变量所指向的数据的值。

```
#include <stdio.h>
int main()
{
    int i1 = 3, i2 = 4;
    int * pi1, * pi2;
    int iTemp = 0;
    pi1 = &i1; pi2 = &i2;
    /* 交换指针变量所指向的数据 */
    iTemp = * pi1;
```

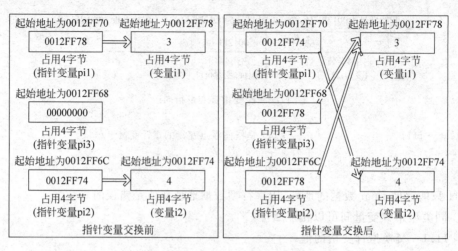

图 11.5 交换指针变量指向图

```
    * pi1 = * pi2;
    * pi2 = iTemp;
    printf("i1 = % d\ni2 = % d\n", i1, i2);
    printf(" * pi1 = % d\n * pi2 = % d\n", * pi1, * pi2);
    return 0;
}
```

例 11.2 运行结果为：

i1＝4

i2＝3

* pi1＝4

* pi2＝3

例 11.2 中的交换是利用整型变量 iTemp 交换 * pi1 和 * pi2，* pi1 和 * pi2 是对 i1 和 i2 的间接访问，完全等价于 i1 和 i2，所以本例中交换了 i1 和 i2 的值，pi1 和 pi2 的值不受影响。交换前后的内存状态如图 11.6 所示。

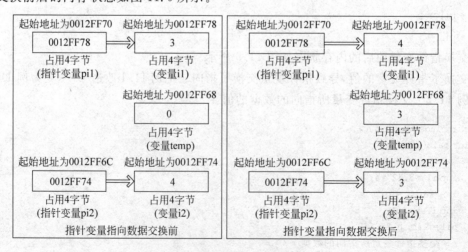

图 11.6 交换指针变量指向数据图

11.3 数组与指针

一个变量有一个地址,一个数组包含若干元素,每个数组元素都在内存中占用存储单元,它们都有相应的地址。所谓数组的指针是指数组的起始地址,数组元素的指针是数组元素的地址。

11.3.1 一维数组与指针

一个数组是由连续的一块内存单元组成的。数组名就是这块连续内存单元的**首地址**(常量)。一个数组也是由各个数组元素(下标变量)组成的。每个数组元素按其类型不同占有几个连续的内存单元。一个数组元素的首地址也是指它所占有的内存单元的首地址。

定义一个指向数组元素的指针变量的方法,与以前介绍的指针变量相同。例如:

```
int iArr[5] = {1,2,3,4,5};     /*定义 iArr 为包含 5 个整型数据的数组*/
int * pi;                       /*定义 pi 为指向整型变量的指针*/
```

应当注意,因为数组为 int 型,所以指针变量也应为指向 int 型的指针变量。下面对指针变量赋值:

```
pi = &iArr[0];
```

把 iArr[0]元素的地址赋给指针变量 pi,即 pi 指向 iArr 数组的第 0 号元素。

C 语言规定,数组名代表数组的首地址,即第 0 号元素的地址。因此,下面两个语句等价:

```
pi = &iArr[0];
pi = iArr;
```

从图 11.7 中可以看出有以下关系:

pi、iArr、& iArr[0]均指向同一单元,它们是数组 iArr 的首地址,也是 0 号元素 iArr[0]的首地址。pi 是指向整型的指针变量,而 iArr 是整型**常量地址**,& iArr[0]是一个整型变量 iArr[0]的地址。

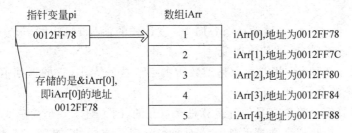

图 11.7 指针变量指向一维数组图

1. 指针相关的运算符

C 语言中与指针相关的运算符包括:

(1) 取地址运算符 &。该运算符是单目运算符(注意其优先级),其结合性为自右至左,其功能是取变量的地址。前面讲解指针变量时已经介绍过。

(2) 间接访问运算符 *。该运算符是单目运算符,其结合性为自右至左,用来表示指针变量所指的变量。前面讲解指针变量时已经介绍过。

(3) 赋值运算符 =。它可以给指针变量赋值,前面讲解指针变量时已经介绍过。

(4) 算术运算符 +、-、++、--。

各个算术运算符对指针的具体用法如下:

- `+` 地址表达式(pi)+ 整型表达式(in),结果为在 pi 地址值位置跳过 in×(pi 所指类型字节数)个字节后的地址。
- `-` 地址表达式(pi)- 整型表达式(in),结果为在 pi 地址值位置跳回 in×(pi 所指类型字节数)个字节后的地址。
- `-` 地址表达式(pi1)-地址表达式(pi2),结果为在 pi2 和 pi1 相差的字节数÷(pi1 所指类型字节数)。pi1 与 pi2 必须指向相同数据类型。
- `++` 地址变量(pi)++ 或者 ++地址变量(pi),结果为跳过 pi 所指类型字节数后的地址。分前置++和后置++。
- `--` 地址变量(pi)-- 或者 --地址变量(pi),结果为跳回 pi 所指类型字节数后的地址。分前置--和后置--。

(5) 关系运算。支持六种关系运算符,用来比较地址的大小,例如:

&iArr[1]< &iArr[3] 为真;
pi < iArr + 3 为真(pi 的值为 iArr)。

对于以下代码段,分析指针操作的含义:

```
int iArr[5] = {0,1,2,3,4};        /* 定义 iArr 为包含 5 个整型数据的数组 */
int * pi, * pi1, * pi2;            /* 定义 p 为指向整型变量的指针 */
pi = &iArr[1];
pi1 = &iArr[2];
pi2 = &iArr[4];
```

① *pi++:由于++和*同优先级,结合方向自右而左,等价于 *(pi++)。先执行 *pi,然后 pi 加 1。表达式的值为 iArr[1],pi 的值为 &iArr[2]。

② *++pi:等价于 *(++pi)。先 pi 加 1,然后 *pi。表达式的值为 iArr[2],pi 的值为 &iArr[2]。

③ (*pi)++:先 *pi,然后(*pi)加 1。表达式的值为 iArr[1]++,iArr[1]的值改变,pi 的值为 &iArr[1],pi 的值未改变。

④ pi2-pi1:pi2 和 pi1 相差两个整型数所占字节数的大小,它的返回值不是相差字节数,而是相差整数的个数,所以值为 2。

上述算术运算符对简单变量地址运算是无意义的,因为对于一个简单变量 x,&x+5 计算的结果地址不知道是哪个数据的地址。而数组空间是连续的,对于一个数组 arr,arr+5 就是 arr[5]的地址。

2. 引用数组元素

假如有以下定义:

```
int iArr[5] = {1,2,3,4,5};    /*定义 iArr 为包含 5 个整型数据的数组*/
int * pi;                      /*定义 p 为指向整型变量的指针*/
pi = iArr;
```

分析以下表达式的含义：

(1) pi+i1 和 iArr+i1 就是 iArr[i1]的地址，或者说它们指向 iArr 数组的第 i 个元素。

(2) *(pi+i1)或 *(iArr+i1)就是 pi+i1 或 iArr+i1 所指向的数组元素，即 iArr [i1]。例如，*(pi+2)或 *(iArr+2)就是 iArr[2]。

又如，一个旅游团 10 位游客住宾馆，要求每位游客一个房间，而且 10 个房间编号连续（如 1050～1059），这样，导游只需要记住编号 1050，就能够很容易找到所有游客，1050+i1 为第 i1(i1 从 0 开始)位游客房间编号。这里房间编号相当于地址，编号 1050 为首地址，相当于数组名常量不能更改(导游必须记住)，游客相当于数组元素值。

(3) 指向数组的指针变量也可以带下标，如 pi[i1]与 *(pi+i1)等价。

根据以上叙述，引入指针变量后，对于数组 iArr，pi 是指向数组的指针变量，其值 pi=iArr。就可以用两种方法来访问数组元素：

① 下标法，即用 iArr[i1]形式访问数组元素，在前面介绍数组时都是采用这种方法也可以用 pi[i1]访问数组元素。

② 指针法，即采用 *(iArr+i1)或 *(pi+i1)形式，用间接访问的方法来访问数组元素。

通过以下几个例子，理解一维数组的访问方式。

例 11.3　数组元素赋值并输出(数组名—下标法)。

```
#include <stdio.h>
int main()
{
  int iArr[5],i1;
  for(i1 = 0;i1 < 5;i1 ++)
    iArr[i1] = i1;
  for(i1 = 0;i1 < 5;i1 ++)
    printf("iArr[ %d] = %d\n",i1,iArr[i1]);
  return 0;
}
```

例 11.3 是用数组名加下标法访问一维数组元素的方法。

例 11.4　数组元素赋值并输出(指针变量—下标法)。

```
#include <stdio.h>
int main()
{
  int iArr[5],i1;
  int * pi = iArr; /* pi 的值与 iArr 相同，只不过 pi 为变量，iArr 为常量*/
  for(i1 = 0;i1 < 5;i1 ++)
    pi[i1] = i1;
  for(i1 = 0;i1 < 5;i1 ++)
    printf("iArr[ %d] = %d\n",i1,pi[i1]);
  return 0;
}
```

例 11.4 和例 11.3 的唯一区别是用指针变量代替数组名。

例 11.5　数组元素赋值并输出(数组名—指针法)。

```c
#include <stdio.h>
int main()
{
    int iArr[5],i1;
    for(i1 = 0;i1 < 5;i1 ++ )
        *(iArr + i1) = i1;
    for(i1 = 0;i1 < 5;i1 ++ )
        printf("iArr[%d] = %d\n",i1, *(iArr + i1));
    return 0;
}
```

例 11.5 是通过数组名加偏移地址,然后间接访问一维数组元素的方法。事实上编译系统对 iArr[i1] 都是编译为 *(iArr+i1)。

例 11.6　数组元素赋值并输出(指针变量—指针法)。

```c
#include <stdio.h>
int main()
{
    int iArr[5],i1;
    int *pi = iArr;
    for(i1 = 0;i1 < 5;i1 ++ )
        *(pi + i1) = i1;
    for(i1 = 0;i1 < 5;i1 ++ )
        printf("iArr[%d] = %d\n",i1, *(pi + i1));
    return 0;
}
```

例 11.6 和例 11.5 的唯一区别是用指针变量代替数组名。

例 11.7　数组元素赋值并输出(指针变量—指针移动法)。

```c
#include <stdio.h>
int main()
{
    int iArr[5],i1;
    int *pi = iArr;
    for(i1 = 0;i1 < 5;i1 ++ )
    {
        *pi = i1;
        pi ++ ;
    }
    /*此时,pi 已经指向 iArr[4]之后,
    为下面输出数组元素,必须让 pi 重新指回数组头部*/
    pi = iArr;
    for(i1 = 0;i1 < 5;i1 ++ )
    {
        printf("iArr[%d] = %d\n",i1, *pi);
        pi ++ ;
    }
```

    return 0;
}
```

例 11.7 中不可以把指针变量 pi 换成数组名 iArr,因为数组名 iArr 是常量,iArr++是不允许的。对例 11.7,还可以利用地址关系比较运算控制循环,见例 11.8。

**例 11.8**  数组元素赋值并输出(指针变量关系运算—指针法)。

```
#include <stdio.h>
int main()
{
  int iArr[5],i1 = 0;
  int *pi = iArr;
  for(;pi<iArr+5;pi++,i1++)
     *pi = i1;
  /*此时,pi 已经指向 iArr[4]之后,
  为下面输出数组,必须让 pi 重新指回数组头部*/
  pi = iArr;i1 = 0;
  for(;pi<iArr+5;pi++,i1++)
     printf("iArr[%d] = %d\n",i1,*pi);
  return 0;
}
```

11.3.2 二维数组与指针

通过指针对二维数组进行访问,相对一组数组要复杂一些。

1. 理解二维数组

在数组一章提到 C 语言对二维数组的存储是行优先方式的,对于整型二维数组 iArr:

int iArr[3][4] = {{1,2,3,4},{5,6,7,8},{9,10,11,12}}

设数组 iArr 的首地址为 0012FF50,假定每个整型变量占 4 字节,各下标变量的首地址及其值如图 11.8 所示。

0012FF50	0012FF54	0012FF58	0012FF5C
1	2	3	4
0012FF60	0012FF64	0012FF68	0012FF6C
5	6	7	8
0012FF70	0012FF74	0012FF78	0012FF7C
8	10	11	12

图 11.8 二维数组存储地址图

C 语言是这样理解二维数组的:一个二维数组是以一维数组为元素构造的一维数组,也就是二维数组可以看作是一维数组,只不过该一维数组的每个元素又是一个一维数组。例如,把 iArr 当作一维数组看待,iArr 有 3 个元素,分别为 iArr[0]、iArr[1]、iArr[2],每个元素是一个有 4 个整型元素构成的一维数组(见图 11.9)。
```

iArr				
iArr[0]	0012FF50 1	0012FF54 2	0012FF58 3	0012FF5C 4
iArr[1]	0012FF60 5	0012FF64 6	0012FF68 7	0012FF6C 8
iArr[2]	0012FF70 9	0012FF74 10	0012FF78 11	0012FF7C 12

图 11.9 二维数组分解为一维数组图

iArr[i1]有两层含义,它既是"一维数组 iArr"的数组元素,又是一维数组名。如 iArr[1]是数组 iArr 的一个数组元素,同时,iArr[1]是一个一维数组名,含有 iArr[1][0]、iArr[1][1]、iArr[1][2]、iArr[1][3]4 个元素。

对于一维数组:

int iArr1[4]={11,12,13,14};

iArr1 是一个其数组元素类型的常量地址,即 int 型的常量地址,则 iArr1+1 的值会跳过一个数组元素,即跳过 4 字节(假定一个 int,4 字节)。

对于当作一维数组的 iArr,iArr 是一个其数组元素类型的常量地址,它的数组元素为 iArr[i1](iArr[i1]为 4 个 int 类型的一维数组),所以 iArr 是大小为 4 的一维整型数组型的常量地址,则 iArr+1 的值会跳过一个数组元素,即跳过大小为 4 的一维整型数组(一行,16 字节,假定一个 int 为 4 字节)。因此也把 iArr 称为行地址。

在一维数组 iArr1 中,iArr1[i1]等价于 *(iArr1+i1),代表取出第 i1 个元素。在二维数组 iArr 中,iArr[i1]也等价于 *(iArr+i1),iArr[i1]和 *(iArr+i1)是一维数组的数组名和首地址。因为 iArr[i1]和 *(iArr+i1)为一维数组,为整数类型常量地址,所以 iArr[i1]+1 和 *(iArr+i1)+1 都会跳过一个整型数据(一列,4 字节,假定一个 int 为 4 字节),因此,也把 iArr[i1]和 *(iArr+i1)称为列地址。

约定 1 个排的士兵,共有 3 个班,每个班 10 名士兵。在排长看来是 3 个班,他会命令 1 班干什么、2 班干什么、3 班干什么。在班长看来是 10 个士兵,他会命令士兵 1 干什么、士兵 2 干什么……士兵 10 干什么。排长的命令对象每次过一个班,好比一个二维数组名每次加 1 过去一行(一个一维数组)。班长的命令对象每次过一个士兵,相当于一维数组名每次加 1 过去一列(一个数据元素)。

小结:数组名是其数组元素类型的常量地址,一维数组名是**数据类型**(int)的常量地址(列地址或数据元素地址),二维数组名是**一维数组类型**的常量地址(行地址或一维数组地址)。

对于变量 int i1,则 &i1 为整型地址。对于二维数组 int iArr[3][4],则 iArr[i1]和 *(iArr+i1)为一维数组,则 &iArr[i1]和 &*(iArr+i1)取的是一维数组的地址。

其中行地址(一维数组地址)为 iArr、iArr+i1、&iArr[i1]、&*(iArr+i1),每加 1 则跳过一行。

列地址(数据元素)为 *iArr、*(iArr+i1)、iArr[i1],每加 1 则跳过一列。

如图 11.10 所示。

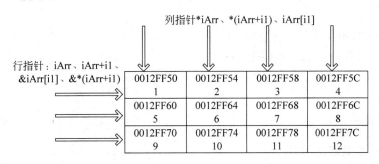

图 11.10 行列指针图

通过指针可以按如下方式访问数据：

＊(＊(iArr＋1)＋2)：iArr＋1 表示一行行指针，＊(iArr＋1)表示一行列指针，＊(iArr＋1)＋2 表示一行二列地址，使用＊(＊(iArr＋1)＋2)一行二列地址间接访问到 iArr[1][2]，值为 7。

例 11.9 行列地址的使用形式。

```
#include <stdio.h>
int main()
{
    int iArr[3][4] = {1,2,3,4,5,6,7,8,9,10,11,12};
    /*行地址*/
    printf("行地址\n");
    printf("iArr = %x , ",iArr);
    printf("iArr + 1 = %x\n",iArr + 1);
    printf("&iArr[0] = %x , ",&iArr[0]);
    printf("&iArr[0] + 1 = %x\n",&iArr[0] + 1);
    printf("&*(iArr + 0) = %x , ",&*(iArr + 0));
    printf("&*(iArr + 0) + 1 = %x\n",&*(iArr + 0) + 1);
    /*列地址*/
    printf("列地址\n");
    printf(" * iArr = %x , ", * iArr);
    printf(" * iArr + 1 = %x\n", * iArr + 1);
    printf("iArr[0] = %x , ",iArr[0]);
    printf("iArr[0] + 1 = %x\n",iArr[0] + 1);
    printf(" *(iArr + 0) = %x , ", *(iArr + 0));
    printf(" *(iArr + 0) + 1 = %x\n", *(iArr + 0) + 1);
    /*访问元素*/
    printf("数据元素\n");
    printf("iArr[1][2] = %d\n", *( *(iArr + 1) + 2));
    return 0;
}
```

输出结果为：

行地址

iArr＝12ff50，iArr＋1＝12ff60

&iArr[0]＝12ff50，&iArr[0]＋1＝12ff60

&*(iArr+0)=12ff50，&*(iArr+0)+1=12ff60

列地址

*iArr=12ff50，*iArr+1=12ff54

iArr[0]=12ff50，iArr[0]+1=12ff54

(iArr+0)=12ff50，(iArr+0)+1=12ff54

数据元素

iArr[1][2]=7

2．指向一维数组的指针

对于一维数组

```
int iArr1[4];
```

可以把 iArr 赋值给指向 int 型的指针变量，因为数组名为其数据元素类型的地址。如：

```
int *pi1;
pi1 = iArr1;
```

对于二维数组

```
int iArr[3][4]={1,2,3,4,5,6,7,8,9,10,11,12};
```

同样可以把 iArr 赋值给指向一维数组的指针变量，因为二维数组可以看成以一维数组为元素的一维数组。把二维数组 iArr 分解为一维数组 iArr[0]、iArr[1]、iArr[2]之后，设 pia 为指向一维数组的指针变量。可定义为：

```
int (*pia)[4];
```

表示 pia 是一个指针变量，它指向包含 4 个整型元素的一维数组。

然后就可以赋值：

```
pia = iArr;
```

pia 指向第一个一维数组 iArr[0]，其值等于 iArr。而 pia+1 则指向一维数组 iArr[1]。从前面的行列地址分析可得出*(pia+iRow)+iCol 是二维数组 iRow 行 iCol 列的元素的地址，而*(*(pia+iRow)+iCol)则是 iRow 行 iCol 列元素的值。

指向一维数组的指针变量定义的一般形式为：

类型说明符（*指针变量名）[数组长度]；

其中，"类型说明符"为所指数组的元素类型，"*"表示其后的变量是指针类型，"数组长度"表示所指向一维数组的长度。应注意"（*指针变量名）"两边的括号不可少，如缺少括号则表示是指针数组（后面介绍），意义就完全不同了。

可以这样理解：先看小括号内，有*号是在定义指针变量；然后是中括号，表示指针变量指向该长度的一维数组；最后看类型说明符，表示该数组的每个元素为类型说明符说明的类型。

例 11.10 一个学习小组有 5 个人，每个人有 3 门课的考试成绩。要求利用函数计算每门课程的平均成绩（与例 9.4 的区别是这里要用函数和指针）。

如：

	赵	钱	孙	李	张
Math	80	61	59	85	76
C	75	65	63	87	77
English	92	71	70	90	85

【问题分析】

可定义一个二维数组 score[3][5]存储 5 个人 3 门课的成绩。再定义一个一维数组 courseAverage[3]存储计算所得各门课平均成绩。

要完成的函数都要接收一门课程(数组的一行)为参数,所以应该令指向一维数组的指针为形式参数。

【算法描述】

(1) 依次输入每门课程的成绩(每门课一行)。
(2) 计算每门课程平均成绩,即对每行计算平均成绩(函数完成)。
(3) 输出每门课程平均成绩。

【完整代码】

```c
#include <stdio.h>
int main()
{
    int i,j;
    float sum;
    float score[3][5];                    /*存储成绩*/
    float courseAverage[3];               /*存储每门课程平均成绩*/
    float average(float (*p)[5]);
    /*输入成绩*/
    for(i=0;i<3;i++)                      /*行(每门课)循环*/
        for(j=0;j<5;j++)                  /*行内每列循环*/
            scanf("%f",&score[i][j]);
    /*输出成绩表*/
    for(i=0;i<3;i++)                      /*行(每门课)循环*/
    {
        for(j=0;j<5;j++)                  /*行内每列循环*/
            printf("%f\t",score[i][j]);
        printf("\n");                     /*每行结束输出一个换行*/
    }
    /*计算平均成绩*/
    for(i=0;i<3;i++)                      /*行(每门课)循环*/
        courseAverage[i]=average(score+i); /*每行地址为参数*/
    /*输出成绩表*/
    for(i=0;i<3;i++)
        printf("%f\t",courseAverage[i]);
    return 0;
}
/*计算平均成绩,参数为行地址(指向一维数组指针)*/
float average(float (*p)[5])
{
```

```
    int i;
    float sum = 0;
    for(i = 0;i < 5;i ++ )
      /*   *p转为列地址,(*p+i)偏移 i,间接访问*(*p+i) */
      sum += *(*p+i);
    return sum/5;
}
```

注意:

对一维数组

```
float courseAverage[3];
```

一维数组名 courseAverage 是指向 float 类型的指针常量,是指向其成员类型的指针常量。

对二维数组

```
float score[3][5];
```

二维数组名 score 是指向 float(*)[5]类型的指针常量,同样是指向其成员(二维数组的成员为一维数组)类型的指针常量。

11.3.3 指针数组

一个数组的元素值为指针,则该数组称为指针数组。指针数组的所有元素都必须是指向相同数据类型的指针。

指针数组定义的一般形式为:

类型说明符 *数组名[数组长度];

可以这样理解:先看"数组名[数组长度]",表示定义一个该长度的一维数组;然后看"类型说明符 *",表示该数组的每个元素为指向该类型说明符类型的指针。

例如:

```
int *pa[3];
```

表示 pa 是一个指针数组,它有 3 个数组元素,每个元素值都是一个指针,指向整型变量。

通常可用一个指针数组来指向一个二维数组。指针数组中的每个元素被赋予二维数组每一行的首地址,因此也可理解为指向一个一维数组。

例 11.11 通过指针数组访问二维数组。

```
#include <stdio.h>
int main()
{
    int iArr[3][4] = {1,2,3,4,5,6,7,8,9,10,11,12};
    int *pa[3];                          /*指针数组,每个成员都是指向 int 型的指针*/
    int iRow;
    pa[0] = iArr[0];                     /*iArr[0]为一维数组名,为 int 型地址*/
    pa[1] = iArr[1];
```

```
    pa[2] = iArr[2];
    for(iRow = 0;iRow < 3;iRow ++ )
        printf(" % d, % d, % d, % d\n", * pa[iRow], * (pa[iRow] + 1), * (pa[iRow] + 2), * (pa[iRow] +
3));
    return 0;
}
```

运行结果如下：

1,2,3,4

5,6,7,8

9,10,11,12

例 11.11 中，pa 是一个指针数组，3 个元素分别指向二维数组 iArr 的各行（注意是一维数组名，列地址）如图 11.11 所示。然后用循环语句输出各行指定的数组元素。其中 * pa[iRow]，也就是 * (pa[iRow]+0)，表示 iRow 行 0 列元素值；* (pa[iRow]+1)表示 iRow 行 1 列的元素值；* (pa[iRow]+2)表示 iRow 行 2 列的元素值；* (pa[iRow]+3)表示 iRow 行 3 列的元素值。

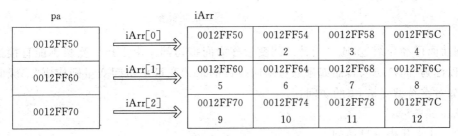

图 11.11　通过指针数组访问二维数组图

11.3.4　指向指针的指针

对一维数组

int iArr1[5];

数组成员类型是 int，一维数组名 iArr1 是指向 int 的指针常量，是指向其成员类型的指针常量。

对于指针数组

int * pa[3];

数组成员类型是 int *，一维数组名 pa 是指向 int * 的指针常量，同样是指向其成员类型（指向整型的指针）的指针常量，也就是说 pa 是指向整型指针的指针。

指向指针的指针定义的一般形式为：

类型说明符　** 变量名；

可以这样理解：先看" * 变量名"，表示定义一个指针变量；然后看"类型说明符 *"，表示该指针变量为指向"类型说明符 *"类型的指针。

例如：

```
char ** ppc;
```

ppc 前面有两个 * 号,相当于 *(* ppc)。显然 * ppc 是指针变量的定义形式,如果没有最前面的 *,那就是定义一个指向字符数据的指针变量。现在它前面又有一个 * 号,表示指针变量 ppc 是指向一个字符指针型变量的。

具体用法如下:

```
char c1 = 'A';
char * pc;
char ** ppc;
pc = &c1;       /*  pc 用 c1 的地址赋值  */
ppc = &pc;      /*  ppc 用 pc 的地址赋值  */
```

如图 11.12 所示。

图 11.12 指向指针的指针图

在前面已经介绍过,通过指针访问变量称为间接访问。由于指针变量不能直接指向变量,所以称为"间接访问",而如果通过指向指针的指针变量来访问变量则构成"二级间接访问"。如对字符型变量 c1 的访问:

char c2;

c2＝c1:代表直接访问。

c2＝* pc:代表间接访问。

c2＝** ppc:代表二级间接访问。

* ppc 代表间接访问到 ppc 所指向变量 pc(* ppc 等于 pc),在前面再加一个 *,间接访问到 pc 所指变量 c1。

如本节开始介绍的,指向指针的指针通常用于访问指针数组。

例 11.12 不移动数据,通过改变指针使得追加数据有序。

```
#include <stdio.h>
int main()
{
  int iArr[5]={1,5,7,9};
  int * pa[5]={&iArr[0],&iArr[1],&iArr[2],&iArr[3],0};
  int ** ppi,i1;
  /*--- 输出原来 4 个有序数据 --- */
  printf("输出原来 4 个有序数据\n");
  ppi = pa;                        /* ppi 和 pa 同样为指向整型的指针的指针 */
  for(i1 = 0;i1 < 4;i1 ++ )
  {
    printf(" % d\n", ** ppi);
    ppi ++ ;
  }
  /*--- 追加一个数据,原来数据不动,调整指针数组,通过指针数组访问仍然有序 --- */
```

```
        iArr[4] = 3;
        pa[1] = &iArr[4];
        pa[2] = &iArr[1];
        pa[3] = &iArr[2];
        pa[4] = &iArr[3];
        /* --- 输出追加 1 个之后的 5 个有序数据 --- */
        ppi = pa;                          /* 指针回到前面 */
        printf("输出追加 1 个之后的 5 个有序数据\n");
        for(i1 = 0;i1 < 5;i1 ++ )
        {
           printf(" % d\n", ** ppi);
           ppi ++ ;
        }
        return 0;
}
```

运行结果如下：

输出原来 4 个有序数据

1

5

7

9

输出追加 1 个之后的 5 个有序数据

1

3

5

7

9

例 11.12 中的 ppi 和 pa 同样为指向整型指针的指针，通过它们去遍历数组 iArr 中的数据。例中追加数据后通过改变指针，然后按照指针数组 pa 去遍历数据来保持有序，而不是通过移动数据保持有序，如图 11.13 和图 11.14 所示。这样做的好处是当每个数据所占内存空间很大时，移动数据开销会非常大，而移动指针的数据开销是很小的，本例中 int 型数据的字节数很小，下面的章节会学到大数据，如一个学生（包括姓名、年龄、身高、体重、成绩等）。

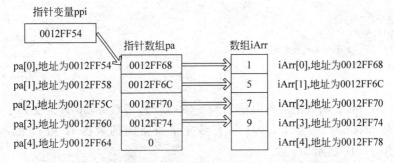

图 11.13　通过改变指针使得追加数据有序（追加数据前）图

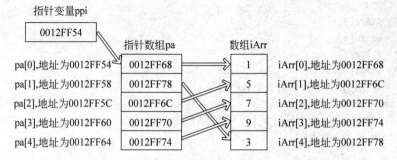

图 11.14　通过改变指针使得追加数据有序（追加数据后）图

11.4　函数与指针

11.4.1　指针作函数参数

函数的参数不仅可以是整型、实型、字符型等数据，还可以是指针类型。它的作用是将地址作为参数传送到另一个函数中。

在函数一章讨论实参、形参时，试图在函数中通过交换形参达到交换实参的目的，结果失败了。在引入指针后，继续讨论这个问题。

例 11.13　交换变量数据——交换形参指针变量。

```
#include <stdio.h>
void swap(int * pi1Copy, int * pi2Copy)
{
  int * piTemp;
  /* 交换形参指针变量,实参不受影响 */
  piTemp = pi1Copy;
  pi1Copy = pi2Copy;
  pi2Copy = piTemp;
}
int main()
{
  int i1 = 3, i2 = 4;
  int * pi1, * pi2;
  pi1 = &i1;
  pi2 = &i2;
  swap(pi1,pi2);
  printf("i1 = %d\ni2 = %d\n",i1,i2);
  return 0;
}
```

例 11.13 中 main 函数把实参地址传给 swap 函数，函数 swap 只是交换了形参指针变量 pi1Copy 和 pi2Copy，实参 pi1、pi2 和实参变量所指向的数据 i1 和 i2 都不受影响，如图 11.15 和图 11.16 所示。

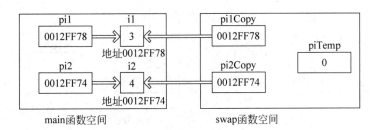

图 11.15　交换形参指针(交换前)图

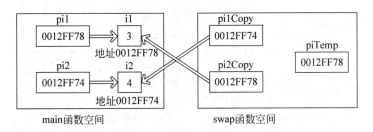

图 11.16　交换形参指针(交换后)图

例 11.14　交换形参指针变量所指向的变量。

```c
#include <stdio.h>
void swap(int *pi1Copy,int *pi2Copy)
{
  int iTemp = 0;
  /*交换形参指针变量所指向的变量,实参不受影响,但是实参所指向数据改变了*/
  iTemp = *pi1Copy;
  *pi1Copy = *pi2Copy;              /*用的间接访问,实际上是访问 i1、i2*/
  *pi2Copy = iTemp;
}
int main()
{
  int i1 = 3,i2 = 4;
  int *pi1,*pi2;
  pi1 = &i1;
  pi2 = &i2;
  swap(pi1,pi2);
  printf("i1 = %d\ni2 = %d\n",i1,i2);
  return 0;
}
```

例 11.14 中 main 函数把实参地址传给 swap 函数,函数 swap 交换了形参指针变量 pi1Copy 和 pi2Copy 所指向的数据 i1 和 i2,虽然实参 pi1、pi2 和不受影响,但是 i1 和 i2 的值交换,达到了交换的目的,如图 11.17 和图 11.18 所示。

若把例 11.14 中 swap 函数改成下面的写法:

```c
void swap(int *pi1Copy,int *pi2Copy)
{
  int *ipTemp;
```

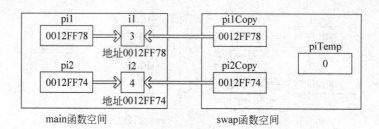

图 11.17　交换形参指针所指向数据（交换前）图

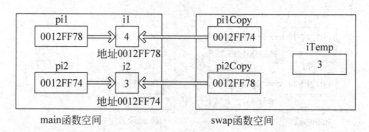

图 11.18　交换形参指针所指向数据（交换后）图

```
    * ipTemp = * pi1Copy;          /* ipTemp 指向哪里？*/
    * pi1Copy = * pi2Copy;
    * pi2Copy = * ipTemp;
}
```

　　ipTemp 没有指向具体的有效空间（不一定指向哪里），* pi1Copy 数据赋值给 * ipTemp 很可能破坏数据，甚至使系统崩溃。

　　通过例 11.13 和例 11.14 可以看出，指针作函数参数，依然是实参到形参的值传递，形参的改变不会影响实参，只不过可以通过改变形参所指向的数据达到改变实参所指向数据的目的。

　　某学生，在家里父母称呼其为"张三"；在学校，开始同学称其名号为"张三"，后来因为其 C 语言学得好，都称其为"小盖茨"；回到家里，父母依然称呼其为"张三"，只是此时，张三已经出色地掌握了 C 程序设计语言。家里可以看作主调函数，其中，"张三"为具有文化知识的该学生的地址值，指针变量"称呼"指向"张三"，"称呼"为实参（值为"张三"）。学校可以看作被调函数，指针变量"名号"为形参，接收实参传递的值为"张三"，张三通过努力学习，掌握了 C 程序设计语言，张三数据已经发生改变，然后"名号"改为"小盖茨"。回到家里，函数调用结束，返回主调函数，父母依然呼其为"张三"，并不知道，学校里学生称其为"小盖茨"，但是，张三已经出色地掌握了 C 语言。

　　例 11.15　分数化简。

```
# include < stdio.h >
/* 辗转相除法求最大公约数 */
int gcd( int iN1, int iN2)
{
    int iTemp = iN2;
    while( iTemp!= 0)
    {
```

```
        iTemp = iN1 % iN2;
        iN1 = iN2;
        iN2 = iTemp;
    }
    return iN1;
}
void simplify(int * iNumeratorCopy, int * iDenominatorCopy)
{
    /* 计算最小公倍数,实参为 iNumeratorCopy 和 iDenominatorCopy 所指向的变量 */
    int iGcd = gcd( * iNumeratorCopy, * iDenominatorCopy);
    /* iNumeratorCopy 所指向变量 iNumerator 和 iGcd 整除后赋值给 iNumeratorCopy 所指向变量 iNumerator */
    * iNumeratorCopy = * iNumeratorCopy/iGcd;
    * iDenominatorCopy = * iDenominatorCopy/iGcd;
}
int main()
{
    int iNumerator, iDenominator;         /* 两个正整数分子和分母 */
    printf("Input Numerator & Denominator:\n");
    scanf(" % d % d",&iNumerator,&iDenominator);
    /* 输出未化简的分数 */
    printf("化简前:\n");
    printf("Numerator =  % d \nDenominator =  % d\n",iNumerator,iDenominator);
    /* 调用化简分数函数,实参为分子和分母的地址 */
    simplify(&iNumerator,&iDenominator);
    /* 输出化简后的分数 */
    printf("化简后:\n");
    printf("Numerator =  % d \nDenominator =  % d\n",iNumerator,iDenominator);
    return 0;
}
```

例 11.15 中,main 函数调用 simplify 函数,实参 &iNumerator 和 &iDenominator 为分子 iNumerator 和分母 iDenominator 的地址。simplify 函数中形参指针变量 iNumeratorCopy 和 iDenominatorCopy 获得变量 iNumerator 和 iDenominator 的地址,然后调用 gcd 函数,实参 * iNumeratorCopy 和 * iDenominatorCopy 就是分子 iNumerator 和分母 iDenominator。gcd 函数中的形参变量 iN1 和 iN2 获得分子 iNumerator 和分母 iDenominator 的值,然后,利用 iN1 和 iN2 计算最小公倍数,计算过程中 iN1 和 iN2 的改变不影响分子 iNumerator 和分母 iDenominator,最后返回最小公倍数给 simplify 函数。在 simplify 函数中,通过改变形参变量 iNumeratorCopy 和 iDenominatorCopy 所指向数据 * iNumeratorCopy(即 iNumerator)和 * iDenominatorCopy(即 iDenominator),改变了 main 函数中的 iNumerator 和 iDenominator,注意,并不是改变形参,回到 main 函数后 iNumerator 和 iDenominator 就改变了。

11.4.2 数组名作函数参数

在函数部分,已经介绍过数组名可以作函数的实参和形参,如例 11.16(同例 10.10)所示。

例11.16 对数组中的每个元素加1。

```c
#include <stdio.h>
int main()
{
    int iArr1[3] = {2,5,3},iJ;
    void add(int iArr2[3]);
    /*输出数组*/
    for(iJ = 0;iJ <= 2;iJ ++ )
        printf("%d ",iArr1[iJ]);
    printf("\n");
    add(iArr1);/*数组名作为实参,注意,只有数组名,没有下标*/
    /*函数调用后,输出数组*/
    for(iJ = 0;iJ <= 2;iJ ++ )
        printf("%d ",iArr1[iJ]);
    printf("\n");
    return 0;
}
void add(int iArr2[3])
{
    int iI;
    for(iI = 0;iI <= 2;iI ++ )
        iArr2[iI] ++ ;
}
```

iArr1 为实参数组名,iArr2 为形参数组名。在学习指针变量之后就更容易理解这个问题了。数组名就是数组的首地址,实参向形参传送数组名实际上就是传送数组的地址,形参只是开辟一个指针空间保存传递过来的地址值,形参得到该地址后也指向同一数组,如图11.19(同图10.10)所示。这就好像同一件物品有两个彼此不同的名称一样。

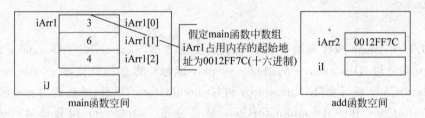

图 11.19　数组名作函数参数空间分配图

指针变量的值也是地址,所以实参数组与形参数组可以用指针变量取代,如:

```c
int * pi;
pi = iArr1;
add(pi);                    /*指针变量作为实参*/
void add(int * iArr2)       /*指针变量作形参*/
```

还可以实参用数组名,形参用变量名,如:

```c
add(iArr1);                 /*数组名作为实参*/
void add(int * iArr2)       /*指针变量作形参*/
```

也可以用指针变量作实参,数组名作为形参,如:

```
int * pi
pi = iArr1;
add(pi);                    /*指针变量作为实参*/
void add(int iArr2[3])      /*数组名作为形参*/
```

归纳起来,如果有一个实参数组,想在函数中改变此数组元素的值,实参与形参的对应关系有以下四种:

(1) 形参和实参都是数组名。
(2) 实参为数组名,形参为指针变量。
(3) 实参、形参都用指针变量。
(4) 实参为指针变量,形参为数组名。

通常情况下,为了能够让函数处理不同长度的数组,可以在参数中增加一个处理数据长度的形参变量。函数的返回值只有一个,若需要函数返回多个同类型结果数据,也可以利用数组作函数参数,见例 11.17。

例 11.17 找出整数数组中能被 3 整除的所有数据。

```c
#include <stdio.h>
int select(int * piSourceCopy, int iN, int * piTargetCopy)
{
    int i1, iNum = 0;
    for(i1 = 0; i1 < iN; i1 ++)
        if(piSourceCopy[i1] % 3 == 0)
            piTargetCopy[iNum ++] = piSourceCopy[i1];
    return iNum;
}
int main()
{
    int iArrSource[10] = {5,15,25,36,47,58,69,78,56,90};
    int iArrTarget[10];              /*存放结果*/
    int i1, iNum = 0;
    iNum = select(iArrSource,10,iArrTarget);
    for(i1 = 0; i1 < iNum; i1 ++)
        printf("%d  ",iArrTarget[i1]);
    return 0;
}
```

例 11.17 中函数 select 的形参 piSourceCopy 是用来接收数据的形参 piTargetlopy 用来指向保存多个计算结果的实参数组。这样使得函数能够接收多个同类型数据,并能够返回多个同类型结果。

11.4.3 返回指针值的函数

在 C 语言中允许一个函数的返回值是一个指针(即地址),这种返回指针值的函数称为指针型函数。

定义指针型函数的一般形式为:

类型说明符 * 函数名(形参表)
{

⋮   /*函数体*/
}

把"类型说明符 *"放在一起理解,则表示函数的返回值为指向"类型说明符"类型的指针。例如：

```
int * f(int x,int y)
{
    ⋮       /*函数体*/
}
```

表示 f 是一个返回指针值的指针型函数,它返回的指针指向一个整型变量。

例 11.18   在给定整数数组中选出最大整数并返回其地址。

```
#include <stdio.h>
int * max(int * piSourceCopy,int iN)        /*返回指针*/
{
    int i1;
    int * pi1 = &piSourceCopy[0];           /*记载最大元素地址*/
    for(i1 = 1;i1 < iN;i1 ++ )
        if(piSourceCopy[i1]> * pi1)
            pi1 = &piSourceCopy[i1];
    return pi1;
}
int main()
{
    int iArrSource[10] = {5,15,25,36,47,58,69,78,56,90};
    int * pi;                               /*接收最大元素地址*/
    pi = max(iArrSource,10);
    printf("%d", * pi);
    return 0;
}
```

例 11.18 中定义了一个指针型函数 max,它的返回值指向一个 int 的指针,并非返回整型。返回指针的函数通常是通过实参传给其数据,由其选择满足条件的返回,或者从全局数据选择满足条件的返回。换言之就是返回的指针指向空间不应该是本函数内部申请的局部空间。例中的数组 iArrSource 也可以定义成全局变量,函数就不需要传递参数了。如果返回地址指向本函数定义的自动变量空间,将会产生数据空间丢失问题,见例 11.19。

例 11.19   指向已经释放数据空间。

```
#include <stdio.h>
char * lost()
{
    char c1 = 'A';
    return &c1;
}
int main()
{
    char * pc;
    pc = lost();
```

```
        printf("%c", *pc);
        return 0;
}
```

例 11.19 在函数 lost 中开辟了一个自动变量 c1,函数返回其地址。但是,lost 函数结束后,c1 空间将释放,该空间如果被其他函数利用,这时,main 函数再去间接访问该空间时,数据将不正确,如该空间未被利用则结果是正确的。

张三在其承包土地上种了一片人参,过了承包期,李四承包该土地,改造成了鱼塘,张三再去收人参时,抓了几条鱼。张三不但未得到想得到的人参,反而由于拿走了李四的鱼而触犯了法律。

11.4.4　指向函数的指针

在 C 语言中,一个函数总是占用一段连续的内存区,而函数名就是该函数所占内存区的首地址。可以把函数的这个首地址(或称入口地址)赋予一个指针变量,使该指针变量指向该函数。然后通过指针变量就可以找到并调用这个函数。把这种指向函数的指针变量称为"函数指针变量"。

函数指针变量定义的一般形式为:

类型说明符　(*指针变量名)(参数表);

可以这样理解:首先"(*指针变量名)",说明是在定义指针变量;其次"(参数表)",说明指针指向函数;最后"类型说明符",表示被指函数的返回值的类型。

例如:

int (*pf)(int,int);

pf 是一个指向函数入口的指针变量,该函数的返回值(函数值)是整型,函数有两个整型参数。

例 11.20　计算两个整数最大值——通过函数指针调用函数。

```
#include<stdio.h>
int max(int i1,int i2)
{
    if(i1>i2)
        return i1;
    else
        return i2;
}
int main()
{
    int (*pf)(int,int);              /*定义函数指针*/
    int i1,i2,i3;
    pf = max;                        /* 函数名赋值给函数指针变量 */
    printf("input two numbers:\n");
    scanf("%d%d",&i1,&i2);
    i3 = (*pf)(i1,i2);               /* 通过函数指针调用函数 */
    printf("maxmum = %d",i3);
```

```
    return 0;
}
```

从例 11.20 可以看出,用函数指针变量形式调用函数的步骤如下:
(1) 先定义函数指针变量:int(*pf)(int,int);。
(2) 把被调函数的入口地址(函数名)赋予该函数指针变量:pf=max;。
(3) 用函数指针变量形式调用函数:i3=(*pf)(i1,i2);。

使用函数指针变量还应注意以下两点:

① 函数指针变量不能进行算术运算,这是与数组指针变量不同的。数组指针变量加减一个整数可使指针移动指向后面或前面的数组元素,而函数指针的移动是毫无意义的。

② 函数调用中"(*指针变量名)"两边的括号不可少,其中的*不应该理解为求值运算,在此处它只是一种表示符号。

函数指针直接使用意义不大,通常用在做函数参数的情形,在 C++虚函数的实现机制就是利用函数指针。

11.5 字符串

字符串常量是由一对双引号括起的字符序列。例如,"C Language"、"student"、"123"等都是合法的字符串常量。

字符串常量和字符常量是不同的,它们之间主要有以下区别:
(1) 字符常量由单引号括起来,字符串常量由双引号括起来。
(2) 字符常量只能是单个字符,字符串常量则可以含零个或多个字符。
(3) 可以把一个字符常量赋予一个字符变量,但不能把一个字符串常量赋予一个字符变量。在 C 语言中没有相应的字符串变量,但是可以用一个字符数组来存放一个字符串常量。
(4) 字符常量占一个字节的内存空间。字符串不像其他数据类型具有固定的长度,不同字符串是不等长的,因此,字符串的存储不光需要存储其起始位置,还应该记载其结束位置。字符串常量占的内存字节数等于字符串中字符数加 1,增加的一个字节中存放字符'\0'(ASCII 码为 0),这是字符串结束的标志。例如:

字符串 "C Language"在内存中所占的字节如图 11.20 所示。

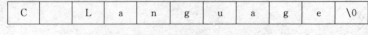

图 11.20 字符串存储内存示意图

字符常量'A'和字符串常量"A"虽然都只有一个字符,但在内存中的情况是不同的。

11.5.1 字符数组与字符串

在 C 语言中没有专门的字符串变量,通常用一个字符数组来存放一个字符串。字符串是以'\0'作为串的结束符。因此当把一个字符串存入一个数组时结束符'\0'也需存入数组,并以此作为该字符串结束的标志。有了'\0'标志后,就不必再用字符数组的长度来判断字符串的长度了。

C 语言允许用字符串的方式对字符数组作初始化赋值,但是与用字符初始化是有区别的。

例如:

char cArr[ ] = {'C', ' ','l','a','n','g','u','a','g','e'};

数组 cArr 大小为 10。

可写为:

char cArr[ ] = {"C Language"};

或去掉{}写为:

char cArr[ ] = "C Language";

数组 cArr 大小为 11。用字符串方式赋值比用字符逐个赋值要多占一个字节,用于存放字符串结束标志'\0'。'\0'是由 C 编译系统自动添加的。

对于字符数组可以有两种使用方式:

(1) 当作单个字符看待,如 cArr[0]、cArr[1]……

(2) 当作字符串看待,使用数组名访问整个数组,直接操作字符串中的所有字符。可以使用 printf 函数和 scanf 函数一次性输入输出一个字符数组中的字符串,而不必使用循环语句逐个地输入输出每个字符。

例 11.21　两种方式输出字符数组。

```
#include<stdio.h>
int main()
{
  char cArr[11] = "C Language";           /*用字符串初始化*/
  int i1;
  /*按字符方式输出*/
  for(i1 = 0;i1 < 10;i1 ++ )
    printf(" %c",cArr[i1]);
  /*按字符串方式输出*/
  printf("\n%s",cArr);                    /* %s 输出字符串,直接使用数组名*/
  return 0;
}
```

例 11.21 中的 printf 函数中,使用的格式字符串为"%s",表示输出的是一个字符串。而在输出表列中要给出数组名。对于初始化语句:

char cArr[11] = "C Language";

可以省掉数组的大小,改写为:

char cArr[ ] = "C Language";

因为共 10 个字符,用字符串初始化时自动加一个'\0',同样会把 cArr 大小定义为 11。注意,空格也算一个字符。

若把初始化语句改为：

char cArr[]={'C',' ','l','a','n','g','u','a','g','e'};

则会把 cArr 的大小定义为 10，这样，程序按照字符输出时没有问题，但是，按照字符串输出时，除了输出 C Language，后面还会跟着一个不确定的字符串。因为按照字符串输出时，并不判断数组长度，而是从头开始输出直到遇到'\0'结束。输出 cArr 时，输出完 10 个字符后，没有碰到'\0'，还会继续输出数组后面空间的内容，直到碰到'\0'，所以出现了一串不确定的字符。因此，一个字符数组若想当作字符串使用时，需要定义的字符数组长度必须比其本身长度大 1。

例 11.22 两种方式输入字符数组。

```
#include<stdio.h>
int main()
{
  char cArr1[11];
  char cArr2[11];
  int i1;
  /*按字符方式输入*/
  for(i1=0;i1<10;i1++)
    scanf("%c",&cArr1[i1]);
  /*按字符串方式输入*/
  scanf("%s",cArr2);            /* %s 输入字符串，直接使用数组名 */
  return 0;
}
```

对例 11.22 要注意以下几个问题：

① 由于定义数组长度为 11，因此输入的字符串长度必须小于 11，以留出一个字节用于存放字符串结束标志'\0'；

② scanf 的各输入项必须以地址方式出现，而数组名恰好是数组空间的首地址，所以数组名前不能用 & 符号；

③ 当用 scanf 函数输入字符串时，字符串中不能含有空格，否则将以空格作为串的结束符。如对：

scanf("%s",cArr2);

若输入的字符串为：

C Language

则 cArr2 只得到：C 和'\0'。解决这个问题可以采用 gets 函数，后面章节将会介绍。

11.5.2　字符串与指针

在 C 语言中，可以用字符数组存放一个字符串。如：

char cArr[]="C Language";

cArr 是数组名，它代表指向字符型的常量指针，所以，字符数组名就可以赋值给指向字符型的指针变量。如：

```
char * pc;
pc = cArr;
```

这样,就可以通过 pc 访问数组,而且 pc 是变量,见例 11.23。

例 11.23 通过指针变量访问字符数组。

```
#include<stdio.h>
int main()
{
  char cArr[11] = "C Language";        /*用字符串初始化*/
  int i1;
  char * pc;
  pc = cArr;
  /* 按字符方式输出,下标方式 */
  printf("按字符方式输出,下标方式:\n");
  for(i1 = 0;i1 < 10;i1 ++ )
    printf(" % c",pc[i1]);
  /* 按字符方式输出,间接访问方式 */
  printf("\n 按字符方式输出,间接访问方式:\n");
  for(i1 = 0;i1 < 10;i1 ++ ,pc ++ )
    printf(" % c", * pc);
  printf("\n 按字符串方式输出,每次起始位置后移:\n");
  /* 按字符串方式输出 */
  pc = cArr;                           /*因为之前 pc 已经移动*/
  for(i1= 0;i1 < 10;i1 ++ ,pc ++ )
    printf(" % s\n",pc);               /* % s 输出字符串,使用指针变量,每次指针后移*/
  return 0;
}
```

运行结果为:

按字符方式输出,下标方式:

C Language

按字符方式输出,间接访问方式:

C Language

按字符串方式输出,每次起始位置后移:

C Language

 Language

Language

anguage

nguage

guage

uage

age

ge

e

例 11.23 中，按照字符访问时，指针变量 pc 与数组名 cArr 的区别是 pc 可以移动（pc++），然后每个字符通过 *pc 访问。按照字符串访问时，通过 pc++ 输出字符串时，指针变量每次指向的起始位置不同，但是，都是遇到 '\0' 结束。

字符型指针变量还可以指向字符串常量，如：

char *pc = "C Language";

表示 pc 是一个指向字符型的指针变量，把字符串的首地址赋予 pc。还可以写为：

char *pc;
pc = "C Language";

需要注意的是，字符型指针变量本身是一个变量，用于存放字符串的首地址。而字符串常量本身是存放在以该地址为首的一块连续的内存空间中并以 '\0' 作为串的结束，字符串常量本身是不能被更改的。

对字符串存储有两种方式：使用字符型指针变量指向字符串常量和利用字符数组存储，注意这两种方式的差异。

(1) 字符型指针变量指向字符串常量方式：

char *pc = "C Language";

读取其中字符是允许的：

char c1 = pc[3];   /* 允许 */

因为指向的是字符串常量，所以，写入或更改字符串中的字符是不允许的：

pc[3] = 'A';   /* 不允许 */

更改字符型指针变量也是允许的：

pc = "BASIC";   /* 允许 */

pc 不再指向字符串常量 "C Language"，而是指向字符串常量 "BASIC"。

(2) 字符数组方式：

char cArr[11] = "C Language";

读写其中字符都是允许的：

cahr c1 = cArr[3]; cArr[3] = 'A';   /* 都允许 */

数组名是不允许更改的：

cArr = "BASIC";   /* 不允许 */

两种存储方式的内存结构如图 11.21 所示。

11.5.3 字符串函数

程序开发过程中经常涉及字符串操作，尤其是管理性程序，如学生管理系统中的学号、银行业务中账号等。C 语言提供了丰富的字符串处理函数，大致可分为字符串的输入输出、

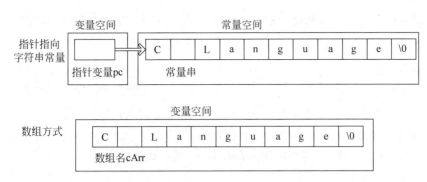

图 11.21　字符串的两种存储方式图

合并、修改、比较、转换、复制及搜索几类。使用这些函数可大大减轻编程的负担。用于输入输出的字符串函数,在使用前应包含头文件 stdio.h,使用其他字符串函数则应包含头文件 string.h。

下面介绍几个最常用的字符串函数。

1. 字符串输出函数 puts

规格说明：int puts(const char * pc);

功能描述：把字符指针指定的字符串输出到标准输出流中,空字符不输出,但是输出换行符及空格等分隔符。

函数参数：pc 可以是指针变量,也可以是字符数组名。

函数返回值：若出现写错误,则返回 EOF(−1);否则,返回非负数。

例如：

```
char * pc = "C Language";
puts(pc);
```

puts 函数完全可以由 printf 函数取代。当需要按一定格式输出时,通常使用 printf 函数。

2. 字符串输入函数 gets

规格说明：char * gets(char * pc);

功能描述：从标准输入流读字符到字符指针指向的字符数组中,直至遇到换行符或输入文档结束符,并且丢弃换行符或结束符,然后在字符数组中添加一个空字符。

函数参数：pc 必须是字符数组名或指向字符数组的指针变量。不可以使用指针变量指向字符串常量,因为常量空间不允许改变。

例如：

```
char * pc = "C Language";
gets(pc);
```

运行时发生内存写错误,试图向常量空间写入字符。

函数返回值：若成功,返回 pc1;若直接遇见换行符或结束符,pc 所指数组不变,返回空指针；若读入长度超出数组长度，数组改变，会出现内存写问题(超出数组长度)。

例如：

```
char cArr[11];
gets(cArr);                    /* 或者 char * pc = cArr; gets(pc); 也可以 */
```

输入大于等于 1 个字符小于等于 10 个字符时，正常读入；

直接输入换行符，pc 数组不变，返回空指针；

输入超过 10 个字符，可能会出现内存写问题(超出数组长度)。

例 11.24　输入字符串。

```
#include <stdio.h>
int main()
{
    char cArr[15];
    printf("input string: \n");
    gets(cArr);
    printf("output string: \n");
    puts(cArr);
    return 0;
}
```

运行结果为：

input string:

C　Language

output string:

C Language

当输入的字符串中含有空格时，输出仍为全部字符串。说明 gets 函数并不以空格作为字符串输入结束的标志，而只以换行作为输入结束，这是与 scanf 函数的不同之处。

3. 测字符串长度函数 strlen

规格说明：int strlen (const char * pc);

功能描述：计算 pc 所指向的字符串的长度。

函数参数：pc 可以是指针变量，也可以是字符数组名。

函数返回值：返回 pc 指向数组中存储字符串的长度，即第一个 '\0' 之前的有效字符个数。

例如：

```
char cArr = {'I', ' ', 'l', 'o', 'v', 'e', '\0', 'C', ' ', 'L', 'a', 'n', 'g', 'u', 'a', 'g', 'e', '\0'};
```

strlen(cArr)的值为 6，以碰到第一个空字符的长度为准，也就是说 cArr 当作字符串看时，只包括"I love"。

4. 字符串连接函数 strcat

规格说明：char * strcat (char * pc1 , const char * pc2);

功能描述：把字符指针 pc1 所指向的字符数组的末尾添加 pc2 所指向的字符串（包括结尾的空字符在内）的副本，即用 pc2 所指向的字符串的第一个字符覆盖 pc1 所指向的字符串末尾的空字符。

函数参数：pc1 必须是字符数组名或指向字符数组的指针变量，不可以使用指针变量指向字符串常量，因为常量空间不允许改变；pc2 可以是指针变量，也可以是字符数组名。

函数返回值：返回 pc1；若连接后的 pc1 长度超出 pc1 指向数组长度，会出现内存写问题（超出数组长度）。

例如：

```
char cArr[20] = "I love ";
char *pc2 = "C Language";
strcat(cArr,pc2);
```

连接后的 cArr 值为：

I love C Language

要注意的是，参数 1 对应的字符数组应定义足够的长度（参数 1 指向数组长度大于等于 strlen(参数 1)＋strlen(参数 2)＋1），否则不能全部装入被连接的字符串。

5. 字符串复制函数 strcpy

规格说明：char * strcpy (char * pc1 , const char * pc2);

功能描述：把字符指针 pc2 所指向的字符串（包括结尾的空字符在内）复制到 pc1 所指向的字符数组中。

函数参数：pc1 必须是字符数组名或指向字符数组的指针变量，不可以使用指针变量指向字符串常量，因为常量空间不允许改变；pc2 可以是指针变量，也可以是字符数组名。

函数返回值：返回 pc1；若复制后的 pc1 长度超出 pc1 指向数组长度，会出现内存写问题（超出数组长度）。

例如：

```
char cArr[20] = "I love ";
char *pc2 = "C Language";
strcpy(cArr,pc2);
```

复制后的 cArr 值为：

C Language

要注意的是，参数 1 对应的字符数组应定义足够的长度（参数 1 指向数组长度大于等于 strlen(参数 2)＋1），否则不能全部装入被连接的字符串。

6. 字符串比较函数 strcmp

规格说明：int strcmp (const char * pc1 , const char * pc2);

功能描述：按照 ASCII 码顺序比较字符指针 pc1 和 pc2 所指向的串的大小。

函数参数：pc1、pc2 可以是指针变量，也可以是字符数组名。

函数返回值：

pc1 所指向的字符串＝pc2 所指向的字符串,返回值 0;
pc1 所指向的字符串＞pc2 所指向的字符串,返回值大于 0;
pc1 所指向的字符串＜pc2 所指向的字符串,返回值小于 0。
例如:
char * pc1 = "abc";
char * pc2 = "ABC";
char * pc3 = "abc";
char * pc4 = "abd";
char * pc5 = "ab";
strcmp(pc1,pc2)的值大于 0,区分大小写。
strcmp(pc1,pc3)的值为 0。
strcmp(pc1,pc4)的值小于 0。
strcmp(pc1,pc5)的值大于 0。
注意字符串的大小比较不可以用关系运算符。如:

pc1 > pc2

这是在比较两个地址值。

7. 字符串查找函数 strstr

规格说明:char * strstr (const char * pc1 , const char * pc2);
功能描述:查找字符指针 pc1 所指向字符串中第一次出现 pc2 所指向字符串(不包括空字符)的地址。
函数参数:pc1、pc2 可以是指针变量,也可以是字符数组名。
函数返回值:返回字符指针 pc1 所指向字符串中第一次出现 pc2 所指向字符串(不包括空字符)的地址。若不出现返回空指针。
C 语言字符串处理函数还有很多,详见 C89 规范文档。

11.5.4 字符串程序举例

例 11.25 计算正文中某单词出现次数。

```c
/* 计算正文中某单词出现次数 */
#include<stdio.h>
#include<string.h>
int main()
{
  char cArrText[80];
  char cArrWord[10];
  int iSum = 0;
  char * pc = cArrText;
  int iWordLength;              /* 单词长度 */
  gets(cArrText);
  gets(cArrWord);
```

```
    iWordLength = strlen(cArrWord);
    while(pc!= NULL)
    {
     pc = strstr(pc,cArrWord);      /* 查找单词起始地址 */
     if(pc!= NULL)
     {
        iSum ++ ;
        pc = pc + iWordLength;      /* 移动到找到单词之后,作为下次查找的起始地址 */
     }
    }
    printf("正文: \n");
    puts(cArrText);
    printf("单词: \n");
    puts(cArrWord);
    printf("出现次数 %d",iSum);
    return 0;
}
```

例 11.25 中 pc 指向每次查找的起始位置,利用函数 strstr 查找单词,找到单词之后,单词计数加 1,然后,移动指针 pc 到刚找到的单词之后,作为查找下一个单词的起始位置。最后找不到单词时,函数 strstr 返回 NULL,退出循环,计数完毕。

例 11.26　对基本学生姓名按照从小到大的字典序排序。

```
#include <stdio.h>
#include <string.h>
int main()
{
  /* 每行一个一维字符数组 */
  char cArrName[5][20] = {"Zhang","Li","Wang","Zhao","Qian"};
  char cArrTemp[20];
  int iMin, i1, i2;
  for(i1 = 0;i1 < 4;i1 ++ )
  {
    iMin = i1;
    for(i2 = i1 + 1;i2 < 5;i2 ++ )
    {
       if(strcmp(cArrName[iMin],cArrName[i2])> 0)    /* 比较大小 */
          iMin = i2;
    }
    if(i1!= iMin)
    {
      /* 交换 */
      strcpy(cArrTemp,cArrName[i1]);
      strcpy(cArrName[i1],cArrName[iMin]);
      strcpy(cArrName[iMin],cArrTemp);
    }
  }
  for(i1 = 0;i1 < 5;i1 ++ )
    puts(cArrName[i1]);                              /* cArrName[i1]等价于一个一维数组 */
  return 0;
}
```

例 11.26 中,二维字符数组每行看作一个一维字符数组,当作一个字符串处理。例中采用选择法对字符串组成的姓名排序,字符串比较大小采用 strcmp 函数,不能用关系运算符,字符串赋值采用 strcpy 函数,不能用赋值语句。输出时采用 puts 函数,参数为字符串的首地址(cArrName[i1])。

11.5.5 main 函数参数

在函数的学习中,对 main() 函数始终作为主调函数处理,也就是说,允许 main() 调用其他函数并传递参数。事实上,main() 函数既可以是无参函数,也可以是有参函数。对于有参的形式来说,就需要向其传递参数。但是其他任何函数均不能调用 main() 函数。当然也同样无法向 main() 函数传递数据,只能由程序之外传递而来。

main() 函数的带参的形式:

```
int main(int argc,char * argv[ ])
{
  ⋮
}
```

从函数参数的形式上看,包含一个整型和一个指针数组。当一个 C 的源程序经过编译、链接后,会生成扩展名为 exe 的可执行文件,这是可以在操作系统下直接运行的文件,换句话说,就是由系统来启动运行的。对 main() 函数既然不能由其他函数调用和传递参数,只能由系统在启动运行时传递参数。

在操作系统环境下,一条完整的运行命令应包括两部分:命令与相应的参数。其格式为:

命令 参数 1 参数 2 ⋯ 参数 n

此格式也称为命令行。命令行中的命令就是可执行文件的文件名,其后所跟参数需用空格分隔。参数给命令提供数据,也即是传递给 main() 函数的参数。

例 11.27 计算命令行两个整数串参数的和。

```c
#include<stdio.h>
int main(int argc,char * argv[])
{
  int i1,i2;
  /* 要求至少有 3 个参数:命令本身也算一个,另外两个整数串 */
  if(argc<3)
  {
    printf("parameter numner error!");
    return 0;
  }
  /* argv[0]、argv[1]、argv[2]都为指向字符型的指针,
  argv[0]为命令字符串的地址,argv[1]为第一个参数字符
  串的地址,argv[2]为第二个参数字符串的地址,atoi 函数
  把数字构成的字符串转换成整数 */
  i1 = atoi(argv[1]);
  i2 = atoi(argv[2]);
  printf(" %d+ %d= %d",i1,i2,i1+i2);
```

```
        return 0;
    }
```

运行结果：

C:\> 11_27.exe 23 45

23+45=68

例 11.27 的文件名为 11_27.c，编译、连接后生成 11_27.exe。给 11_27.exe 提供参数需要在命令行运行，格式为：

C:\>11_27.exe 23 45

argv[0]为字符串"11_27.exe"的地址，argv[1]第一个参数字符串"23"的地址，argv[2]第二个参数字符串"45"的地址。注意此时获得的是字符串"23"，而不是整数 23。atoi 函数把数字构成的字符串转换成整数。

11.6 动态空间管理

在变量存储类别部分，介绍过 C 语言内存分为三个区，有了字符串和动态空间还可以把它增加到五个区。

- 动态存储区（栈）：用来存放函数的形参和函数内的局部变量。函数调用时分配空间，在函数执行完后由编译器自动释放。
- 堆区：用来存放由动态分配函数（如 malloc）分配的空间。堆区空间是由动态分配函数分配的，并且必须使用 free 释放。如果忘记用 free 释放，会导致所分配的空间一直被占用不能释放，导致内存泄露。
- 静态存储区：用来存放全局变量和静态变量。存在于程序的整个运行期间。
- 字符串常量区：例如 char * c = "123456"；则 123456 为字符串常量，存放于字符串常量区。存在于程序的整个运行期间。不同函数使用相同的字符串常量在内存中会共用。
- 程序代码区：用来存放程序的二进制代码。

在动态存储区和静态存储区申请的空间都是先声明定义后使用，也就是都先有名称、类型，然后通过名称按照该类型引用。而在堆区申请空间，既没有名称，也没有类型，所以只能通过其地址，然后约定一个类型使用。

在前面的指针定义中，每个指针都要指向一个确定的类型，为了描述没有类型的地址，引入 void 指针类型。void 类型只是代表一个地址，对 void 类型指针加减运算是无意义的，因为并不知道其所指向数据类型的 sizeof 大小。

涉及堆区空间的分配与释放的函数有以下几个，在使用前应包含头文件"stdlib.h"。

1. malloc 函数

开辟指定大小的存储空间，并返回该存储区的起始地址。

void * malloc(unsigned int size);

其中，size 为需要开辟的字节数。函数返回一个指针，该指针不指向具体的类型

(void)，当将该指针赋给具体的指针变量时，需进行强制类型转换（约定成某种类型）。若 size 超出可用空间，则返回空指针值 NULL。

例如：

```
float * pf1;
int * pi1;
pf1 = (float * )malloc(8);
* pf1 = 1.2; /* pf1[0] = 1.2 */
* (pf1 + 1) = 2.4; /* pf1[1] = 2.4 */
pi1 = (int * )malloc(10 * sizeof(int));
for(i1 = 0;i1 < 10;i1 ++ )
 scanf("%d",pi1 ++ );
```

分别开辟了 8 字节和 10×4（约定 int4 字节）字节的存储空间，并向其中存入数据。

2. calloc 函数

按所给数据个数和每个数据所占字节数开辟存储空间。

void * calloc(unsigned int num, unsigned int size);

其中，num 为数据个数，size 为每个数据所占字节数，故开辟的总字节数为 num * size。函数返回该存储区的起始地址。若 num * size 超出可用空间，则返回空指针值 NULL。

例如：

上例中 pi1 可改写为：

```
pi1 = (int * )calloc(10, sizeof(int));
```

3. realloc 函数

重新定义所开辟内存空间的大小。

void * realloc(void * ptr, unsigned int size)

其中，ptr 所指的内存空间是用前述函数已开辟的，size 为新的空间大小，其值可比原来大或小。函数返回新存储区的起始地址（该地址可能与以前的地址不同）。若 size 超出可用空间，则返回空指针值 NULL。

例如：

```
pf1 = (float * )realloc(pf1,16);
```

将原先开辟的 8 字节调整为 16 字节。可以理解为新申请 16 字节，把原来空间的 8 字节复制到前 8 字节，然后返回新空间地址，并释放原来的 8 字节空间。

4. free 函数

将以前开辟的某内存空间释放。

void free(void * ptr)

其中，ptr 为存放待释放空间起始地址的指针变量，函数无返回值。应注意：ptr 所指向的空间必须是前述函数所开辟的。若以前开辟的空间不释放，将会一直占用空间，有可能造成内存泄露,直到整个程序结束由系统释放堆空间。

例如:

free((void *)pf1);

将上例开辟的 16 字节释放。可简写为:

free(pf1);

由系统自动进行类型转换。

需要注意的是几种空间申请方法,当空间不够时,都会申请不成功,返回 NULL。因此,通常情况下,动态空间申请时都应该检测一下空间是否申请成功,然后再使用。

例如:

```
int * pi1;
void * pv;
pv = malloc(10 * sizeof(int));
if(pv = = NULL)
    exit(0);          /* 退出程序 */
pi1 = (float * )pv;
⋮
```

数组需要在编译时指定大小,不能够在运行中根据变量的值确定数组的大小,为了能够让该程序适应所有情况,必须把数组大小定义很大,但是大部分情况只是用到少量元素,造成了空间的大量浪费。如一个班级学生成绩排序,大部分班级 30 人,极少班级 200 人,为了让所有班级都能够使用该排序程序,只好把成绩数组大小定义为 200。有了动态空间的管理,就能够做到按照需要定义大小。

例如:

```
int iNum,i1;
int * pi;
scanf("%d",&iNum);
pi = (int * )malloc(sizeof(int) * iNum);
for(i1 = 0;i1 < iNum;i1 + +)
    scanf("%d",&pi[i1]);
```

申请来的空间完全可以像数组一样使用,而且它的大小取决于用户输入 iNum 值。

通过例 11.28 来观察空间分配状况。

例 11.28 存储空间类型。

```
#include<stdio.h>
#include<stdlib.h>
int i1 = 0;                        /* 静态存储区 */
int main()
{
  int i2;                          /* 动态存储区(栈) */
  char cArr[3] = "abc";            /* cArr 在动态存储区(栈),abc 在字符串常量区 */
  char * pc1, * pc2;               /* 动态存储区(栈) */
  char * pc3 = "123456";           /* p3 在动态存储区(栈),123456 在字符串常量区 */
```

```
    static int i3 = 0;                   /* 静态存储区 */
    pc1 = (char *)malloc(10);            /* pc1 在动态存储区(栈),分配的 10 字节在堆区 */
    pc2 = (char *)malloc(20);            /* pc2 在动态存储区(栈),分配的 20 字节在堆区 */
    strcpy(pc1,"123456");                /* pc1 在动态存储区(栈),123456 在字符串常量区 */
    free(pc1);                           /* 释放 pc1 所指向空间 */
    free(pc2);                           /* 释放 pc2 所指向空间 */
    return 0;
}
```

习题

1. 用指针方法实现一个一维整型数组转置。

2. 编写函数 int * min(int array[],int n),返回 n 个元素的整型数组中最小元素的地址。

3. 已有定义 int a[10]={1,2,3,4,5,6,7,8,9,10} 要求通过指针完成从一维数组中删除下标为 k 的元素。

4. 一个学习小组有 n(n 由程序运行时输入,因此要求采用动态空间分配)个人,每个人学习 3 门课程。计算每人的平均成绩并按照降序输出。

5. 一个学习小组有 10 个人,每个人学习 3 门课程,用 10 行 3 列浮点型数组存储。编写函数计算每个人的总成绩,参数为 flaot(*p)[3]类型。

6. 用指针作为函数的形式参数,编写字符串复制函数。不允许用标准函数。

7. 编写函数,通过指针连接两个字符串。不允许用标准函数。

8. 编写函数,通过指针求字符串的长度。不允许用标准函数。

9. 删除字符串 str1 中的所有子串 str2。如 str1="abcdabac",str2="ab",计算结果:str1="cdac"。

10. 把字符串 str1 中的所有子串 str2 替换为 str3。如 str1="abcdabac",str2="ab",str3="xyz",计算结果:str1="xyzcdxyzac"。注意,替换过程中新产生的 str2 不可以被替换。

11. 编写一个书名排序程序,输入 10 个书名存入一个二维字符数组,用函数 void sortStr(char *s)实现它们的字典顺序,在 main 函数输出结果。

12. 计算两个字符串的最长公共子串。

13. 录入一篇英文文章(存放在字符数组 a[n]中),统计单词个数,并按照单词的长度由小到大依次输出各个单词。假定这段文章不超过 80 个字符,单词不超过 20 个。

14. 编写程序,实现将一行字符按单词倒序输出。如输入"I love you",输出"you love I"。

15. 实现一个简单的计算程序,计算两个不大于 200 位大整数的和。

【问题描述】

输入数据:

有两行,每行是一个不超过 200 位的非负整数。

【输出要求】

相加后的结果。

输入样例:
22222222222222222222
33333333333333333333
输出样例:
55555555555555555555

【解题思路提示】
首先要解决的就是存储 200 位整数的问题,由于大整数的位数已超出了 long 型整数的范围,因此不能用系统提供的相加功能,必须一位一位自己编程处理。最直观的想法是可以用一个字符串来保存它。字符串本质上就是一个字符数组。

那么如何实现两个大整数相加呢?方法很简单,就是模拟小学生列竖式做加法,从个位开始逐位相加,超过或达到 10 则进位。

第 12 章 自定义数据类型

C 语言虽然提供了丰富的基本数据类型,但是采用基本数据类型描述具有多个属性的数据结构时,只能单独描述每个属性,各个属性间的整体关系无法体现。如在学生登记表中,姓名应为字符型、学号可为整型或字符型、年龄应为整型、性别应为字符型,那么对单独定义的各个属性无法体现其是在描述一个学生。为此,C 语言引入自定义数据类型结构体来把各个单独的属性定义为一个有机的整体。

C 语言每种基本数据类型虽然有取值范围限制,但是有些属性的取值范围更小。如月份只需要用到整数值的 1,2,…,12,而且,在表达意思方面 3 代表整数 3,并不是只代表 3 月份。C 语言的自定义数据类型、枚举类型在限定取值范围和表达意思方面都很方便。

C 语言还提供一种自定义数据类型共用体,主要用来节省空间,但是大大增加了编码难度,所以很少使用,本书不再讨论。

C 语言数组也是一种自定义数据类型,可以管理大量同类型数据,如 100 个成绩计算平均成绩、50 个姓名排序等。这在前面章节已经讨论过。

12.1 结构体

在实际问题中,一组数据往往具有不同的数据类型。例如,在学生登记表中,姓名应为字符型;学号可为整型或字符型;年龄应为整型;性别应为字符型;成绩可为整型或实型。显然不能用一个数组来存放这一组数据,因为数组中各元素的类型和长度都必须一致。为了解决这个问题,C 语言中给出了另一种构造数据类型:结构(structure)或叫结构体。它相当于其他高级语言中的记录。结构体是一种构造类型,它是由若干成员组成的。每一个成员可以是一个基本数据类型或者又是一个构造类型。

结构是一种构造而成的数据类型,那么在说明和使用之前必须先定义它,也就是构造它。如同在说明和调用函数之前要先定义函数一样。

12.1.1 结构体声明

声明结构体类型的一般形式为:

struct 结构名
{
成员表列

};

成员表列由若干个成员组成,每个成员都是该结构的一个组成部分。对每个成员也必须作类型说明,其形式为:

类型说明符 成员名;

成员名的命名应符合标识符的书写规定。例如声明学生结构:

```
struct student
{
    int iNum;
    char cArrName[20];
    char cSex;
    float fScore;
};
```

在这个结构体类型声明中,结构体名为 student,该结构体由四个成员组成。第一个成员为 iNum,整型变量;第二个成员为 cArrName,字符数组;第三个成员为 cSex,字符变量;第四个成员为 fScore,浮点型变量。应注意在括号后的分号是不可少的。成员名可与程序中其他变量同名,互不干扰。

结构体声明并不分配空间,结构体类型声明是在说明一种数据类型,并非变量定义。声明结构体类型好比刻一个印章,并没有扣印,而扣印才等效于变量定义。再比如,声明结构体类型好比做一个模具,并没有用模具生产产品,而生产产品才等效于变量定义。student 与 int、float、char 一样,都是数据类型。

结构体声明之后,即可进行变量定义,这时分配空间。凡定义为结构体 student 的变量都由上述四个成员组成。由此可见,结构体是一种复杂的数据类型,是由类型不同的若干有序成员变量的集合。

12.1.2 结构体变量定义

声明结构体类型后,可以定义结构体变量。

定义结构体变量有以下三种方法。以上面定义的 student 为例来加以说明。

1. 先声明结构体,再定义结构体变量

如:

```
struct student
{
    int iNum;
    char cArrName[20];
    char cSex;
    float fScore;
};
struct student strStu1, strStu2;
```

定义了两个变量 strStu1 和 strStu2 为 student 结构体类型。也可以用宏定义使一个符号常量来表示一个结构体类型。

2. 在声明结构体类型的同时定义结构体变量

例如：

```
struct student
{
    int iNum;
    char cArrName[20];
    char cSex;
    float fScore;
}strStu1, strStu2;
```

3. 直接定义结构体变量

例如：

```
struct
{
    int iNum;
    char cArrName[20];
    char cSex;
    float fScore;
}strStu1, strStu2;
```

第三种方法与第二种方法的区别在于第三种方法中省去了结构体名，而直接给出结构体变量。这种类型结构体只能用此一次，以后无法再定义该结构体类型变量，即使再声明成员完全相同的结构体类型，也和此次定义的结构体类型属于不同的结构体类型。

结构体变量在内存空间中是连续存储的，结构体类型占用空间的大小 sizeof(struct student)的值为各成员大小之和，student 占 29 字节（iNum：4 字节、cArrName[20]：20 字节、cSex：1 字节、fScore：4 字节），各编译系统为内存管理方便可能分配大一些的空间来存储结构体，保证字节对齐。

结构体成员也可以又是一个结构体，即构成嵌套的结构体。例如，给出以下结构体声明：

```
struct date
{
    int iMonth;
    int iDay;
    int iYear;
};
struct student
{
    int iNum;
    char cArrName[20];
    char cSex;
    struct date strBirthday;
    float fScore;
};
```

```
struct student strStu1, strStu2;
```

首先声明一个结构体 date，由 iMonth（月）、iDay（日）、iYear（年）三个成员组成。然后再声明一个结构体类型 student，其中的成员 strBirthday 被说明为 data 结构体类型。

12.1.3 结构体变量引用

1．结构变量初始化

和其他类型变量一样，对结构变量可以在定义时进行初始化赋值。例如：

```
struct student
{
    int iNum;
    char cArrName[20];
    char cSex;
    float fScore;
}strStu2, strStu1 = {102,"Zhang ping",'M',78.5};
```

strStu1、strStu2 均被定义为结构变量，并对 strStu1 做了初始化赋值。

2．结构体成员引用

引用结构变量成员的可使用成员访问运算符（．），其一般形式是：

结构体变量名．成员名

．为成员运算符，优先级最高，结合性为自左向右。

例如：

```
strStu1.iNum        学生的学号
strStu2.cSex        学生的性别
```

如果成员本身又是一个结构体则必须逐级找到最低级的成员才能使用。

例如：

```
strStu1.strBirthday.iMonth    学生出生的月份
```

成员可以在程序中单独使用，与普通变量完全相同。

3．结构体变量赋值

同类型的结构变量之间可以像普通变量一样相互赋值。
例如：

```
strStu2 = strStu1;
```

会把 strStu1 内存空间的全部内容复制到 strStu2 对应的空间中。

例 12.1 结构体变量的输入、赋值和输出。

```
#include <stdio.h>
#include <string.h>
int main()
```

```c
{
    struct student
    {
    int iNum;
    char cArrName[20];
    char cSex;
    float fScore;
    };
    struct student strStu1, strStu2;
    strStu1.iNum = 102;
    strcpy(strStu1.cArrName,"Zhang ping");
    printf("input sex and score\n");
    scanf("%c%f",&strStu1.cSex,&strStu1.fScore);
    strStu1.fScore= strStu1.fScore + 2;
    strStu2 = strStu1;
    printf("Number = %d\nName = %s\n",strStu2.iNum,strStu2.cArrName);
    printf("Sex = %c\nScore = %f\n",strStu2.cSex,strStu2.fScore);
    return 0;
}
```

在例 12.1 中，通过 strStu2＝strStu1 对两个结构体变量间实现直接整体赋值，但是不能对结构体变量整体进行输入、输出及运算。

如：

```c
scanf(" ",&strStu);
```

对具有四个成员的 strStu1 通过 scanf 语句不能整体输出。同样道理，对 strStu1 通过 printf 语句也不能整体输入。对结构体变量间直接进行算术、关系运算也是不允许的。

如：

```
strStu2 + strStu1
strStu2 < strStu1
```

上述表达式都是不允许的。在例 12.1 中可以看出对结构体变量的输入、输出及运算是通过对结构体变量成员输入、输出、运算来实现的。对结构体变量成员的赋值、输入、输出及运算与普通变量完全一样。

12.1.4　结构体数组

数组的元素也可以是结构体类型的，因此可以构成结构体类型数组。结构体数组的每一个元素都是具有相同结构体类型的结构体变量。在实际应用中，经常用结构体数组来表示具有相同数据结构的一个集合。如一个班的学生，一个图书馆的书等。

例如：

```c
struct student
{
    int iNum;
    char * pcName;
    char cSex;
```

```
        float fScore;
    }strStuArr[5];
```

定义了一个结构体数组 strStuArr，共有 5 个元素，strStuArr[0]~strStuArr[4]。每个数组元素都是 struct student 的结构体类型。对结构体数组可以作初始化赋值。

例如：

```
struct student
{
    int iNum;
    char * pcName;
    char cSex;
    float fScore;
}strStuArr[5] = {
                    {101,"Li ping",'M',45},
                    {102,"Zhang ping",'M',62.5},
                    {103,"He fang",'F',92.5},
                    {104,"Cheng ling",'M',87},
                    {105,"Wang ming",'F',58}
                };
```

当对全部元素作初始化赋值时，也可不给出数组长度。

例 12.2 对学生表按照成绩从小到大排序。

```
#include <stdio.h>
#include <string.h>
/*声明结构体类型*/
struct student
{
    int iNum;
    char * pcName;
    char cSex;
    float fScore;
};
int main()
{
    /*定义结构体数组*/
    struct student strStuArr[5] =
    {
        {101,"Li ping",'M',45},
        {102,"Zhang ping",'M',62.5},
        {103,"He fang",'F',92.5},
        {104,"Cheng ling",'M',87},
        {105,"Wang ming",'F',58}
    };
    struct student strStuTemp;
    int i1,i2,iFlag;
    /*选择排序,依据数组元素即结构体的成员 fScore,
    注意交换时是整个结构体(学生)进行交换,数据量较大*/
    for(i1 = 0;i1 < 4;i1 ++ )
    {
```

```
            iFlag = i1;
            for(i2 = i1 + 1;i2 < 5;i2 + + )
              if(strStuArr[i2].fScore < strStuArr[iFlag].fScore)
                  iFlag = i2;
            if(iFlag!= i1)
            {
              strStuTemp = strStuArr[i1];
              strStuArr[i1] = strStuArr[iFlag];
              strStuArr[iFlag] = strStuTemp;
            }
        }
        /*输出结构体时,不能整体输出,只能依次输出其成员*/
        for(i1 = 0;i1 < 5;i1 + + )
        {
          printf("Num = % d    Name = % s    ",strStuArr[i1].iNum,strStuArr[i1].pcName);
          printf("Sex = % c    Score = % f\n",strStuArr[i1].cSex,strStuArr[i1].fScore);
        }
        return 0;
    }
```

通常情况下,类型声明放在程序的最前面,或者放在头文件中,以便程序中所有的函数都能够使用。在例 12.2 中排序的依据不是数组元素,而是数组元素(结构体)的成员 fScore;交换数据时交换的是数组元素(结构体),移动的数据量是比较大的,程序的效率较低,若插入、删除元素还会有更多的数据移动。后面章节介绍的链表将会解决数据移动问题。

12.1.5　结构体与指针

一个指针变量也可以指向结构体变量,当用其指向一个结构体变量时,称之为结构体指针变量。结构体指针变量中的值是所指向的结构体变量的首地址。通过结构体指针即可间接访问该结构变量。

结构体指针定义说明的一般形式为:

struct 结构名　*结构指针变量名;

例如,在前面的例题中定义了 student 这个结构,如要说明一个指向 student 的指针变量 pStrStudent,可写为:

struct student * pStrStudent;

当然也可在声明 student 结构体的同时定义指针变量 pStrStudent。与前面讨论的各类指针变量相同,结构体指针变量也必须要先赋值才能使用。

赋值是把结构体变量的首地址赋予该指针变量,如果 strStu1 为 student 类型的结构体变量,则可用 pStrStudent 指向 strStu1:

pStrStudent = &strStu1;

即把结构体变量 strStu1 的起始地址赋值给指针变量 pStrStudent。

需要注意的是结构体变量名代表一个结构体,并不是代表结构体变量的起始地址,所以需要用 & 运算符,这一点与数组名是不同的。

有了结构体指针变量,就能间接地访问结构体变量的各个成员。

其访问的一般形式为:

(*结构指针变量).成员名

或为:

结构指针变量->成员名

->为指向运算符,优先级最高,结合性为自左向右。两种写法完全一样。

例如:

(*pStrStudent).iNum

等价于:

pStrStudent->iNum

应该注意(*pStrStudent)两侧的括号不可少,因为成员符"."的优先级高于"*"。如去掉括号写作 *pStrStudent.iNum 则等效于 *(pStrStudent.iNum),这样,意义就完全不同了。

例 12.3 通过指针间接访问结构体成员。

```
#include<stdio.h>
struct student
{
    int iNum;
    char *pcName;
    char cSex;
    float fScore;
}strStu1 = {102,"Zhang ping",'M',78.5}, *pStrStudent;
int main()
{
    pStrStudent = &strStu1;
    /*通过变量名访问*/
    printf("Number = %d\nName = %s\n",strStu1.iNum,strStu1.pcName);
    printf("Sex = %c\nScore = %f\n\n",strStu1.cSex,strStu1.fScore);
    /*通过指针和.运算符访问*/
    printf("Number = %d\nName = %s\n",(*pStrStudent).iNum,(*pStrStudent).pcName);
    printf("Sex = %c\nScore = %f\n\n",(*pStrStudent).cSex,(*pStrStudent).fScore);
    /*通过指针和->运算符访问*/
    printf("Number = %d\nName = %s\n",pStrStudent->iNum,pStrStudent->pcName);
    printf("Sex = %c\nScore = %f\n\n",pStrStudent->cSex,pStrStudent->fScore);
    return 0;
}
```

通过例 12.3 可以看出,以下三种用于表示结构体成员的形式是完全等效的:

结构变量.成员名

(*结构指针变量).成员名

结构指针变量->成员名

指向结构体的指针变量也可以指向该类型结构体数组,这时可以通过指针变量去访问结构体数组的元素。设 pStrArr 为指向结构数组的指针变量,则 pStrArr 也指向该结构体数组的 0 号元素，pStrArr+1 指向 1 号元素，pStrArr+i1 则指向 i1 号元素。这与普通数组的情况是一致的。

例 12.4 用指针变量输出结构体数组。

```
#include<stdio.h>
struct student
{
    int iNum;
    char * pcName;
    char cSex;
    float fScore;
}strStuArr[5] = {
            {101,"Zhou ping",'M',45},
            {102,"Zhang ping",'M',62.5},
            {103,"Liou fang",'F',92.5},
            {104,"Cheng ling",'F',87},
            {105,"Wang ming",'M',58},
        };
int main()
{
    struct student * pStrStudent;
    /*指针指向数组开始*/
    pStrStudent = strStuArr;
    printf("No\tName\t\t\tSex\tScore\t\n");
    /*通过移动指针访问数组*/
    for(pStrStudent - strStuArr;pStrStudent < strStuArr + 5;pStrStudent ++ )
        printf(" % d\t % s\t\t % c\t % f\t\n",pStrStudent -> iNum,
        pStrStudent -> pcName,pStrStudent -> cSex,pStrStudent -> fScore);
    return 0;
}
```

在例 12.4 中，定义 student 结构类型的外部数组 strStuArr 并进行初始化赋值。在 main 函数内定义 pStrStudent 为指向 student 类型的指针。在循环语句 for 中，pStrStudent 被赋予 strStuArr 的首地址，然后循环 5 次，输出 strStuArr 数组中各成员值。

当结构体变量作为函数参数进行整体传递时，由于结构体变量空间开销较大，会使传递的时间和空间开销很大，严重地降低了程序的效率，因此最好的办法就是使用指针，即用指针变量作函数参数进行传送。这时由实参传向形参的只是地址，从而减少了时间和空间的开销。因此，当复杂数据结构作为参数时，通常采用指向数据结构的指针作为参数。

12.2 链表

在管理多名学生时，很自然想到定义学生结构体，然后用学生结构体数组描述多名学生。然而，在不知道有多少名学生的情况下，数组应该定义多大呢？只能把空间尽量得开辟大些，这样会造成空间浪费。如果需要经常插入或删除某些学生，那么，数组中会造成大量数据移动，而且每个数据单元为结构体，移动起来非常耗费时间，程序的效率较低。

解决以上问题可以利用动态空间的分配与回收来处理。每一次分配一块空间可用来存放一个学生的数据,可称之为一个结点。有多少个学生就应该申请分配多少块内存空间,也就是说要建立多少个结点,无须预先确定学生的准确人数。增加学生时,只需要新申请一个学生结点。删除学生时,释放该学生结点空间即可。学生的增删都不需要移动结点。另一方面,用数组的方法必须占用一块连续的内存区域,而使用动态分配时,每个结点之间可以是不连续的(结点内是连续的)。结点之间的联系可以用指针实现,即在结点结构中定义一个成员项用来存放下一结点的首地址,这个用于存放地址的成员,常把它称为指针域。可在第一个结点的指针域内存入第二个结点的首地址,在第二个结点的指针域内又存放第三个结点的首地址,如此串联下去直到最后一个结点。最后一个结点因无后续结点连接,其指针域可赋值为0。这样一种连接方式,在数据结构中称为"链表"。图12.1为一个简单链表的示意图。

图 12.1 简单链表示意图

图 12.1 中,头指针为指向学生结构体的指针变量,值为 07A8,它是第一个结点的首地址,后面的每个结点的成员都分为两部分,一部分是数据成员,存放各种实际的数据,如学号 iNum 和成绩 fScore 等。另一部分为指针成员,存放下一结点的首地址。链表中的每一个结点都是同一种结体构类型。学生结构体声明如下:

```
struct student
{
    int iNum;
    float fScore;
    struct student * pStrNext;
};
```

前两个成员项组成数据部分,后一个成员项 pStrNext 构成指针部分,它是一个指向 student 类型结构体的指针变量。

对链表的主要操作有以下几种:

(1) 建立链表;
(2) 输出链表;
(3) 结点查找;
(4) 插入结点;
(5) 删除结点。

例 12.5 链表的创建、输出及查找。

```
#include <stdio.h>
struct student
{
    int iNum;
    float fScore;
    struct student * pStrNext;
};
```

```c
/*创建链表*/
struct student * create()
{
    struct student * pStrStuHead = 0, * pStrStuTemp, * pStrStuTail = 0;
    int iNumTemp;
    float fScoreTemp;
    printf("input num and score(>=0, <0 end):\n");
    scanf("%d",&iNumTemp);
    scanf("%f",&fScoreTemp);
    /*添加结点,当输入成绩值为负数时结束*/
    while(fScoreTemp>0)
    {
    /*申请结点并填入数据,结点的指针域为0,因为新结点将作为最后一个结点*/
    pStrStuTemp = (struct student * )malloc(sizeof(struct student));
    pStrStuTemp->iNum = iNumTemp;
    pStrStuTemp->fScore = fScoreTemp;
    pStrStuTemp->pStrNext = 0;
    /*接入链表*/
    if(!pStrStuHead)
        /*接入第一个结点,头指针、尾指针均指向该结点*/
        pStrStuHead = pStrStuTail = pStrStuTemp;
    else
    {
        /*接入非第一个结点*/
        pStrStuTail->pStrNext = pStrStuTemp;      /*接在尾指针所指结点之后*/
        pStrStuTail = pStrStuTemp;                 /*尾指针指向新加入结点*/
    }
    printf("input num and score(>=0, <0 end):\n");
    scanf("%d",&iNumTemp);
    scanf("%f",&fScoreTemp);
    }
    return pStrStuHead;
}
/*输出链表*/
void list(struct student * pStrStuHead)
{
    while(pStrStuHead)
    {
    printf("%d\t%f\t\n",pStrStuHead->iNum,pStrStuHead->fScore);/*输出学号、成绩*/
    pStrStuHead = pStrStuHead->pStrNext;            /*移动到下一个结点*/
    }
}
/*查找结点*/
struct student * search(struct student * pStrStuTemp,float fScoreTemp)
{
    while(pStrStuTemp)
    {
```

```c
        if(pStrStuTemp -> fScore == fScoreTemp)
            break;
        pStrStuTemp = pStrStuTemp -> pStrNext;          /*移动到下一个结点*/
    }
    return pStrStuTemp;
}
int main()
{
    struct student strStuTemp;
    struct student * pStrStuHead, * pStrStuResualt;
    float fScoreTemp;
    int iNumTemp;
    /*创建链表*/
    pStrStuHead = create();
    /*输出链表所有结点*/
    list(pStrStuHead);
    /*输入要查找的成绩,然后返回找到结点的地址,找不到返回空*/
    printf("input search score:\n");
    scanf("%f",&fScoreTemp);
    pStrStuResualt = search(pStrStuHead,fScoreTemp);
    if(pStrStuResualt)
        printf("num = %d,score = %f\n",pStrStuResualt -> iNum,pStrStuResualt -> fScore);
    else
        printf("not found!");
    return 0;
}
```

在例 12.5 中,定义了 3 个函数。create 函数创建链表,创建过程中利用尾指针 pStrStuTail 指向最后一个结点,每创建一个新结点,使 pStrStuTail 指向结点的 pStrNext 指向新结点,这样,就把新建结点连接到链表的最后,然后让 pStrStuTail 指向新结点,成为新的尾结点。通过循环创建多个结点,当输入成绩为负值时结束。

list 函数和 search 函数都会依次遍历每个结点,依次访问每个结点用到的关键语句是:

pStrStuTemp = pStrStuTemp -> pStrNext;

使得 pStrStuTemp 指向当前结点的下一结点,重复这个过程将会遍历链表中所有结点。遍历到链表结尾时,pStrStuTemp 的值为 0,循环就结束了。

鉴于链表的插入与删除较为复杂,将会在应用篇介绍。

12.3 枚举类型

在实际问题中,有些变量的取值被限定在一个有限的范围内。例如,一个星期只有七天,一年只有十二个月等。如果把这些变量说明为整型、字符型或其他类型显然是不妥当的。为此,C 语言提供了一种称为"枚举"的类型。在"枚举"类型的定义中列举出所有可能的取值。

1. 枚举类型的声明

枚举类型的声明的一般形式为：
enum 枚举名
{
   枚举值表
};
在枚举值表中罗列出所有可用值，这些值也称为枚举元素。
例如：

```
enum weekday
{
    sun,mon,tue,wed,thu,fri,sat
};
```

该枚举名为weekday，枚举值共有七个，即一周中的七天。凡被说明为weekday类型变量的取值只能是七天中的某一天。

2. 枚举变量的定义

如同结构体一样，枚举类型变量也可用不同的方式定义，即先声明后定义，同时声明定义或直接定义。若变量week1、week2、week3被定义为枚举类型weekday，可采用下述任一种方式：

```
enum weekday
{
    sun,mon,tue,wed,thu,fri,sat
};
enum weekday week1,week2,week3;
```

或者为：

```
enum weekday
{
    sun,mon,tue,wed,thu,fri,sat
} week1,week2,week3;
```

或者为：

```
enum
{
    sun,mon,tue,wed,thu,fri,sat
} week1,week2,week3;
```

3. 枚举类型变量的赋值和使用

枚举值是一种特殊的常量值，在使用中应注意以下几点：

(1) 枚举值是常量，不是变量。不能在程序中用赋值语句再对它赋值。例如对枚举类型 weekday 的元素再作以下赋值：

sun = 5;mon = 2;sun = mon;

都是错误的。

(2) 枚举元素本身由系统定义了一个表示序号的数值，从 0 开始顺序定义为 0,1,2,…。如在 weekday 中，sun 序号值为 0,mon 序号值为 1,…,sat 序号值为 6。

(3) 枚举元素不是字符常量也不是字符串常量，使用时不可以加单、双引号。枚举类型变量输出时无法直接输出枚举元素，若需要输出枚举元素，可以用 switch 语句。

例 12.6 枚举类型输入输出。

```c
#include <stdio.h>
enum weekday
{
  sun,mon,tue,wed,thu,fri,sat
};
int main()
{
  int i1;
  enum weekday enumWeek[3];
  enumWeek[0] = sun;
  enumWeek[1] = mon;
  enumWeek[2] = tue;
  /*输出枚举变量值 0,1,2*/
  printf("%d,%d,%d\n",enumWeek[0],enumWeek[1],enumWeek[2]);
  /*输出枚举变量元素值 sun,mon,tue*/
  for(i1 = 0;i1 <= 2;i1++)
    switch(enumWeek[i1])
    {
      case sun:printf("%s\n","sun");break;
      case mon:printf("%s\n","mon");break;
      case tue:printf("%s\n","tue");break;
      case wed:printf("%s\n","wed");break;
      case thu:printf("%s\n","thu");break;
      case fri:printf("%s\n","fri");break;
      case sat:printf("%s\n","sat");break;
    }
  return 0;
}
```

在例 12.6 中直接输出枚举类型变量，输出的是枚举元素对应的序号，想要输出枚举元素，还需要利用 printf 函数输出字符串。

枚举类型的应用使程序可读性明显提高，但是，处理输入输出又使程序变得复杂了，因此，枚举类型在程序中应用得并不多。

习题

1. 定义一个结构体变量(包括年、月、日)。编写程序实现 2015 年倒计时(输入年月日到 2015 年 1 月 1 日的天数),可以输入年、月、日或者利用当前系统时间,注意闰年问题和日期有效性。

2. 编写一个程序,输入若干人员的姓名及电话号码,若姓名字符为"♯"表示结束输入。然后输入姓名,查找该人的电话号码。

3. 一个公司有 n 名员工,每个员工的数据包括职工号、姓名、生日(生日为日期类型结构体,包含年、月、日)和工资。请使用结构体表示员工的信息,并用结构体数组来存放所有员工的数据。要求输入 n 名员工的信息,按照工资升序排序,并输出所有员工的数据。

4. 可以用下列结构体描述复数信息:

```
struct complex
{
 int real;                              /*实部*/
 int im;                                /*虚部*/
};
```

试写出两个通用函数,分别用来求两复数的和与积。

其函数原型分别为:

struct complex cadd(struct complex creal,struct complex cim);

参数和返回值都是结构 struct complex。

struct complex cmult(struct complex * creal,struct complex * cim);

参数为指向结构体 struct complex 指针。

5. 建立一个单向链表,链表中每个结点包含整型数据和指针两个域。编写函数完成以下操作:

(1) 输出该链表。

(2) 将链表按逆序,实现反向输出链表。

(3) 增加一个结点,将其插入链表的最后。

(4) 任意输入一个数据,查找该结点,在链表中将其删除。

6. 实现一个简单链表的排序。

7. 将对两个有序单向链表合并为一个单向链表。要求分别用以下两种方式实现:

(1) 合并后生成一个新的链表,原来的两个链表不破坏。

(2) 利用原有的两个链表,原来的两个链表被破坏了。

8. Josephu 问题:m 个人围成一圈,从第一个人开始顺序报数,凡报到 $n(m>n)$ 的人退出圈子,找出最后留在圈里的人。要求用链表结构解决 Josephu 问题。

第13章 文件

对数据的管理无论是采用数组,还是链表,都是存储在内存中的,当程序结束后都会丢失,下一次运行程序时,数据都不存在了,还需要重新输入或运算生成,这显然是不合理的。因此,需要把程序运行的数据保存起来,以便下一次运行继续使用。如共有800名学生的信息,今天输入200名,保存起来,明天再输入时应该继续输入后面的同学信息,而不应该重新输入前面的200名同学信息,这就需要把已经输入的同学信息持久地保存。在计算机中持久保存数据的方式是利用文件保存。

13.1 文件概述

文件是程序设计中的一个重要概念,所谓"文件"一般是指存储在外部介质上数据的集合。文件以数据的形式存放在外部介质(如磁盘)上的,操作系统以文件为单位对数据进行管理,也就是说,如果想找到存在外部介质上的数据,必须先按文件名找到指定的文件,然后再从该文件中读取数据。要向外部介质上存储数据也必须先建立一个文件(以文件名标识),才能向它输出数据。从操作系统的角度,每一个与主机相连的输出输入设备都可以被看作一个文件。在程序运行时,常常需要将一些数据(运行的最终结果或中间数据)输出到磁盘上保存起来,以后需要时再从磁盘中输入到计算机的内存,这就要用到磁盘文件。

操作系统中的文件标识包括三部分。

(1) 文件路径:表示文件在外部存储设备中的位置。

(2) 文件名:文件命名规则遵循标识符的命名规则。

(3) 文件扩展名:用来表示文件的性质(.txt .dat .c)。

例如:d:\c++\temp\file1.dat

      ↑   ↑   ↑

  文件路径   文件名 文件扩展名

通过以上三部分标识文件,以便用户识别和引用。

文件操作就是一种典型的 IO 操作,即输入输出操作。所谓输入输出是针对内存而言的,进内存为输入,出内存为输出(见图13.1)。

在前面章节用到的标准输入输出就是标准输入设备(键盘)和标准输出设备(显示器),键盘和显示器就是一种文件。

C语言将文件看作字符(字节)的序列,即由一个一个字符(字节)的数据顺序组成。在

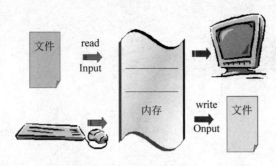

图 13.1　I/O 操作图

C 语言中对文件的存取是以字符（字节）为单位的，输入输出数据流的开始和结束仅受程序控制而不受物理符号（如回车换行符）控制。也就是说，在输出时不会自动增加回车换行符作为记录结束的标志，输入时不以回车换行符作为记录的间隔（事实上 C 文件并不是由记录构成的），这种文件称为流式文件。

ANSI 新标准文件采用缓冲方式，系统自动地在内存区为每一个正在使用的文件开辟一个缓冲区。从内存向磁盘输出数据必须先送到内存中的输出缓冲区，装满缓冲区后才一起送到磁盘。同样，从磁盘向内存输入数据也先送到输入缓冲区，程序需要数据时去缓冲区读取，若输入缓冲区没有数据，则程序进入阻塞状态（等待数据）。

C 语言文件把数据看作是一连串的字符（字节）。根据数据的组成形式，可分为 ASCII 文件和二进制文件。

文本文件又称为 ASCII 文件，每一个字节中存放一个 ASCII 代码，代表一个字符。例如，一个整数 12，在内存中二进制形式为 0000000000001100，若用 ASCII 文件存放，占 2 字节的存储单元，1、2 各用一个字节存储。而 1、2 的 ASCII 码分别为 49、50，故整数 12 用 ASCII 文件存放时，存放形式为 0011000100110010。

二进制文件是直接用数据的二进制形式存放的，即把内存中的数据按其在内存中的存储形式按原样输出到磁盘上存放。例如，对整数 12，在内存中二进制形式为 0000000000001100，用二进制文件存放，存放形式也为 0000000000001100。

程序中要实现对文件的处理，通常分为三步。

(1) 打开文件：将程序与文件建立联系。

(2) 操作文件：对文件进行读写操作，即输入输出。

(3) 关闭文件：操作完成应当切断与文件之间的联系。

在 C 语言中，没有输入输出语句，对文件的读写都是用库函数来实现的。ANSI 规定了标准输入输出函数，用它们对文件进行读写。这些函数的声明包含在头文件 stdio.h 中。

13.2　文件的打开与关闭

文件在进行读写操作之前要先打开，使用完毕要关闭。所谓打开文件，实际上是建立文件的各种有关信息，并使文件指针指向该文件，以便进行其他操作。关闭文件则断开指针与文件之间的联系，禁止再对该文件进行操作。

1. 打开文件（fopen 函数）

fopen 函数用来打开一个文件，其调用的一般形式为：

文件指针名=fopen(文件名,使用文件方式);

其中：
- "文件指针名"必须是被说明为 FILE 类型的指针变量。
- "文件名"是被打开文件的文件名，是字符串常量或字符串数组。
- "使用文件方式"是指文件的类型和操作要求。

例如：

```
FILE *fp;
fp=fopen("file1.txt","r");
```

其意义是在当前目录下打开文件 file1.txt，只允许进行"读"操作，并使 fp 指向该文件。

又如：

```
FILE *fp
fp=fopen("c:\\file2.txt","rb")
```

其意义是打开 C 驱动器磁盘根目录下的文件 file2.txt，对其按二进制方式进行读操作。两个反斜线"\\"中的第一个表示转义字符，第二个表示根目录。

使用文件的方式共有 12 种，表 13.1 给出了它们的符号和意义。

表 13.1 文件打开方式

文件打开方式	意　义
r	只读打开一个文本文件，只允许读数据
w	只写打开或建立一个文本文件，只允许写数据
a	追加打开一个文本文件，并在文件末尾写数据
rb	只读打开一个二进制文件，只允许读数据
wb	只写打开或建立一个二进制文件，只允许写数据
ab	追加打开一个二进制文件，并在文件末尾写数据
r+	读写打开一个文本文件，允许读和写
w+	读写打开或建立一个文本文件，允许读写
a+	读写打开一个文本文件，允许读，或在文件末追加数据
rb+	读写打开一个二进制文件，允许读和写
wb+	读写打开或建立一个二进制文件，允许读和写
ab+	读写打开一个二进制文件，允许读，或在文件末追加数据

对于文件打开方式有以下几点说明：

(1) 文件使用方式由 r、w、a、b、+ 字符拼成，各字符的含义是：
- r(read)　读。
- w(write)　写。
- a(append)　追加。
- b(banary)　二进制文件。
- +　读和写。

(2) 凡用 r 打开一个文件时,该文件必须已经存在,且只能从该文件读出。

(3) 用 w 打开的文件只能向该文件写入。若打开的文件不存在,则以指定的文件名建立该文件,若打开的文件已经存在,则将该文件删去,重建一个新文件。

(4) 若向一个已存在的文件追加新的信息,只能用 a 方式打开文件。但此时该文件必须是存在的,否则将会出错。

(5) 在打开一个文件时,如果出错,fopen 将返回一个空指针值 NULL。在程序中可以用这一信息来判别是否完成打开文件的工作,并作相应的处理。因此常用以下程序段打开文件:

```
if((fp = fopen("c:\\file2.txt","rb") = = NULL)
{
    printf("\nerror on open c:\\ file2.txt!");
    exit(0);
}
```

这段程序的意义是,如果返回的指针为空,表示不能打开 C 盘根目录下的 file2.txt 文件,则给出提示信息 error on open c:\\ file2.txt!。

(6) 把一个文本文件读入内存时,要将 ASCII 码转换成二进制码,而把内存数据以文本方式写入磁盘时,也要把二进制码转换成 ASCII 码,因此文本文件的读写要花费较多的转换时间。对二进制文件的读写不存在这种转换。

(7) 标准输入文件(键盘),标准输出文件(显示器),标准出错输出(出错信息)是由系统打开的,可直接使用。

2. 关闭文件(fclose 函数)

文件一旦使用完毕,应用关闭文件函数把文件关闭,这样会把缓冲区中的数据写入文件中,否则,程序结束时有可能造成文件数据丢失等错误。

fclose 函数调用的一般形式是:

fclose(文件指针);

例如:

```
fclose(fp);
```

正常完成关闭文件操作时,fclose 函数返回值为 0。如返回 EOF 则表示有错误发生。

13.3 文件读写

对文件的读和写是最常用的文件操作,在 C 语言标准库函数中提供了多种文件读写的函数。

- 字符读写函数:fgetc 和 fputc。
- 字符串读写函数:fgets 和 fputs。
- 数据块读写函数:fread 和 fwrite。
- 格式化读写函数:fscanf 和 fprintf。

13.3.1 字符读写函数

字符读写函数是以字符(字节)为单位的读写函数。每次可从文件读出或向文件写入一个字符。

1. 读字符函数 fgetc

fgetc 函数规格说明：

int fgetc(FILE * stream);

函数功能：从指定的文件中读一个字符。

函数参数：stream 为指向文件的指针。

函数返回值：从 stream 所指的文件流中读取一个字符，转换为 int 类型返回。若已到文件尾返回 EOF，文件状态改为结束状态。若读错误则返回 EOF，文件改为错误状态。EOF 在 stdio.h 中定义为 -1。

例如：

ch = fgetc(fp);

其含义是从打开的文件 fp 中读取一个字符并送入 ch 中。

对于 fgetc 函数的使用有以下几点说明：

(1) 在 fgetc 函数调用中，读取的文件必须是以读或读写方式打开的。

(2) 在文件内部有一个位置指针，用来指向文件的当前读写字节。在文件打开时，该指针总是指向文件的第一个字节。使用 fgetc 函数后，该位置指针将向后移动一个字节。因此可连续多次使用 fgetc 函数，读取多个字符。应注意文件指针和文件内部的位置指针不是同一概念。文件指针是指向整个文件的，须在程序中定义说明，只要不重新赋值，文件指针的值是不变的。文件内部的位置指针用于指示文件内部的当前读写位置，每读写一次，该指针均向后移动，它无须在程序中定义说明，而是由系统自动设置的。

例 13.1 读取文本文件 file1.txt，把其中所有非空格字符输出在标准输出设备上。

```
#include <stdio.h>
int main()
{
  FILE * fp;
  char ch;
  if((fp = fopen("file1.txt","r")) == NULL)
  {
    printf("\nCannot open file strike any key exit!");
    getch();              /* 等待敲键盘,为显示上一句话 */
    exit(1);              /* 结束程序 */
  }
  ch = fgetc(fp);
  /* 文件结束时,读取得到 EOF */
  while(ch!= EOF)
  {
    if(ch!= ' ')
```

```
        putchar(ch);
    ch = fgetc(fp);
    }
    fclose(fp);
    return 0;
}
```

例 13.1 中通过 fgetc 函数从文件中逐个读取字符，判断不是空格的字符通过 putchar 函数在屏幕上显示。程序定义了文件指针 fp，以读文本文件方式打开文件 file1.txt，并使 fp 指向该文件。如打开文件出错，给出提示并退出程序。程序先读出一个字符，然后进入循环，只要读出的字符不是文件结束标志，就一直循环下去。在循环体内，对非空格字符输出到标准输出设备（显示器）上。最后关闭文件。

2. 写字符函数 fputc

函数规格说明：

int fputc(int ch, FILE * stream);

函数功能：将 ch 对应字符写到 stream 指定的文件中。

函数参数：ch 为将要写入文件中的字符，stream 指向写出字符文件的指针。

函数返回值：返回写入文件中的字符，转换为 int 类型返回。若写错误则返回 EOF，文件改为错误状态。

例如：

fputc('x', fp);

其含义为把字符 x 写出到 fp 所指向的文件中。

fputc 函数的使用有以下几点说明：

(1) 被写入的文件可以用写、读写、追加方式打开，用写或读写方式打开，写入字符从文件首开始。如需保留原有文件内容，希望写入的字符添加在最后，则用追加方式打开。被写入的文件若不存在，则创建该文件。

(2) 每写入一个字符，文件内部位置指针向后移动一个字节。

(3) fputc 函数有一个返回值，如写入成功则返回写入的字符，否则返回一个 EOF。可用此来判断字符写入文件是否成功。

例 13.2 由键盘输入一行字符，将其写到文本文件 file1.txt 中。

```
#include <stdio.h>
int main()
{
    FILE *fp;
    char ch;
    if((fp = fopen("file1.txt","w")) == NULL)
    {
        printf("\nCannot open file strike any key exit!");
        getch();                    /*等待敲键盘,为显示上一句话*/
        exit(1);                    /*结束程序*/
    }
```

```
      ch = getchar();              /*读取键盘字符*/
   /*未输入换行时循环*/
   while(ch!= '\n')
   {
      fputc(ch,fp);                /*写入文件*/
      ch = getchar();              /*读取键盘字符*/
   }
   fclose(fp);
   return 0;
}
```

例 13.2 中以写文本文件方式打开文件 file1.txt。程序从键盘读入一个字符后进入循环,当读入字符不为换行符时,则把该字符写入文件之中,然后继续从键盘读入下一字符。每输入一个字符,文件内部位置指针向后移动一个字节。

13.3.2 字符串读写函数

1. 读字符串函数 fgets

函数规格说明:

char * fgets(char * string, int n, FILE * stream);

函数功能:从 stream 指向的文件中读 n−1 个字符构成的字符串,将其存储到 string 对应的字符数组中,在读入的最后一个字符后加上串结束标志'\0'。若未读够 n−1 字符而遇到换行符时,读取也将结束。

函数参数:string 为要写入字符串空间的起始地址,n 为字符串空间的长度,stream 为指向读入字符文件的指针。

函数返回值:返回由文件中读出的字符串。

例如:

fgets(cArr,11,fp);

其含义是从 fp 所指向文件中读取 10 个字符放在数组 cArr 中,再添加一个空字符。

例 13.3 由文本文件 file1.txt 中读 10 个字符。

```
#include<stdio.h>
int main()
{
   FILE *fp;
   char cArr[11];
   if((fp = fopen("file1.txt","r")) == NULL)
   {
      printf("\nCannot open file strike any key exit!");
      getch();              /*等待敲键盘,为显示上一句话*/
      exit(1);              /*结束程序*/
   }
   fgets(cArr,11,fp);       /*读最多 10 个字符*/
   printf("%s",cArr);
   fclose(fp);
```

```
    return 0;
}
```

例 13.3 中定义了一个字符数组 cArr 共 11 字节,再以读文本文件方式打开文件 file1.txt,从中读出 10 个字符送入 cArr 数组中,在数组最后一个单元内写入 '\0'。

2. 写字符串函数 fputs

函数规格说明:

int fputs(char *string, FILE *stream);

函数功能:向 stream 指向的文件写入一个字符串 string。

函数参数:string 为要写入文件的字符串,stream 指向写出字符串的文件指针。

函数返回值:写入成功返回非负值,若写入错误,则返回 EOF。

例如:

fputs("C Language",fp);

其含义是把字符串"C Language"写入 fp 所指的文件之中。

例 13.4 由键盘输入字符串写到文本文件 file1.txt 中。

```c
#include <stdio.h>
int main()
{
    FILE *fp;
    char cArr[80];
    if((fp = fopen("file1.txt","w")) == NULL)
    {
        printf("\nCannot open file strike any key exit!");
        getch();            /*等待敲键盘,为显示上一句话*/
        exit(1);            /*结束程序*/
    }
    gets(cArr);             /*由键盘读取字符串*/
    fputs(cArr,fp);         /*将字符串写入文件*/
    fclose(fp);
    return 0;
}
```

例 13.4 定义了一个字符数组 cArr,再以写文本文件方式打开文件 file1.txt,然后利用 gets 函数从键盘读入字符串,将其存放在字符数组 cArr 中,最后用 fputs 函数把该串写入文件。

13.3.3 数据块读写函数

对结构体、数组等大块数据进行文件读写,一项一项地将数据写到文件中效率是很低的。C 语言还提供了用于整块数据的读写函数,可用来读写一组数据,如一个数组,一个结构变量的值等。对数据块的读写一般不解释数据内容的含义,而是直接把其若干字节的数据在内存和文件之间传递,因此,对数据块的操作通常采用二进制文件。

1. 写数据块函数 fwrite

函数规格说明：

int fwrite(void * ptr, int size, int items, FILE * stream);

函数功能：把 ptr 指向的地址（通常为数组）中 items 个大小为 size 字节的数据写到向 stream 指向的文件中。

函数参数：ptr 为要写数据的首地址，size 为每一个数据元素长度，items 为数据元素个数，stream 为写出文件的指针。

函数返回值：返回成功写出数据元素的个数 items，若出现写错误时，结果将小于 items。

例如：

```
double buffer[10];
…                      /* 对 buffer 赋值 */
fwrite (buffer,8,10,fp);
```

其含义是从 buffer 地址开始，每次向 fp 所指的文件中写出连续 10 个 double 到 fp 指向的文件中。

例 13.5 将结构体数组写到文件中。

```
#include<stdio.h>
struct student
{
    int iNum;
    char cArrName[20];
    char cSex;
    float fScore;
}strStuArr[5] =
{
    {101,"Li ping",'M',45},
    {102,"Zhang ping",'M',62.5},
    {103,"He fang",'F',92.5},
    {104,"Cheng ling",'M',87},
    {105,"Wang ming",'F',58}
};
int main()
{
    FILE * fp;
    if((fp = fopen("file1.txt","wb")) == NULL)
    {
        printf("\nCannot open file strike any key exit!");
        getch();               /* 等待敲键盘,为显示上一句话 */
        exit(1);               /* 结束程序 */
    }
    /* 把 5 条学生记录写到文件中,每条记录大小为 sizeof(struct student),
    写出时并不考虑内容是什么,只是把内存空间的 5 * sizeof(struct student)个字节写到文件中 */
    fwrite(strStuArr,sizeof(struct student),5,fp);
    fclose(fp);
```

```
        return 0;
}
```

例 13.5 定义并初始化了一个结构体数组 cArr,再以写二进制文件方式打开文件 file1.dat,然后利用 fwrite 函数把结构体数组 strStuArr 中的 5 个元素依次写到文件中。fwrite 写文件时,并不考虑写的内容是什么,只是把内存空间的 5×sizeof(struct student)个字节写到文件中。

2. 读数据块函数 fread

函数规格说明:
int fread(void * ptr, int size, int items, FILE * stream);
函数功能:由 stream 指向的文件中读出 items 个 size 的内容写到 ptr 指向的数组中。
函数参数:ptr 为要写入首地址,size 为每一个数据元素长度,items 为数据元素个数,stream 为读入文件的指针。
函数返回值:返回读入数据元素的个数 items,若读入过程中遇到结束标志,结果将小于 items。

例如:

```
double buffer[10];
fread(buffer,8,10,fp);
```

其含义是从 fp 所指的文件中,读 10 个 double 到 buffer 中。

例 13.6 读出文件中的学生记录,按照成绩排序后,在显示器上显示并写回文件。

```
#include<stdio.h>
struct student
{
    int iNum;
    char cArrName[20];
    char cSex;
    float fScore;
};
int main()
{
    void sort(struct student * pStrStu,int iNum);
    void list(struct student * pStrStu,int iNum);
    /******************* 读文件 *******************/
    struct student strStuArr[5];      /*用来存放从文件中读取来的学生记录*/
    FILE * fp;
    if((fp = fopen("file1.dat","rb")) == NULL)      /*以读二进制方式打开文件*/
    {
        printf("\nCannot open file strike any key exit!");
        getch();                      /*等待敲键盘,为显示上一句话*/
        exit(1);                      /*结束程序*/
    }
    /*从文件中读出把 5 条学生记录写到结构体数组,每条记录大小为 sizeof(struct student),
    读的时候并不考虑内容是什么,只是把文件中的若干字节写到内存空间*/
```

```c
        fread(strStuArr,sizeof(struct student),5,fp);
        fclose(fp);                        /*关闭文件*/
        /***************** 排序及显示 ******************/
        printf("排序之前: \n");
        list(strStuArr,5);
        sort(strStuArr,5);
        printf("排序之后: \n");
        list(strStuArr,5);
        /*********** 排序后的结构体数组写回文件 *********/
        /*重新写二进制方式打开文件,这时文件会清空*/
        if((fp = fopen("file1.dat","rb")) == NULL)
        {
            printf("\nCannot open file strike any key exit!");
            getch();                       /*等待敲键盘,为显示上一句话*/
            exit(1);                       /*结束程序*/
        }
        /*把5条学生记录写到文件中,每条记录大小为 sizeof(struct student),
        写出时并不考虑内容是什么,只是把内存空间的若干字节写到文件中*/
        fwrite(strStuArr,sizeof(struct student),5,fp);
        fclose(fp);
        return 0;
}
/*选择排序,依据数组元素即结构体的成员 fScore*/
void sort(struct student * pStrStu, int iNum)
{
    struct student strStuTemp;
    int i1, i2, iFlag;
    for(i1 = 0; i1 < iNum - 1; i1 ++ )
    {
        iFlag = i1;
        for(i2 = i1 + 1; i2 < iNum; i2 ++ )
            if(pStrStu[i2].fScore < pStrStu[iFlag].fScore)
                iFlag = i2;
        if(iFlag != i1)
        {
            strStuTemp = pStrStu[i1];
            pStrStu[i1] = pStrStu[iFlag];
            pStrStu[iFlag] = strStuTemp;
        }
    }
}
/*输出结构体时,不能整体输出,只能依次输出其成员*/
void list(struct student * pStrStu, int iNum)
{
    int i1;
    for(i1 = 0; i1 < iNum; i1 ++ )
    {
        printf("Num = % d\tName = % t",pStrStu[i1].iNum,pStrStu[i1].cArrName);
        printf("Sex = % c\tScore = % f\n",pStrStu[i1].cSex,pStrStu[i1].fScore);
    }
}
```

例13.6中程序功能分三部分。

（1）读文件：首先定义一个结构体数组，用来存放从文件中读取来的学生记录；其次以读二进制方式打开文件file1.dat，并从文件中读出5条学生记录写到结构体数组；最后把文件关闭。

（2）排序和显示：通过函数sort和函数list进行排序和显示。

（3）排序后的结构体数组写回文件：首先以写二进制方式打开文件file1.dat，这时文件会清空；然后把排序后的结构体数组5条学生记录写到文件中；最后把文件关闭。

13.3.4　格式化读写函数

fscanf函数与fprintf函数与前面使用的scanf和printf函数的功能相似，都是格式化读写函数。两者的区别在于fscanf函数和fprintf函数的读写对象不是键盘和显示器，而是磁盘文件。

这两个函数的调用格式为：

fscanf(文件指针，格式字符串，输入表列)；

fprintf(文件指针，格式字符串，输出表列)；

例如：

```
int i1 = 5;
float f1 = 3.6;
fprintf(fp,"%d%f",i1,f1);
```

其含义是把i1和f1写到fp所指向的磁盘文件中，而不是输出到显示器中。

```
fscanf(fp,"%d%f",&i1,&f1);
```

其含义是从fp所指向的磁盘文件中读取一个int和一个float到变量i1和f1中，而不是从键盘读取。

用fscanf和fprintf函数也可以完成例13.6中的文件读写，但是需要对结构体每个成员分别读写，而且还要进行类型解析，效率很低。

13.3.5　文本文件与二进制文件

通过文件读写例程理解文本文件与二进制文件的本质区别。

例13.7　向文本文件写入数据。

```
#include <stdio.h>
int main()
{
    FILE *fp;
    char cArr[5] = {'a','b','\n','1','2'};
    int i1,iNum = 12345;
    if((fp = fopen("file1.txt","w")) == NULL)/*写方式打开文本文件*/
    {
        printf("\nCannot open file strike any key exit!");
        getch();                    /*等待敲键盘，为显示上一句话*/
```

```
      exit(1);                         /*结束程序*/
   }
   for(i1 = 0;i1 < 5;i1 ++ )
      fputc(cArr[i1],fp);              /*字符依次写入文本文件*/
   fprintf(fp," % d",iNum);            /*格式化写入文本文件*/
   fclose(fp);
   return 0;
}
```

例 13.7 中,首先按写文本文件方式打开文件,然后分别把字符和整数写入文本文件。

把字符数组的字符写入文本文件时,从内存读出每个字符经解释后写入文本文件,字符 'a'、'b'、'1'、'2'原样写入文本文件,但'\n'解释为'\r'和'\n'两个字符。用十六进制观察文本文件 file1.txt,字符数组对应的结果是:

61 62 0D 0A 31 32

把 iNum 的 12345 格式化输出过程,是把整数的 12345 解释为字符的'1'、'2'、'3'、'4'、'5'后,然后输出到文本文件中。用十六进制观察文本文件 file1.txt,12345 对应的结果是:

31 32 33 34 35

把例 13.7 改为向二进制文件写入数据,见例 13.8。

例 13.8 向二进制文件写入数据。

```
# include < stdio.h >
int main()
{
   FILE  * fp;
   char cArr[5] = { 'a','b','\n','1','2'};
   int i1,iNum = 12345;
   if((fp = fopen("file1.txt","wb")) == NULL)     /*以写方式打开二进制文件*/
   {
      printf("\nCannot open file strike any key exit!");
      getch();                                     /*等待敲键盘,为显示上一句话*/
      exit(1);                                     /*结束程序*/
   }
   for(i1 = 0;i1 < 5;i1 ++ )
      fputc(cArr[i1],fp);                          /*字符依次写入二进制文件*/
   fwrite(&iNum,sizeof(int),1,fp);                 /*直接写入二进制文件*/
   fclose(fp);
   return 0;
}
```

例 13.8 中,首先按写二进制文件方式打开文件,然后分别把字符和整数写入二进制文件。

把字符数组的字符写入二进制文件,从内存读出每个字符,不需要解释直接写入二进制文件。用十六进制观察二进制文件 file1.txt,字符数组对应的结果是:

61 62 0A 31 32

把 iNum 的 12345 用 fwrite 输出过程,是把整数的 12345 内存中的数据状态(约定 4 字节)直接输出到二进制文件。用十六进制观察二进制文件 file1.txt,12345 对应的结

果是:

39 30 00 00

注意低字节在前,高字节在后。这正是整数 12345 在内存中的存储方式。

通过例 13.7 和例 13.8 可以看出,使用 ASCII 码文件,一个字节代表一个字符,便于对字符一一处理和输出,但占用较多的存储空间,并且要花费转换时间(ASCII 码与二进制之间的转换)。使用二进制文件,在内存中的数据形式与输出到外部文件中的数据形式完全一致,可以克服 ASCII 文件的缺点,但不直观,一个字节并不对应一个字符。一般中间数据用二进制文件保存,输入输出数据操作使用 ASCII 文件。

13.4 文件的随机读写

前面介绍文件的读写方式都是顺序读写,即读写文件只能从头开始,顺序读写各个数据。但在实际问题中常要求只读写文件中某一指定的部分。为了解决这个问题可移动文件内部的位置指针到需要读写的位置,再进行读写,这种读写方式称为随机读写。实现随机读写的关键是要按要求移动位置指针,这称为文件的定位。文件定位时用于移动文件内部位置指针的函数主要有两个,即 rewind 函数和 fseek 函数。

rewind 函数调用形式为:

rewind(文件指针);

它的功能是把文件内部的位置指针移到文件首。

fseek 函数调用形式为:

fseek(文件指针,位移量,起始点);

fseek 函数用来移动文件内部位置指针,其中:"文件指针"指向被移动的文件。"位移量"表示移动的字节数,要求位移量是 long 型数据,以便在文件长度大于 64KB 时不会出错。当用常量表示位移量时,要求加后缀 L。"起始点"表示从何处开始计算位移量,规定的起始点有三种:文件首、当前位置和文件尾。其表示方法如表 13.2 所示。

表 13.2 文件内部指针移动标志表

起 始 点	表 示 符 号	数 字 表 示
文件首	SEEK_SET	0
当前位置	SEEK_CUR	1
文件末尾	SEEK_END	2

例如:

fseek(fp,100L,0);

其含义是把位置指针移到离文件首 100 个字节处。还要说明的是 fseek 函数一般用于二进制文件,在文本文件中由于要进行格式转换,故计算的位置会出现错误。文件的随机读写在移动位置指针之后,即可用前面介绍的任一种读写函数进行读写,由于一般是读写一个数据块,因此常用 fread 和 fwrite 函数。下面用例题来说明文件的随机读写。

例 13.9 读出文件中的某条记录,修改后并写回文件中。

```
#include<stdio.h>
```

```
struct student
{
    int iNum;
    char cArrName[20];
    char cSex;
    float fScore;
};
int main()
{
    /******************* 读文件 *******************/
    struct student strStu;                          /*用来存放从文件中读取来的某条学生记录*/
    FILE * fp;
    if((fp = fopen("file1.dat","rb + ")) == NULL)   /*以读写二进制方式打开文件*/
    {
        printf("\nCannot open file strike any key exit!");
        getch();                                    /*等待敲键盘,为显示上一句话*/
        exit(1);                                    /*结束程序*/
    }
    fseek(fp,2 * sizeof(struct student),0);         /*把文件指针移到第3条开始*/
    fread(&strStu,sizeof(struct student),1,fp);     /*读出第3条学生记录写到结构体*/
    strStu.fScore = 99;                             /*修改结构体中数据*/
    fseek(fp,2 * sizeof(struct student),0);         /*把文件指针移到第3条开始*/
    fwrite(&strStu,sizeof(struct student),1,fp);    /*写入修改后的数据,覆盖原数据*/
    fclose(fp);
    return 0;
}
```

例13.9中,以读写二进制文件方式打开文件,利用fseek函数移动文件内部指针,从文件头跳过两条记录,读出一条记录存入结构体变量中。然后修改结构体变量数据。最后,再利用fseek函数移动文件内部指针;从文件头跳过两条记录,把修改后的结构体变量写入文件,覆盖原有的记录。

13.5 文件检测函数

文件操作过程中,需要了解文件的状态,只有正常状态的文件才能读写,若文件为结束状态或错误状态,文件则不能读写,为此C语言提供了文件检测函数。

1. 文件读写错误检测函数 ferror

在调用各种输入输出函数(如 fputc、fgetc、fread、fwrite 等)时,如果出现错误除了函数返回值有所反映外,还可以用 ferror 函数检查,它的一般调用形式为:

ferror(fp);

如果 ferror 返回值为 0(假),则表示未出错。如果返回一个非 0 值,则表示出错。

注意,对同一个文件,每一次调用输入输出函数,均产生一个新的 ferror 函数值,因此,应当在调用一次输入输出函数后立即检查 ferror 函数的值,否则信息会丢失。在执行 fopen 函数时,ferror 函数的初始值自动置为 0。

2. 文件结束检测函数 feof

读文件时遇到文件尾就应该结束,所以读取文件时经常需要判断是否到文件尾。可以利用 feof 函数判断是否到文件尾。它的一般函数调用形式为:

feof(文件指针);

如文件结束,则返回值为非 0,否则为 0。

3. 清除文件错误标志函数 clearerr

该函数的作用是将文件错误标志和文件结束标志置为 0。假设在调用一个输入输出函数时出现错误,ferror 函数值为一个非 0 值。通过调用 clearerr 使文件变成正常状态。只要出现错误标志,就一直保留,直到对同一文件调用 clearerr 函数。它的一般函数调用形式为:

clearerr(文件指针);

用于清除出错标志和文件结束标志,将标志值设置为 0。

习题

1. 把 int、float、char 类型数据分别以文本方式(fprintf)和二进制方式(fwrite)写入磁盘文件,利用编辑器(如 UltraEdit)按照十六进制方式观察文件。
2. 编写程序统计某文本文件中包含单词的个数。
3. 编写实现命令行文件复制的程序,可以按照如下方式运行。
copy.exe a.txt b.txt
其中,copy 为 C 程序,a.txt 为源文件,b.txt 为目标文件。
4. 编写函数实现单词的查找,对于已打开文本文件,统计其中包含某单词的个数。
5. 打开一个 C 程序源文件,删除其中所有注释。
6. 一条学生的记录包括学号、姓名和成绩等信息,完成以下功能。
(1) 格式化输入多个学生记录。
(2) 利用 fwrite 将学生信息按二进制方式写到文件中。
(3) 利用 fread 从文件中读出学生记录,按照成绩排序并写回文件。
7. 青年歌手大赛记分程序,要求:
(1) 使用结构记录选手的相关信息。
(2) 使用链表或结构数组。
(3) 对选手成绩进行排序并输出结果。
(4) 利用文件记录初赛结果,在复赛时将其从文件中读出,累加到复赛成绩中,并将比赛最终结果写入文件中。

第3篇

进阶篇

通过第2篇的学习,已经掌握了C语言的基本要素,但是,综合运用C语言解决实际问题的能力还有所欠缺。本篇精选常用的有一定规模和难度的几类案例,采用过程化的程序设计方法,进行分析、设计和编码。

本篇按照函数进阶、数组进阶、数据管理几部分来组织。函数进阶部分通过实例分析,使读者进一步体会问题的分解与抽象,深入讨论利用递归思想解决问题的方法;数组进阶部分描述利用数组建立系统数据模型,介绍常用的检索与排序方法;数据管理部分采用链表及文件组织和处理相对较为复杂的数据。

在本篇的案例中,全部给出了分析、设计、编码的具体步骤,目的是提高读者分析问题、解决问题的能力,真正掌握结构化程序设计的思想。

第14章 函数进阶

14.1 分解与抽象

人类解决复杂问题采用的主要策略是"分而治之",也就是对问题进行分解,然后分别解决各个子问题。著名的计算机科学家 Parnas 认为,巧妙的分解系统可以有效地限制系统的状态空间,降低软件系统的复杂性所带来的影响。对于复杂的软件系统,可以逐个将它分解为越来越小的组成部分,直至不能分解为止。这样在分解层次上,人就很容易理解并实现了。

在分解过程中会分解出很多类似的小问题,它们的解决方式是一样的,因而可以把这些小问题抽象出来,只需要给出一个实现,凡是需要用到该问题时直接使用即可。

案例 日期运算

给定日期由年、月、日(三个整数,年的取值在 1970~2050 之间)组成,完成以下功能:
(1) 判断给定日期的合法性;
(2) 计算两个日期相差的天数;
(3) 计算一个日期加上一个整数后对应的日期;
(4) 计算一个日期减去一个整数后对应的日期;
(5) 计算一个日期是星期几。

针对这个问题,很自然想到将本例分解为五个模块,如图 14.1 所示。

下面仔细分析每一个模块功能的具体流程。

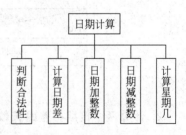

图 14.1 日期计算功能分解图

1. 判断给定日期的合法性

判断日期的合法性应分别检验年、月、日数据。首先判断给定年份是否位于 1970~2050 之间,然后判断给定月份是否在 1 到 12 之间。最后判定日的合法性。判定日的合法性与月份有关,还涉及闰年问题。当月份为 1、3、5、7、8、10、12 时,日的有效范围为 1 到 31;当月份为 4、6、9、11 时,日的有效范围为 1 到 30;当月份为 2 时,若年为闰年,日的有效范围为 1 到 29;当月份为 2 时,若年不为闰年,日的有效范围为 1 到 28。

判断日期合法性要用到判断年份是否为闰年,在图 14.2 中并未给出实现方法,在图 14.3 中给出。

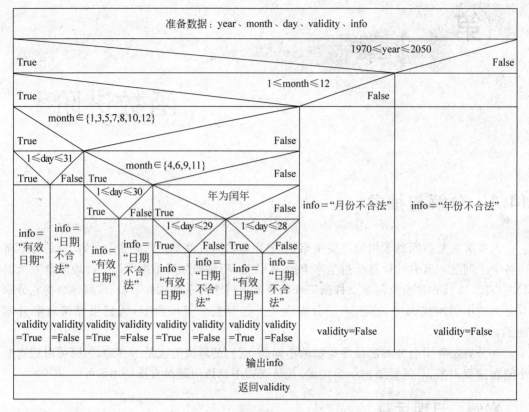

图 14.2 日期合法性判定盒图

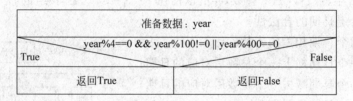

图 14.3 闰年判定盒图

2. 计算两个日期相差的天数

计算日期 A(yearA、monthA、dayA)和日期 B(yearB、monthB、dayB)相差天数,假定 A 小于 B 并且 A 和 B 不在同一年份,很自然想到把天数分成三段(见图 14.4):

(1) A 日期到 A 所在年份 12 月 31 日的天数;
(2) A 之后到 B 之前的整年的天数(A、B 年份相邻部分没有);
(3) B 日期所在年份 1 月 1 日到 B 日期的天数。

图 14.4 日期差分段计算图

若 A 小于 B 并且 A 和 B 在同一年份,直接在年内计算。

(1)和(3)都是计算年内的一段时间,并且涉及到闰年问题。(2)计算整年比较容易,但是也要涉及到闰年问题。这里先不讨论具体流程,分析完下面几个模块后再讨论。

3. 计算一个日期加上一个整数天数后对应的日期

计算日期 A(yearA、monthA、dayA)加上一个整数天数 days 对应的日期(见图 14.5),若 days 小于 A 日期到 A 所在年份 12 月 31 日的天数(inDays),则对应结果日期在本年中计算,yearA 不变。否则

yearA++;days=days-inDays;

若天数剩下的部分够整年(考虑闰年问题),则循环

yearA++;

days 中减掉一年天数;

对 days 剩下的不够一年的天数,在该年计算对应日期。

图 14.5　日期加整数分段计算图

4. 计算一个日期减去一个整数天数后对应的日期(见图 14.6)

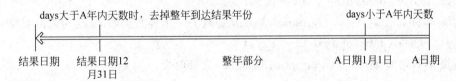

图 14.6　日期减整数分段计算图

计算日期 A(yearA、monthA、dayA)减去一个整数天数 days 对应的日期,若 days 小于 A 所在年份 1 月 1 日到 A 日期的天数(inDays),则对应结果日期在本年中计算,yearA 不变。否则

yearA--;

若 days 剩下的部分够整年(闰年问题),则循环

yearA--;

days 中减掉一年天数;

对 days 剩下的不够一年的天数,在该年计算对应日期。

5. 计算一个日期是星期几

计算日期 A(yearA、monthA、dayA)为星期几,需要找到一个参照的日期 B,只需要知道日期 B 为星期几,然后计算出 A 和 B 相差的天数,就很容易计算出 A 为星期几。此处又需要用到计算两个日期的差。

通过上述分析,发现到处都在计算一段日期天数,这种一段日期天数分为三种:年内 1 月 1 日到某日期的天数(年内的前半段),年内某日期到 12 月 31 日的天数(年内的后半段),整年的天数。只有整年天数容易计算,其他两种较为复杂,能不能回避呢?

对于日期 A 和 B 的差,可以选定日期 C(1970 年 1 月 1 日),计算 C 到 A 的天数 CA,再计算 C 到 B 的天数 CB,则 CB 减 CA 为 A 到 B 的天数。而对 C 到 A,只需要计算整年(因为 C 为 1 月 1 日)加上 A 的年内前半段,C 到 B 同理。这样就回避了计算年内后半段的问题。从选定日期 C(1970 年 1 月 1 日)到某日期 A 的天数用函数 dateToDays(A)来描述,利用该函数,则问题 2 和 5 都很容易解决了。对于问题 3 和 4,可以把日期 A 通过 dateToDays 函数转化为天数,再加减一个整数,变成一个新的天数,只需要再定义一个函数 daysToDate(days)把天数转换为从 1970 年 1 月 1 日经过该天数对应的日期即可。daysToDate 函数也只需要处理若干整年(因为从 1970 年 1 月 1 日起)和结果年份内的前半段。

通过上面的分析,本例共抽象出三个公用的函数:
- leap:判断闰年函数。
- dateToDays:把一个日期转换成从 1970 年 1 月 1 日到该日期的天数。
- daysToDate:把天数转换成从 1970 年 1 月 1 日经过该天数所到的日期。

利用这几个函数,解决本例中的问题可以这样实现:

模块 1,计算日期 A(yearA、monthA、dayA)和日期 B(yearB、monthB、dayB)相差天数:
dateToDays(B)— dateToDays(A)

模块 2,计算日期 A(yearA、monthA、dayA)加上一个整数天数 days 对应的日期:
daysToDate (dateToDays(A)+ days)

模块 3,计算日期 A(yearA、monthA、dayA)减去一个整数天数 days 对应的日期:
daysToDate (dateToDays(A)— days)

模块 4,计算日期 A(yearA、monthA、dayA)为星期几:
(dateToDays(A)+Offset—2)%7+1

Offset 是 1970 年 1 月 1 日星期值,值为 4。

dateToDays 函数用来计算 1970 年 1 月 1 日到 A(yearA、monthA、dayA)的天数,结果存放在 sum 中。二维数组 m 的 0 行和 1 行分别存放闰年和平年每个月的天数。计算过程分为三部分:

(1) 1970 年到 yearA—1 年循环,把每年的天数累加到 sum 中。注意,闰年时 leap 返回 1,故闰年时多加一天。

(2) 在 yearA 年份,从 1 月到 monthA—1 月循环,把每月的天数累加到 sum 中。注意,闰年时,每月天数在数组 m 的 0 行中,平年时,每月天数在数组 m 的 1 行中。

(3) 把 dayA 累加到 sum 中。

例如对日期 1972 年 2 月 5 日。第一步把从 1970 年到 1971 每年的天数累加到 sum 中,sum 的值为 730;第二步把从 1972 年 1 月到 1972 年 1 月每月的天数累加到 sum 中,sum 的值为 761;第三步把 5 日累加到 sum 中,sum 的值为 766。详细流程如图 14.7 所示。

daysToDate 函数用来计算从 1970 年 1 月 1 日起经过 days 天后对应的日期 A(yearA、monthA、dayA)。二维数组 m 的 0 行和 1 行分别存放闰年和平年每个月的天数。计算过程

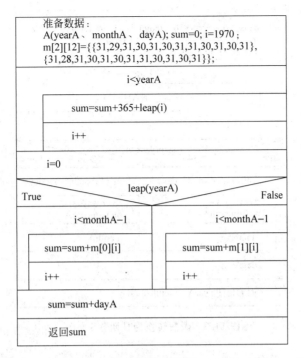

图 14.7 日期转换为天数 NS 盒图

分为三部分：

(1) 结果年份 yearA 的计算。yearA 初值为 1970,当 days 大于 yearA 年的天数时循环：在 days 中减去 yearA 年的天数，并且把 yearA 增加 1。其中,yearA 年的天数要考虑闰年问题。

(2) 结果月份 monthA 的计算。monthA 初值为 1,此时 days 已经小于 yearA 年的天数。days 大于 monthA 月的天数时循环：在 days 中减去 monthA 月的天数，并且把 monthA 增加 1。其中,闰年时,每月天数在数组 m 的 0 行中,平年时,每月天数在数组 m 的 1 行中。

(3) 结果日 dayA 的计算。此时 days 已经小于 yearA 年 month 月的天数。dayA 的值即为 days。

例如把天数 days(766)转为日期,yearA 的初值为 1970,monthA 的初值为 1。

第一步,days 减去 1970 年的 365 天 days 变为 401,yearA 年变为 1971；days 再减去 1971 年的 365 天 days 变为 36,yearA 年变为 1972；此时 days 的 36 不够 1972 年的天数,故年份结果为 1972。

第二步,days 减去 1972 年 1 月的 31 天 days 变为 5,monthA 变为 2；此时 days 的 5 不够 1972 年 2 月的天数,故月份结果为 2。

第三步,日的值即为 day,也就是 dayA 的值为 5。

详细流程如图 14.8 所示。

整个程序的完整代码见例 14.1。

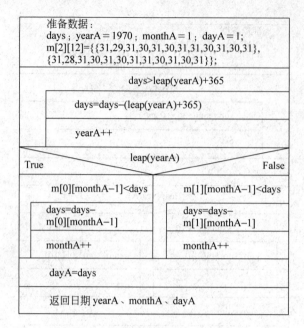

图 14.8 天数转换为日期 NS 盒图

例 14.1 日期综合运算。

```
/*************************
项目功能：日期综合运算
作者：蒋光远
完成日期：2010.4.5
修改记录：无
*************************/
#include<stdlib.h>
/*日期结构体*/
struct date
{
    int year;
    int month;
    int day;
};
/*二维数组,0 行为闰年每个月的天数,1 行为非闰年每个月的天数*/
int m[2][12] = {{31,29,31,30,31,30,31,31,30,31,30,31},
                {31,28,31,30,31,30,31,31,30,31,30,31}};
/**********************************************************
判断闰年,是返回 1,不是返回 0
********************************************************** /
int leap(int y)
{
    if(y%4==0 && y%100!=0 || y%400==0)
        return 1;
    else
        return 0;
}
```

/**
对给定日期,转换成从1970年1月1日到该日期经过的天数
** /
```c
int dateToDays(struct date d)
{
    int sum = 0, i;
    /* 把整年的天数累加到 sum 中 */
    for(i = 1970; i < d.year; i++)
        sum = leap(i) + sum + 365;           /* 闰年时 leap 返回 1,多加 1 天 */
    /* 不够整年的 month 之前的每个月的天数累加到 sum 中 */
    if(leap(d.year))
        for(i = 0; i < d.month - 1; i++)
            sum = sum + m[0][i];             /* 闰年的每月天数累加到 sum 中 */
    else
        for(i = 0; i < d.month - 1; i++)
            sum = sum + m[1][i];             /* 平年的每月天数累加到 sum 中 */
    sum = sum + d.day;                       /* 日期中的日累加到 sum 中 */
    return sum;
}
```
/**
对给定天数,转换成从1970年1月1日经过该天数所对应的日期
** /
```c
struct date daysToDate(int days)
{
    int year = 1970, month = 1, day;
    struct date d2;
    /* days 够整年时,把整年天数从 days 中减去,年份不断增加 */
    for(; days > 365 + leap(year); year++)
        days = days - (365 + leap(year));    /* 闰年时 leap 返回 1,多减 1 天 */
    /* days 不够整年时,依次去掉每个月的天数,月份不断增加 */
    if(leap(year))
        for(; m[0][month - 1] < days; month++)
            days = days - m[0][month - 1];   /* days 中去掉闰年的每月天数 */
    else
        for(; m[1][month - 1] < days; month++)
            days = days - m[1][month - 1];   /* days 中去掉平年的每月天数 */
    /* days 中不够 1 个月时 days 即为日的值 */
    day = days;
    /* 用得到的年、月、日构造日期结构体 */
    d2.year = year; d2.month = month; d2.day = day;
    return d2;
}
```
/**
输出日期 A
** /
```c
void outputDate(struct date a)
{
    printf("year = %d;month = %d;day = %d\n", a.year, a.month, a.day);
}
```
/**
判定给定日期是否是合法日期,合法返回1,不合法返回0

```c
         ********************************************************/
        int isValidity(struct date d)
        {
          int validity;
          char * info;
          if(d.year >= 1970 && d.year <= 2050)
             if(d.month >= 1 && d.month <= 12)
                /* 1、3、5、7、8、10、12 月情形 */
                if(d.month == 1 || d.month == 3 || d.month == 5 || d.month == 7 || d.month == 8 || d.month == 10 || d.month == 12)
                   if(d.day >= 1 && d.day <= 31)
                   {
                      info = "日期合法";
                      validity = 1;
                   }
                   else
                   {
                      info = "日期不合法";
                      validity = 0;
                   }
                else
                   /* 4、6、9、11 月情形 */
                   if(d.month == 4 || d.month == 6 || d.month == 9 || d.month == 11)
                      if(d.day >= 1 && d.day <= 30)
                      {
                         info = "日期合法";
                         validity = 1;
                      }
                      else
                      {
                         info = "日期不合法";
                         validity = 0;
                      }
                   else
                      /* 2 月情形,涉及闰年问题 */
                      if(leap(d.year))
                         if(d.day >= 1 && d.day <= 29)
                         {
                            info = "日期合法";
                            validity = 1;
                         }
                         else
                         {
                            info = "日期不合法";
                            validity = 0;
                         }
                      else
                         if(d.day >= 1 && d.day <= 28)
                         {
                            info = "日期合法";
                            validity = 1;
```

```c
            }
            else
            {
                info = "日期不合法";
                validity = 0;
            }
        else
        {
            info = "月不合法";
            validity = 0;
        }
    else
    {
        info = "年不合法";
        validity = 0;
    }
    outputDate(d);
    printf(" %s\n",info);
    return validity;
}
/***********************************************
计算日期 A 和日期 B 相差的天数
*********************************************** /
int dayInterval(struct date a,struct date b)
{
    return dateToDays(b) - dateToDays(a);
}
/***********************************************
计算日期 A 加上 days 对应的日期
*********************************************** /
struct date dateAddDays(struct date a,int days)
{
    return daysToDate(dateToDays(a) + days);
}
/***********************************************
计算日期 A 减去 days 对应的日期
*********************************************** /
struct date dateSubDays(struct date a,int days)
{
    return daysToDate(dateToDays(a) - days);
}
/***********************************************
计算日期 A 为星期几
*********************************************** /
int whatDay(struct date a)
{
    int offset = 4;    /* 1970 年 1 月 1 日为星期 4 */
    return (dateToDays(a) + offset - 2) % 7 + 1;
}
void main()
```

```c
{
    struct date d1,d2;
    printf("inupt date1(year    month    day):\n");
    scanf("%d%d%d",&d1.year,&d1.month,&d1.day);
    printf("inupt date2(year    month    day):\n");
    scanf("%d%d%d",&d2.year,&d2.month,&d2.day);
    if(!isValidity(d1) || !isValidity(d2)) /*有一个日期不合法,终止程序*/
        exit(0);
    /*计算并输出两个日期相差的天数*/
    outputDate(d2);
    outputDate(d1);
    printf("相差%d天\n",dayInterval(d1,d2));
    /*计算并输出日期d1加上400天后对应的日期*/
    outputDate(d1);
    printf("加上400天后的日期为:");
    outputDate(dateAddDays(d1,400));
    /*计算并输出日期d1减去400天后对应的日期*/
    outputDate(d1);
    printf("减去400天后的日期为:");
    outputDate(dateSubDays(d1,400));
    /*计算并输出日期d1、d2为星期几*/
    outputDate(d1);
    printf("星期%d\n",whatDay(d1));
    outputDate(d2);
    printf("星期%d\n",whatDay(d2));
}
```

同步练习

完成分数的加、减、乘、除运算。

提示:

定义分数类型结构体,对每一种运算单独定义一个函数,函数有两个分数结构体类型参数,函数返回值也为分数结构体类型。注意,运算结果要化简。

14.2 递归

递归算法设计的基本思想是:对于一个复杂的问题,把原问题分解为若干个相对简单的同类子问题,继续下去直到子问题简单到能够直接求解,也就是递归出口,这样原问题就通过递归解决了。

案例 汉诺塔

问题描述:有三根杆,分别称为A、B、C。A杆上套有64个大小不等的圆盘,大的在下,小的在上。要把这64个圆盘从A杆移动C杆上,每次只能移动一个圆盘,移动可以借助 B 杆进行。但在任何时候,任何杆上的圆盘都必须保持大盘在下,小盘在上。求移动的步骤。

可以把问题理解为让 64 个和尚负责移动圆盘的问题。问题可以这样解决:

大和尚找来二和尚,让二和尚把 A 杆上的 63 个圆盘移动到 B 杆,自己把剩下的一个直接从 A 移动到 C 杆,然后再让二和尚把 B 杆上的 63 个圆盘移动到 C 杆,这样任务就完成了。大和尚利用了两次二和尚。

二和尚同样也不会完全由自己移动圆盘,他会找来三和尚帮他移动 62 个圆盘。因为二和尚要工作两次,所以二和尚会利用 4 次三和尚。

以此类推,到第六十四个和尚时,只剩一个圆盘,直接移动即可,只不过他要移动 2 的 63 次方次圆盘。

本题算法分析如下,假设 n 为圆盘数(不能计算 64 个圆盘,计算机计算能力不够)。

【简化条件】 当 n 大于等于 2 时,移动的过程可分解为三个步骤:
(1) 把 A 上的 n−1 个圆盘移到 B 上;
(2) 把 A 上的一个圆盘移到 C 上;
(3) 把 B 上的 n−1 个圆盘移到 C 上;
其中第(1)步和第(3)步和把 n 个圆盘从 A 移动到 C 是类同的。

【递归出口】 当 n 等于 1 时,直接把一个圆盘从 A 移到 C 上。

根据此算法,编写程序,程序见例 14.2。

例 14.2 汉诺塔。

```c
#include<stdio.h>
int main()
{
    int n;
    void hanoi(int n,char x,char y,char z);
    printf("input number:\n");
    scanf("%d",&n);
    printf("the step to moving %2d diskes:\n",h);
    /* 把 n 个圆盘从'A'杆借用'B'杆移动到'C'杆 */
    hanoi(n,'A','B','C');
    return 0;
}
/*****************************************
    把 n 个圆盘从 x 杆借用 y 杆移动到 z 杆
***************************************** /
void hanoi(int n,char x,char y,char z)
{
    if(n==1)
    {
        /* 从 x 杆到 z 杆移动一个圆盘 */
        printf("%c-->%c\n",x,z);
    }
    else
    {
```

```c
        /* 首先把 n-1 个圆盘从 x 杆借用 z 杆移动到 y 杆 */
        hanoi(n-1,x,z,y);
        /* 从 x 杆到 z 杆移动一个圆盘 */
        printf("%c-->%c\n",x,z);
        /* 再把 n-1 个圆盘从 y 杆借用 x 杆移动到 z 杆 */
        hanoi(n-1,y,x,z);
    }
}
```

程序运行的结果：

input number：

3

the step to moving 3 disks：

A-->C

A-->B

C-->B

A-->C

B-->A

B-->C

A-->C

从例 14.2 中可以看出，hanoi 函数是一个递归函数，它有四个形参 n、x、y、z。n 表示圆盘数，x、y、z 分别表示三根杆。hanoi 函数的功能是把 x 上的 n 个圆盘移动到 z 上。当 n==1 时，直接把 x 上的圆盘移至 z 上，输出 x->z。当 n!=1 则分为三步：递归调用 hanoi(n-1,x,z,y)函数，把 n-1 个圆盘从 x 移到 y；输出 x->z；递归调用 hanoi(n-1,y,x,z)函数，把 n-1 个圆盘从 y 移到 z。在递归调用过程中 n=n-1，故 n 的值逐次递减，最后 n=1 时，终止递归，逐层返回。

为了进一步了解、观察递归调用过程、移动圆盘、递归返回情况，对例 14.2 增加一些输出信息，见例 14.3。

例 14.3 汉诺塔的调用过程、输出位置、返回过程。

```c
#include<stdio.h>
int layer = 0;            /*递归层次*/
int main()
{
    int n;
    void hanoi(int n,char x,char y,char z);
    printf("input number:\n");
    scanf("%d",&n);
    printf("the step to moving %2d disks:\n",h);
    /* 把 n 个圆盘从'A'杆借用'B'杆移动到'C'杆 */
    hanoi(n,'A','B','C');
    return 0;
}
```

```c
/******************************************************
        把 n 个圆盘从 x 杆借用 y 杆移动到 z 杆
 ******************************************************/
void hanoi(int n,char x,char y,char z)
{
    void indent(int layer);
    if(n==1)
    {
        /* 用来观察是哪一次函数调用中移动圆盘 */
        indent(layer);
        printf("hanoi(%d,%c,%c,%c) move :   ",n,x,y,z);
        /* 从 x 杆到 z 杆移动一个圆盘 */
        printf("%c-->%c\n",x,z);
        /* 用来观察哪一次函数返回,递归调用层次深度减 1 */
        indent(layer);
        printf("hanoi(%d,%c,%c,%c)   return\n",n,x,y,z);
        layer--;
    }
    else
    {
        /******************************************************
                    第一次递归调用
         ******************************************************/
        /* 输出 hanoi 函数递归过程中,谁在调用谁 */
        indent(layer);
        printf("hanoi(%d,%c,%c,%c)   invoke  hanoi(%d,%c,%c,%c)\n",n,x,y,z,n-1,x,z,y);
        /* 首先把 n-1 个圆盘从 x 杆借用 z 杆移动到 y 杆,递归调用层次深度加 1 */
        layer++;
        hanoi(n-1,x,z,y);
        /******************************************************
               本次移动
         ******************************************************/
        /* 用来观察是哪一次函数调用中移动圆盘 */
        indent(layer);
        printf("hanoi(%d,%c,%c,%c) move :   ",n,x,y,z);
        /* 从 x 杆到 z 杆移动一个圆盘 */
        printf("%c-->%c\n",x,z);
        /******************************************************
                    第二次递归调用
         ******************************************************/
        /* 输出 hanoi 函数递归过程中,谁在调用谁 */
        indent(layer);
        printf("hanoi(%d,%c,%c,%c)   invoke  hanoi(%d,%c,%c,%c)\n",n,x,y,z,n-1,y,x,z);
        /* 再把 n-1 个圆盘从 y 杆借用 x 杆移动到 z 杆,递归调用层次深度加 1 */
        layer++;
        hanoi(n-1,y,x,z);
        /* 用来观察哪一次函数返回,递归调用层次深度减 1 */
        indent(layer);
```

```c
        printf("hanoi(%d,%c,%c,%c)  return\n",n,x,y,z);
        layer--;
    }
}
/*****************************************************
    显示时根据调用层次深度缩格
*****************************************************/
void indent(int layer)
{
    int i;
    for(i=1;i<=2*layer;i++)
        printf("%c",' ');
}
```

程序运行结果：

input number：

3

the step to moving 3 disks：
hanoi(3,A,B,C) invoke hanoi(2,A,C,B)
  hanoi(2,A,C,B) invoke hanoi(1,A,B,C)
    hanoi(1,A,B,C) move ：   A——>C
    hanoi(1,A,B,C) return
  hanoi(2,A,C,B) move ：   A——>B
  hanoi(2,A,C,B) invoke hanoi(1,C,A,B)
    hanoi(1,C,A,B) move ：   C——>B
    hanoi(1,C,A,B) return
  hanoi(2,A,C,B) return
hanoi(3,A,B,C) move ：   A——>C
hanoi(3,A,B,C) invoke hanoi(2,B,A,C)
  hanoi(2,B,A,C) invoke hanoi(1,B,C,A)
    hanoi(1,B,C,A) move ：   B——>A
    hanoi(1,B,C,A) return
  hanoi(2,B,A,C) move ：   B——>C
  hanoi(2,B,A,C) invoke hanoi(1,A,B,C)
    hanoi(1,A,B,C) move ：   A——>C
    hanoi(1,A,B,C) return
  hanoi(2,B,A,C) return
hanoi(3,A,B,C) return

在例 14.3 中，输出了每一次 hanoi 函数的调用、移动、返回情况。为了显示递归的层次，每次输出调用、移动、返回情况时首先通过 indent 函数进行缩格。

对 3 个圆盘的情形，具体调用过程如图 14.9 所示。

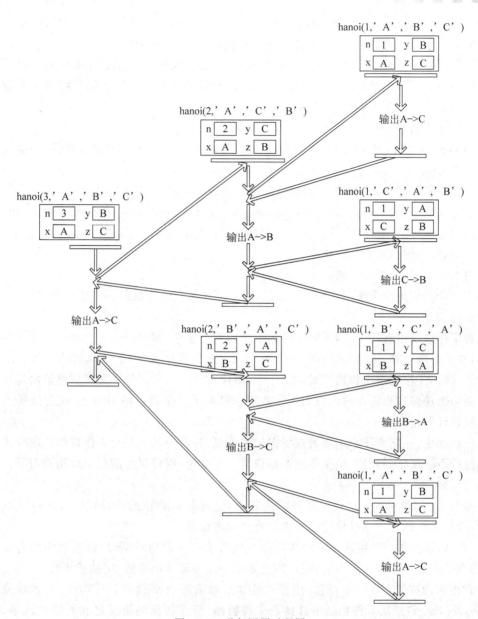

图 14.9 递归调用过程图

同步练习

(1) 采用递归函数计算 fibonacci 数列的第 40 个数。
(2) 组合问题。
问题描述：找出从自然数 1,2,…,n 中任取 k(k<=n)个数的所有组合。例如 n=5，r=3 的所有组合为：
①5、4、3 ②5、4、2 ③5、4、1 ④5、3、2 ⑤5、3、1 ⑥5、2、1 ⑦4、3、2 ⑧4、3、1
⑨4、2、1 ⑩3、2、1
提示：分析所列的 10 个组合，可以采用这样的递归思想来考虑求组合数函数的算法。

设 void comb(int n,int k)为找出从自然数 1,2,…,n 中任取 k 个数的所有组合的函数。当组合的第一个数字选定时，其后的数字是从余下的 n−1 个数中取 k−1 数的组合。这就将求 n 个数中取 k 个数的组合问题转化成求 n−1 个数中取 k−1 个数的组合问题。设函数引入工作数组 a[ ]存放求出的组合的数字，约定函数将确定的 k 个数字组合的第一个数字放在 a[k]中，当一个组合求出后，才将 a[ ]中的一个组合输出。

(3) 24 点游戏。

24 点游戏规则：任取 1~9 之间的 4 个数字，用＋、−、＊、/、()连接成算式，使得式子的计算结果为 24。

提示：基本原理是穷举 4 个整数所有可能的表达式，然后对表达式求值。

表达式的定义：expression ＝ (expression|number) operator (expression|number)

因为能使用的四种运算符＋、−、＊、/都是二元运算符，二元运算符接收两个参数，输出计算结果，输出的结果参与后续的计算。

由上所述，构造所有可能的表达式的算法如下：

将 4 个整数按照全排列，共有 P(4,2) 种依次放入工作数组中。对每一种排列，完成以下计算过程：

若工作数组中有两个数，则取工作数组中前两个数字，对＋、−、＊、/每一个运算符依次运算，对于每次运算，将参与计算的两个数字从工作数组中去除，把计算的结果放入工作数组中。这时，工作数组中数据元素少了一个，继续对＋、−、＊、/每一个运算符依次运算。这显然是一个递归过程。递归出口为工作数组中只剩下一个数且结果为 24 或者此排列对所有运算符计算过结果不为 24。

在程序中，一定要注意递归的现场保护和恢复，递归现场就是指工作数组。改变工作数组以进行下一层递归调用，结果不正确则恢复工作数组，以确保当前递归调用获得下一个正确的全排列。

括号()的作用只是改变运算符的优先级，也就是运算符的计算顺序。所以在以上算法中，无须考虑括号。括号只是在输出时需加以考虑。

(4) 如果给你一个容量一定的背包和一些大小不一的物品，装到背包里面的物品就归你，遇到这种好事大家一定不会错过，用力塞不一定是最好的办法，用脑子才行。

背包问题描述：有一个背包，能盛放的物品总重量为 s，设有 n 件物品，其重量分别为 $w_1,w_2,…,w_n$。希望从 n 件物品中选择若干件物品，所选物品的重量之和恰能放入该背包，即所选物品的重量之和等于 s。

问题分析：可以用递归解决，每次选择一个物品放入背包，那么剩余物品和背包能盛放的物品重量剩余数量又构成一个新的背包问题。

第15章 数组进阶

15.1 数据模型

数据(data)是描述事物的符号记录。模型(model)是现实世界的抽象。现实世界的事务以及关联关系可以抽象成一个具体的模型,模型通过某种数据结构映射到计算机世界中,进而计算机通过软件处理数据来达到模拟、管理现实世界事务的目的。

数组是管理大量数据的一个有效载体,通过数组可以管理学生的花名册、模拟一个棋盘等。

案例 贪吃蛇游戏

游戏简介:规则相当简单,玩家通过方向键(指定时间内未按键则按原方向)控制"蛇"四向移动,目的是吃掉画面中的小点(米),每吃掉一个小点(米),"蛇"的尾巴会相应地"长"上一截,吃得越多,尾巴也就拖得越长。游戏中,"蛇"头碰上四周的边框(墙),或者碰上了自己的身体都算失败。

为便于学习,本程序只完成"蛇"的移动,不实现吃"米",吃"米"将留做习题。本章专门讨论数据模型问题,对图形界面也不做讨论,只是完成文本界面的模拟。

对于有界面的游戏,一般来说,界面都会对应一个数据(坐标值的集合)模型,把模型显示出来就是一个界面,这里称其为视图。然后,通过控制器改变模型数据,再次把变化后的模型显示出来,变成新的界面,这样用户就感觉到界面发生了变化。如此不断重复上述过程,就会产生连续变动的画面(见图15.1)。

实现贪吃蛇游戏即采用这种原理,具体过程如下:
(1) 给出描述棋盘以及蛇的数据模型。
(2) 把数据模型数据用视图表达出来。
(3) 获取玩家按键或者超时的控制信息。
(4) 利用控制信息修改数据模型变为新的数据

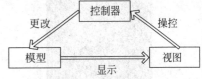

图15.1 简单游戏模型

模型,若新的数据模型为正确模型则返回第(2)步,否则,结束游戏。
下面具体讨论每一步的实现。

1. 模型设计

(1) 贪吃蛇的棋盘。约定为一个 20×20 的小方格棋盘,再加上四周的墙壁,可以用一

个 22×22 的二维字符数组描述:第 0 行和第 21 行每个数组元素中存放一个"—"字符(表示上下墙壁),第 0 列(除去 0 行和 21 行)和第 21 列(除去 0 行和 21 行)每个数组元素中存放一个"|"字符(表示左右墙壁),其余所有元素存放一个空格字符。这样当把该二维数组按照二维方式显示出来时,将会出现一个带边框的空棋盘界面。

```
char tcsQipan[22][22];/* 贪吃蛇棋盘是一个二维数组(如 22 * 22,包括墙壁) */
int i,j;
/* 初始化贪吃蛇棋盘中间空白部分 */
for(i = 1;i <= 20;i ++)
    for(j = 1;j <= 20;j ++)
        tcsQipan[i][j] = ' ';
/* 初始化贪吃蛇棋盘上下墙壁 */
for(i = 0;i <= 21;i ++) { tcsQipan[0][i] = '-'; tcsQipan[21][i] = '-';}
/* 初始化贪吃蛇棋盘左右墙壁 */
for(i = 1;i <= 20;i ++) { tcsQipan[i][0] = '|'; tcsQipan[i][21] = '|';}
system("cls");/* 清屏 */
/* 输出贪吃蛇棋盘 */
for(i = 0;i <= 21;i ++)
{
    for(j = 0;j <= 21;j ++)
        printf(" % c", tcsQipan[i][j]);
    printf("\n");
}
```

这部分代码段会输出图 15.2 所示的图形。

(2) 蛇的模型。描述蛇头与蛇身在棋盘中的坐标。用一个 2 行 20 列的二维整型数组 tcsZuobiao 存放蛇头与蛇身中每一个结点的坐标。第 i 列 tcsZuobiao[0][i] 和 tcsZuobiao[1][i] 表示蛇的一个结点横坐标和纵坐标。

若蛇在棋盘中的初始坐标为{1,1},{1,2},{1,3},{1,4}。约定蛇头用#表示,蛇身用*表示,如图 15.3 所示。

图 15.2 空的贪吃蛇棋盘

图 15.3 初始化蛇的贪吃蛇棋盘

```
int tcsZuobiao[2][20];           /*蛇的坐标数组*/
/*初始蛇的坐标位置:*/
```

在数组 tcsZuobiao 中 0 列 tcsZuobiao[0][0]=1,tcsZuobiao[1][0]=1 对应{1,1};
在数组 tcsZuobiao 中 1 列 tcsZuobiao[0][1]=1,tcsZuobiao[1][1]=2 对应{1,2};
在数组 tcsZuobiao 中 2 列 tcsZuobiao[0][2]=1,tcsZuobiao[1][2]=3 对应{1,3};
在数组 tcsZuobiao 中 3 列 tcsZuobiao[0][3]=1,tcsZuobiao[1][3]=4 对应{1,4};
如表 15.1 所示,数组的 0、1、2、3 列分别存储蛇在棋盘上的横纵坐标位置。

表 15.1 蛇坐标数组

0	1	2	3	4	5	6	7	8	9	10	11	12	13	14	15	16	17	18	19
1	1	1	1																
1	2	3	4																

还需要确定哪边是蛇头,哪边是蛇尾,用整型变量 head 和 tail 来表示。

```
int head,tail;
head = 3;tail = 0;
```

表示 tcsZuobiao 中第 3 列为蛇头的横纵坐标。第 0 列到第 2 列为蛇身结点的坐标,第 0 列为蛇尾的横纵坐标。

下一步工作是更改蛇位置对应棋盘坐标的棋盘数组字符,把空格字符改为蛇身字符(*)和蛇头字符(♯)。

```
for(i = 1;i<= 3;i++ ) tcsQipan[1][i] = '*';         /*蛇身*/
tcsQipan[1][4] = '♯';                                /*蛇头*/
```

这样当采用二维方式输出棋盘字符数组 tcsQipan 时,就会得到界面如图 15.3 所示。

2. 视图表达

利用数据模型了就很容易表达视图,即将模型按照指定的方式显示出来。但是,显示一个新的视图前,需要把原来的视图清掉,否则会影响新视图的界面。这里可利用库函数 system("cls"),把显示器上所有内容清除,并且把光标位置定位到最左上角。调用该函数需要用到头文件 windows.h,它并不是标准 C 的头文件,而是 VC 提供的函数库。

```
/*输出贪吃蛇棋盘*/
system("cls");                                       /*清屏*/
for(i = 0;i<= 21;i++ )
{
    for(j = 0;j<= 21;j++ )
        printf(" %c", tcsQipan[i][j]);
    printf("\n");
}
```

3. 获取控制信息

获取控制信息可以分为三类:

(1) 玩家按上下左右键；

(2) 玩家按上下左右键之外的其他键退出游戏；

(3) 玩家在指定时间内未按键。

对于上述的第(1)种和第(3)种情况获取信息,更改数据模型模块利用该信息更改模型数据,对于第(2)种情况,直接终止游戏即可。

1) 玩家按上下左右键

对于获取按键,若用 getchar 函数,采用的是缓冲的输入方式,需要按键后再按回车键,并且输入字符回显到标准输出设备上,这对玩游戏来说显然是不合适的,这时需要按键后直接获取其键值。为此采用函数 getch 函数获取键值,该函数直接从控制台上获取一个字符,并且不回显到标准输出设备上。使用 getch 时要引入头文件 conio.h。

上下左右键对应键值(十六进制)如下：

方向键(↑)0xe048

方向键(↓)0xe050

方向键(←)0xe04b

方向键(→)0xe04d

按一次键,可以连续读取两个字符。

direction=getch();direction= getch();   /* direction 为字符型,代表方向 */

direction 读到的第一个字符数总是 e0(十六进制),第二个字符才能够区分出上下左右键,"上"为 72(十六进制 48),"下"为 80(十六进制 50),"左"为 75(十六进制 4b),"右"为 77(十六进制 4d)。

这样,就可以把获取的键值信息(上下左右方向)交给模型模块来更改模型。

2) 玩家按上下左右键之外的其他键退出游戏

按的键不为上下左右键时(!(direction==72 ‖ direction==80 ‖ direction==75 ‖ direction==77))退出程序。

3) 玩家在指定时间内未按键

在这里约定 500 毫秒内不按键,蛇将维持原方向前进,等价于 direction 还取原来的方向值。判读 500 毫秒内是否按键,首先要设定一个当前时间(start),然后不断检测是否按键,在 500 毫秒内一直不按键,将取原来的方向值。

```
long start;
int gamespeed = 500;                /* 游戏速度 */
int timeover;
timeover = 1;
start = clock();
while(!kbhit() && (timeover = clock() - start <= gamespeed));
if(timeover)                        /* 500 毫秒内按下键的情形 */
{
    getch();                        /* 按一次键,可以连取两个 */
    direction = getch();
}
else                                /* 500 毫秒内未按下键的情形 */
    direction = direction;          /* 维持原方向,可以不写,此处为便于理解 */
```

clock 函数是自进程启动后此进程运行到此处使用 cpu 的毫秒数,需要头文件 time.h。

kbhit 函数是只检测是否有键按下,返回的是一个整型数,未按键时返回非 0,需要头文件 conio.h。

上一段代码中,语句:

start = clock();

用 start 存储程序运行到此处所用的时间(毫秒数)。

语句:while(! kbhit() && (timeover=clock()-start<=gamespeed));

循环条件有两个:是否按键和新的运行时间与 start 的差是否小于 500 毫秒。所以,此循环退出有两种情况:一是按键了! kbhit()为假退出;二是,当前运行时间 clock()与 start 的差大于 500 毫秒(timeover=clock()-start<=gamespeed)为假退出(500 毫秒内未按键),timeover 得到的值为 0(循环前 timeover 的值为 1)。然后,利用 if(timeover)就可以判断出,500 毫秒内是否按键。

注:事实上此处利用多线程处理更合适,本书不进行讨论。

4. 利用控制信息修改数据模型变为新的数据模型

这个模块利用控制模块获取的方向更新数据模型,具体算法如下:

说明:当前蛇各结点的坐标存储于二维数组 tcsZuobiao 的从 tail 列到 head 列。每一列代表一个蛇结点,其中 0 行为横坐标,1 行为纵坐标。head 列存储的是蛇头坐标,tail 列存储的是蛇尾坐标。direction 为获取的新方向。

(1) 利用原蛇头坐标位置(tcsZuobiao[0][head],tcsZuobiao[1][head])和新获取的方向确定新的蛇头坐标位置(x,y),分为以下几种情况:

① 如果 direction 为 72(向上),则新蛇头坐标在原蛇头基础上,横坐标减 1,纵坐标不变。

x = tcsZuobiao[0][head]-1;y = tcsZuobiao[1][head];

② 如果 direction 为 80(向下),则新蛇头坐标在原蛇头基础上,横坐标加 1,纵坐标不变。

x = tcsZuobiao[0][head]+1;y = tcsZuobiao[1][head];

③ 如果 direction 为 75(向左),则新蛇头坐标在原蛇头基础上,横坐标不变,纵坐标减 1。

x = tcsZuobiao[0][head];y = tcsZuobiao[1][head]-1;

④ 如果 direction 为 77(向右),则新蛇头坐标在原蛇头基础上,横坐标不变,纵坐标加 1。

x = tcsZuobiao[0][head];y = tcsZuobiao[1][head]+1;

(2) 判断新蛇头坐标是否合法,分两步:

① 新蛇头坐标是否碰到墙壁。

```
if(x == 0 || x == 21 || y == 0 || y == 21)
    return 0;
```

② 新蛇头坐标是否碰到蛇自身。

```
if(tcsQipan[x][y]!=' ') /*若棋盘中不为空格,则为蛇自身,程序中未实现"米"*/
    return 0;
```

(3) 蛇尾处理。

① 贪吃蛇棋盘上清除原蛇尾,因为蛇前进了一步。

```
tcsQipan[tcsZuobiao[0][tail]][tcsZuobiao[1][tail]] = ' '; /*原为蛇尾的"*"*/
```

② 确定新蛇尾坐标对应的列,因为蛇前进了一步,原蛇尾被清除,原蛇坐标倒数第 2 个变成新蛇尾坐标,如图 15.4 所示。描述蛇坐标的二维数组,长度共 20,可以利用取余形成环。

```
tail = (tail + 1) % 20;
```

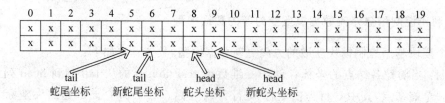

图 15.4 蛇头蛇尾变化图

(4) 蛇头处理。

① 贪吃蛇棋盘上原蛇头变成蛇身,因为蛇前进了一步。

```
tcsQipan[tcsZuobiao[0][head]][tcsZuobiao[1][head]] = '*'; /*原为蛇头的"#"*/
```

② 确定新蛇头坐标对应列,因为蛇前进了一步,原蛇头坐标变成蛇身坐标,新蛇头坐标向前一列,如图 15.4 所示。描述蛇坐标的二维数组,长度共 20,可以利用取余形成环。

```
head = (head + 1) % 20;
```

③ 在新蛇头坐标列中写入新蛇头的坐标。

```
tcsZuobiao[0][head] = x;
tcsZuobiao[1][head] = y;
```

④ 在贪吃蛇棋盘中新蛇头坐标位置写入"#"。

```
tcsQipan[tcsZuobiao[0][head]][tcsZuobiao[1][head]] = '#';
```

这部分较复杂,且功能相对独立,所以把它用一个单独的函数 changeModel 完成。

通过上述分析,给出贪吃蛇总体 NS 盒图,见图 15.5。由于上述分析较为详细,每一部分详细的 NS 盒图在此不再给出。

整个程序的完整代码见例 15.1。

图 15.5　贪吃蛇整体 NS 盒图

例 15.1　贪吃蛇游戏。

```
/************************
项目功能：贪吃蛇
作者：蒋光远
完成日期：2010.4.5
修改记录：无
************************/
#include <stdio.h>
#include <conio.h>
#include <stdlib.h>
#include <windows.h>
#include <time.h>
int head,tail;
int main()
{
  int changeModel(char tcsQipan[22][22],int tcsZuobiao[2][20],char direction);
  long start;
  int gamespeed = 500;            /*游戏速度自己调整*/
  int timeover;
  int direction = 77;             /*方向,初始值为向右*/
  char tcsQipan[22][22];          /*贪吃蛇棋盘是一个二维数组(如 22 * 22,包括墙壁)*/
  int tcsZuobiao[2][20];          /*蛇的坐标数组*/
  int i,j;
  /******************************************************
        初始化蛇位置坐标
  ******************************************************/
```

```c
    for(i = 0;i <= 3;i++)
    {
       tcsZuobiao[1][i] = i + 1;
       tcsZuobiao[0][i] = 1;
    }
    head = 3;tail = 0;                    /*蛇头坐标在3列,蛇尾坐标在0列*/
    /***************************************************************
         初始化棋盘
    ***************************************************************/
    /*初始化贪吃蛇棋盘中间空白部分*/
    for(i = 1;i <= 20;i++)
        for(j = 1;j <= 20;j++)
            tcsQipan[i][j] = ' ';
    /*初始化贪吃蛇棋盘上下墙壁*/
    for(i = 0;i <= 21;i++) { tcsQipan[0][i] = '-'; tcsQipan[21][i] = '-';}
    /*初始化贪吃蛇棋盘左右墙壁*/
    for(i = 1;i <= 20;i++) { tcsQipan[i][0] = '|'; tcsQipan[i][21] = '|';}
    /*初始贪吃蛇在棋盘中的位置*/
    for(i = 1;i <= 3;i++) tcsQipan[1][i] = '*';       /*蛇身*/
    tcsQipan[1][4] = '#';/*蛇头*/
    /***************************************************************
    重复:清屏、显示棋盘、获取控制方向、按键有效性检查、更新模型
    ***************************************************************/
    while(direction!= 'Q')/*此处为贪吃蛇的终止条件,按非上下左右键退出*/
    {
       /********************** 清屏 ********************/
       system("cls");
       /*********** 显示棋盘:输出贪吃蛇棋盘 ************/
       for(i = 0;i <= 21;i++)
       {
          for(j = 0;j <= 21;j++)
            printf(" %c", tcsQipan[i][j]);
          printf("\n");
       }
       /******************** 获取控制方向 ****************/
       timeover = 1;
       start = clock();
       while(!kbhit() && (timeover = clock() - start <= gamespeed)) ;
       if(timeover)                    /*500毫秒内按下键的情形*/
       {
          getch();                     /*按一次键,可以连取两个*/
          direction = getch();
       }
       else                            /*500毫秒内未按下键的情形*/
          direction = direction;       /*维持原方向,可以不写,此处为便于理解*/
       /********************* 按键有效性检查 **************/
       /*按的键不为上下左右键时退出程序*/
       if(!(direction == 72 || direction == 80 || direction == 75 || direction == 77))
```

```c
            return 0;
        /****************** 更新模型 ******************/
        if (!changeModel(tcsQipan,tcsZuobiao,direction))
            direction = 'Q';
    }
    return 0;
}
int changeModel(char tcsQipan[22][22],int tcsZuobiao[2][20],char direction)
{
    int x, y;
    /*********** 确定新的蛇头坐标位置(x,y) ***********/
    if(direction == 72)                 /* 贪吃蛇的改变向上 */
    {
        x = tcsZuobiao[0][head] - 1;
        y = tcsZuobiao[1][head];
    }
    if(direction == 80)                 /* 贪吃蛇的改变向下 */
    {
        x = tcsZuobiao[0][head] + 1;
        y = tcsZuobiao[1][head];
    }
    if(direction == 75)                 /* 贪吃蛇的改变向左 */
    {
        x = tcsZuobiao[0][head];
        y = tcsZuobiao[1][head] - 1;
    }
    if(direction == 77)                 /* 贪吃蛇的改变向右 */
    {
        x = tcsZuobiao[0][head];
        y = tcsZuobiao[1][head] + 1;
    }
    /****** 判读新蛇头坐标(x,y)是否合法：碰墙与碰蛇身 ******/
    if(x == 0 || x == 21 || y == 0 || y == 21)/* 碰墙 */
        return 0;
    if(tcsQipan[x][y]!= ' ')            /* 碰蛇身 */
    return 0;
    /********************* 处理蛇尾 *********************/
    /* 清除原蛇尾的"*" */
    tcsQipan [tcsZuobiao[0][tail]][tcsZuobiao[1][tail]] = ' ';
    tail = (tail + 1) % 20;             /* 确定新蛇尾坐标对应的列 */
    /********************* 处理蛇头 *********************/
    /* 原为蛇头的"#"变为"*" */
    tcsQipan [tcsZuobiao[0][head]][tcsZuobiao[1][head]] = '*';
    head = (head + 1) % 20;             /* 确定新蛇头坐标对应的列 */
    /* 在新蛇头坐标列中写入新蛇头的坐标 */
    tcsZuobiao[0][head] = x;
    tcsZuobiao[1][head] = y;
    /* 在贪吃蛇棋盘中新蛇头坐标位置写入"#" */
```

```
    tcsQipan[tcsZuobiao[0][head]][tcsZuobiao[1][head]] = '#';
    return 1;
}
```

同步练习

（1）对例 15.1 中的显示棋盘、获取控制方向、按键有效性检查、更新模型各部分，分别画出 NS 盒图。

（2）在例 15.1 中增加蛇吃米的功能。

要求：每吃一个米，蛇身将增长一个结点，同时棋盘上会出现一个新的米。当蛇长度达到 20 时，游戏结束。

提示：① 米的坐标用随机函数 rand 生成。

② 蛇吃米时，蛇尾不前移，米坐标变成蛇头坐标。

（3）在第（2）题基础上给贪吃蛇增加记分功能，蛇每移动一步加 1 分，吃一个米加 10 分。游戏过程中在棋盘下面显示分数。

（4）在第（2）题基础上给贪吃蛇增加过关升级功能：当蛇身长度够 20 时，蛇身长度及坐标恢复到初始状态（长度为 4，在最左上角），但是每步时间减为一半。

（5）思考，还可以增加什么样的功能。

（6）设计并实现摩托车躲障碍游戏。

游戏说明：

游戏界面如图 15.6 所示。下部的摩托车只可以左右移动，躲避上面降下来的障碍物。障碍物从上向下降落，障碍下落过程中障碍物逐步变长。

要求：

① 记录游戏所用时间。

② 记录躲障碍数，即为分数。随着分数增加，水平将升级，障碍物下落速度加快。

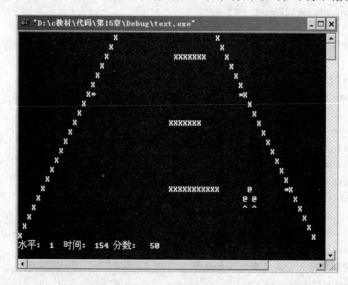

图 15.6　摩托车躲障碍游戏界面

15.2 查找与排序

查找和排序运算的使用频率很高,几乎在任何一个计算机系统软件和应用软件中都会涉及,所以本篇选择几个简单查找和排序算法进行介绍,这些算法也是对数组的进一步应用。

15.2.1 简单查找算法

查找是在给定的数据集中找出指定的数据,本部分介绍几种简单查找算法:顺序查找、二分法查找及插值查找。

1. 顺序查找

顺序查找是一种最简单的查找方法,查找时用待查的数据和给定的数据集中的数据逐个比较,直到找到相等的数据则查找成功;或找遍所有数据都不相等则查找失败。顺序查找算法非常简单,查找对数据集中的数据并没有顺序要求。顺序查找(假定数据集中的数据元素没有重复的)的盒图如图 15.7 所示。

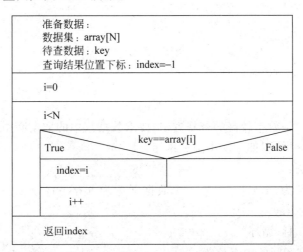

图 15.7 顺序查找算法 NS 盒图

顺序查找代码见例 15.2。

例 15.2 顺序查找。

```
#include "stdio.h"
#define N 6
/************************************************
    无序数组顺序查找算法函数 orderSearch<用数组实现>
    参数描述:
        int array[]      :被查找数组
        int n            :被查找数组元素个数
        int key          :被查找的关键值
```

返回值：
    如果没有找到：   orderSearch = -1
    否则：   orderSearch = 值为 key 的数组元素下标
***/
```c
int orderSearch(int array[],int n,int key)
{
  int i;
  int index = -1;          /* 查找结果下标 */
  for(i = 0;i < n;i++)
    if(key == array[i])
        index = i;
  return index;
}
int main()
{
  int a[N] = {6,3,8,4,7,5};
  int resualt;
  int key = 4;             /* 查找的值 */
  resualt = orderSearch(a,6,key);
  if(resualt!= -1)
     printf("found! index is %d",resualt);
  else
     printf("not found!");
}
```

2．二分法查找

二分法查找是一种效率较高的查找方法，要求数据集中的数据必须按顺序存储，不失一般性，假定下述描述时数据都是从小到大排序。

二分法查找算法：

假定待查数据集为 array[N]，第一个数据下标为 low(0)，最后一个数据下标为 high(N-1)，待查数据为 key。

当 low<=high 时，循环

(1) 首先确定该区间的中点位置：

middle=(low+high)/2

(2) 然后将待查的 key 值与 array[middle] 比较：若相等，则查找成功并返回此位置；否则，须确定新的查找区间，继续二分法查找，具体方法如下：

① 若 array[middle]>key，则由数据集的有序性可知 array[middle]..array[high] 均大于 key，因此若数据集中存在等于 key 的数据，则该数据必定是在位置 middle 左边的子集 array[low]..array[middle-1] 中，故新的查找区间是左子集 array[low]..arrry[middle-1]。

② 类似地，若 array[middle]<key，则要查找的 key 若存在必在 middle 的右子集 array[middle+1]..array[high] 中，即新的查找区间是右子集 array[middle+1]..array[high]。

因此，从初始的查找区间 0..n-1 开始，每次循环中将 key 值与当前查找区间的中点位置上的数据的比较,可确定查找是否成功,不成功则当前的查找区间就缩小一半。这一过程重复直至找到数据值为 key 的位置,或者直至当前的查找区间为空(即查找失败)时为止。因为每次查找范围缩小一半,所以称为二分法。具体算法盒图如图 15.8 所示。

图 15.8　二分法查找算法 NS 盒图

例如,对给定数据集 array[7]={2,4,7,9,13,17,20},low 为 0,high 为 6,要查找的 key 为 7。查找过程如下:

第 1 次查找:

low＝0,high＝6

middle＝(low＋high)/2＝3

array[3]为 9,不等于 key 的 7

array[3]＞key,所以下一次查找区间为当前区间(0,6)的左子集(0,2):low 不变,high＝middle－1 为 2(见图 15.9)。

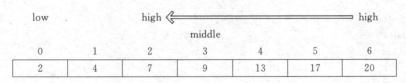

图 15.9　二分法查找演示图 1

第 2 次查找:

low＝0,high＝2

middle＝(low＋high)/2＝1

array[1]为 4,不等于 key 的 7

array[1]＜key,所以下一次查找区间为当前区间(0,2)的右半集(2,2):low＝middle＋1 为 2,high 不变(见图 15.10)。

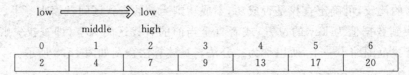

图 15.10 二分法查找演示图 2

第 3 次查找：
low=2,high=2
middle=(low+high)/2=2
array[2]为 7,等于 key 的 7,找到,返回下标 2(见图 15.11)。

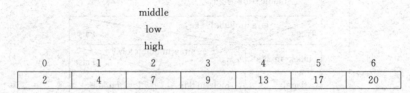

图 15.11 二分法查找演示图 3

二分查找算法代码见例 15.3。
例 15.3 二分法查找。

```
/*****************************************************************
        有序数组二分法查找算法函数 binarySearch
        参数描述：
            int array[ ]      :被查找数组
            int n             :被查找数组元素个数
            int key           :被查找的关键值
        返回值：
            如果没有找到：     binarySearch = -1
            否则：             binarySearch = 值为 key 的数组元素下标
*****************************************************************/
int binarySearch(int array[],int n,int key)
{
  int middle,low = 0,high = n - 1;
  int index = -1;                        /*查找结果下标*/
  while(low <= high)
  {
   middle = (low + high)/2;
   if(array[middle] == key)              /*找到*/
   {
      index = middle;
      break;
   }
   else
      if(array[middle]>key)              /*下一次在左半区间*/
          high = middle - 1;
      else                               /*下一次在右半区间*/
          low = middle + 1;
```

        }
        return index;
    }

3. 插值查找

在一本英汉字典中寻找单词 worst，人们决不会仿照对半查找那样，先查找字典中间的元素，然后查找字典四分之三处的元素等。事实上，人们是在所期望的地址（在字典的很靠后的地方）附近开始查找的，称这样的查找为插值查找。可见，插值查找不同于前面讨论的二分法查找算法，前面介绍的二分法查找算法是基于严格比较的，即假定对线性表中元素的分布一无所知（或称没有启发式信息）。然而实际中，很多查找问题所涉及的表满足某些统计的特点。

插值查找在实际使用时，一般要满足两个假设条件：
（1）数据集是有序的。
（2）数据量大，并且数据呈现均匀分布特征。

插值查找与二分法查找的区别在于确定每次比较的位置不同，二分法是选择中间位置元素进行比较，而插值法因为数据集是均匀的，可以计算出查找值在整个数据集比例位置，然后直接与该位置元素进行比较。这样插值法能够更快地接近目标位置。

计算比较位置公式为：

$$pos = ((key - array[low])/(array[high] - array[low])) * (high - low + 1) + low$$

其中，(key-array[low])/(array[high]-array[low])为 key 与查找区间内最小值的差和查找区间内最大值与最小值差的比例，然后乘上元素个数(high−low+1)，最后再加上区间起始位置(low)。

插值查找算法：

假定待查数据集为 array[N]，第一个数据下标为 low(0)，最后一个数据下标为 high(N)，待查数据为 key。

当 low<=high 时，循环

① 首先确定该区间的需要比较元素位置：

$$pos = ((key - array[low])/(array[high] - array[low])) * (high - low + 1) + low$$

② 然后将待查的 key 值与 array[pos]比较：若相等，则查找成功并返回此位置；否则，须确定新的查找区间，继续插值查找，具体方法如下：

- 若 array[pos]＞key，则由数据集的有序性可知 array[pos].. array[high]均大于 key，因此若数据集中存在等于 key 的数据，则该数据必定是在位置 middle 左边的子集 array[low].. array[pos−1]中，故新的查找区间是左子集 array[low].. array[pos−1]。
- 类似地，若 array[pos]＜key，则要查找的 key 若存在必在 pos 的右子集 array[pos+1].. array[high]中，即新的查找区间是右子集 array[pos+1].. array[high]。

具体插值查找算法盒图如图 15.12 所示。

限于篇幅，插值法查找代码在此略去。

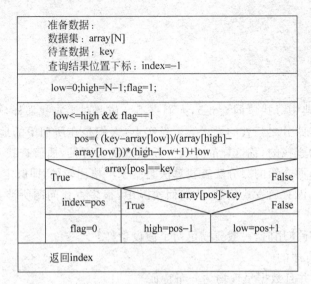

图 15.12　插值查找算法 NS 盒图

15.2.2　简单排序算法

排序是数据处理中经常使用的一种重要运算,如评奖学金需要对成绩排序,奥运会出场顺序需要对国家排序等。具体排序算法有很多,每种算法都有最适合使用的场合。前面的章节已经介绍过冒泡排序算法,这里再介绍一种选择排序。下面例子的约定都是从小到大顺序排序。

选择排序:选择排序法算法的基本思想,首先找到数据集中的最小的数据,然后将这个数据同第一个数据交换位置(约定从小到大排序);接下来在剩下的数据(不包含前面最小的)中找最小的数据,再将其同第二个数据交换位置;以此类推,每次在剩下的数据中找最小的数据,然后和剩下的数据中最前面的数据交换。若共 n 个数据,共需要做 n−1 趟,最后一个为最大的数据。

对以下数据 array[6],minFlag(最小元素下标):

```
8      4      3      9      6      2
[0]    [1]    [2]    [3]    [4]    [5]     下标
```

排序过程如下:

↑　↑:代表比较两个数据,minFlag 记载小元素下标。

第一趟(选择一个最小数据和 array[0]交换,开始 minFlag=0)

```
        8      4      3      9      6      2      minFlag=1
               ↑      ↑

        8      4      3      9      6      2      minFlag=2
                      ↑      ↑

        8      4      3      9      6      2      minFlag=2
                             ↑      ↑
```

```
        8    4    3    9    6    2    minFlag=2
                       ↑─────────↑

        8    4    3    9    6    2    minFlag=5
                  ↑              ↑

        2    4    3    9    6    8    array[minFlag]与array[0]交换
```

第二趟(选择一个最小数据和array[1]交换,开始minFlag=1)

```
       [2]   4    3    9    6    8    minFlag=2
             ↑────↑

       [2]   4    3    9    6    8    minFlag=2
                  ↑────↑

       [2]   4    3    9    6    8    minFlag=2
                  ↑─────────↑

       [2]   4    3    9    6    8    minFlag=2
                  ↑──────────────↑

       [2]   3    4    9    6    8    array[minFlag]与array[1]交换
```

第三趟(选择一个最小数据和array[2]交换,开始minFlag=2)

```
       [2   3]   4    9    6    8    minFlag=2
                 ↑────↑

       [2   3]   4    9    6    8    minFlag=2
                 ↑─────────↑

       [2   3]   4    9    6    8    minFlag=2
                 ↑──────────────↑

       [2   3]   4    9    6    8    array[minFlag]与array[2]交换
```

第四趟(选择一个最小数据和array[3]交换,开始minFlag=3)

```
       [2   3   4]   9    6    8    minFlag=4
                     ↑────↑

       [2   3   4]   9    6    8    minFlag=4
                     ↑─────────↑

       [2   3   4]   6    9    8    array[minFlag]与array[3]交换
```

第五趟(选择一个最小数据和array[4]交换,开始minFlag=4)

```
       [2   3   4   6]   9    8    minFlag=5
                         ↑────↑

       [2   3   4   6]   8    9    array[minFlag]与array[4]交换
```

观察以上过程,对于 6 个整数排序,第一趟共需要 5 次比较,最小的元素和 array[0] 交换;第二趟共需要 4 次比较,最小的元素和 array[1] 交换;依此类推,第五趟共需要 1 次比较,最小的元素和 array[4] 交换。经过 5 趟比较,就剩一个最大的数在最后面。推广到一般情况,对给定 n 个整数排序,共需要进行 n-1 趟排序,对于第 i 趟排序,共需要进行 n-i 次比较。因此可以用二重循环来进行排序,外层循环控制排序趟数,内重循环用来处理每趟排序内的多次比较。详细的选择排序算法 NS 盒图见图 15.13。

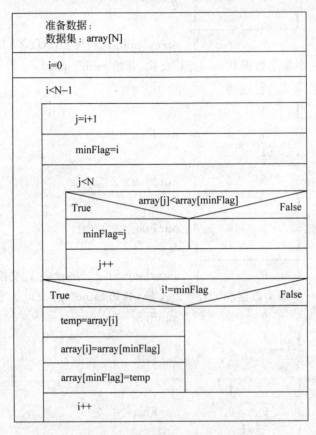

图 15.13　选择排序算法 NS 盒图

选择排序完整的源代码见例 15.4。

例 15.4　选择排序。

```
#include "stdio.h"
#define N 6
/**************************************************************
    选择排序算法函数 selectSort
    参数描述:
        int array[]        :待排序数组
        int n              :待排序数组元素个数
**************************************************************/
void selectSort(int array[],int n)
{
  int i,j;
  int minFlag;                        /* 记载最小元素下标 */
  int temp;                           /* 交换数据的临时空间 */
  for(i = 0;i < n - 1;i++)            /* i 从 0 到 n-2,共 n-1 趟 */
  {
```

```
        minFlag = i;
        for(j = i + 1;j < n;j ++ )          /* j从 i + 1 到 n - 1,共 n - i - 1 次 */
            if(array[j]< array[minFlag])
            {
                minFlag = j;
            }
            if(i!= minFlag)                  /* 如果最小元素不是最前面的元素则交换 */
            {
                temp = array[minFlag];
                array[minFlag] = array[i];
                array[i] = temp;
            }
    }
}
int main()
{
    int i,a[N] = {8,4,3,9,6,2};
    selectSort(a,6);
    for(i = 0;i < 6;i ++ )
        printf(" % d   ",a[i]);
}
```

同步练习

（1）随机生成 10 个互不相等 100 以内的正整数存储到数组中,用顺序查找法在其中查找 50。

（2）随机生成 100 个互不相等 1000 以内的正整数存储到数组中(怎样生成互不相等的数),按照从小到大的方式排序。分别用二分法和插值法在其中查找 150。

（3）完成插值法查找算法。

（4）查找资料,完成 fibonacci 查找算法。

（5）查找资料,完成直接插入排序算法。

第16章 数据管理

计算机程序的核心任务之一是处理数据和管理数据。本章介绍链表组织数据的方法和数据文件的应用。

16.1 简单链表

链表是一种常见的基础数据结构,是一种线性表,但是并不会按线性的顺序存储数据,而是在每一个结点里存储下一个结点的指针。由于不必按顺序存储,链表的插入和删除操作不需要移动数据。

案例　通讯录管理

通讯录问题描述:完成一个采用有序链表管理的通讯录,具备插入、查询、删除、输出通信者信息的功能。每个通信者具有编号、姓名、性别、电话及地址信息。

为了采用链表管理多条通信者记录,首先定义通信者的数据结构和链表结点的结构。设链表结点仅含一个数据域和一个指针域。数据域描述通信者的相关信息,定义通信者的结点类型:

```
typedef struct
{
  char num[5];                    /*编号*/
  char name[9];                   /*姓名*/
  char sex[3];                    /*性别*/
  char phone[13];                 /*电话*/
  char addr[31];                  /*地址*/
} DataType;
```

因此,线性表的链式存储结构定义如下:

```
typedef struct node
{
  DataType data;                  /*结点数据域*/
  struct node * next;             /*结点指针域*/
} ListNode;
typedef ListNode * LinkList;
ListNode * p;                     /*定义一个指向结点的指针变量*/
```

```
LinkList head;                            /*定义指向单链表的头指针*/
```

这里的 LinkList 和 ListNode * 是不同名字的同一指针类型,取不同的名是为了在概念上更明确。特别值得注意的是,指针变量和指针指向的变量(结点变量)这两个概念。指针变量要么为空(Null),不指向任何结点;要么其值为非空,即它的值是一个结点的存储地址。指针变量所指向的结点并没有具体说明,而是在程序执行过程中,需要存储结点时才产生,它是通过 C 语言的标准函数 malloc()实现的。例如,给指针变量 p 分配一个结点的地址:p=(ListNode *)malloc(sizeof(ListNode));该语句的功能是申请分配一个类型为 ListNode 的结点的地址空间,并将其首地址存入指针变量 p 中。当结点不需要时可以用标准函数 free(p)释放结点的存储空间,这时 p 为空值(Null)。

为了实现通讯录管理的几种操作功能,首先设计一个含有多个菜单的主菜单程序,然后实现菜单中相应功能。共给出六个菜单项的内容和输入提示。

Case1 通讯录链表初始化;
Case2 通信者结点的插入;
Case3 通信者结点的查询;
Case4 通信者结点的删除;
Case5 通讯录链表的输出;
Case6 退出管理系统。
请选择 0~5:使用数字 0~5 来选择菜单项,其他输入不起作用。
下面针对主菜单上几项功能分别介绍设计思路。

1. 通讯录链表初始化

链表初始化是建立一个空的链表,这里的链表采用的是带头结点的链表。带头结点的链表好处是使得在链表头和尾插入结点与在链表中间插入算法是一致的,这样就简化了代码。做完本部分练习题再来体会这个问题。初始化链表结构如图 16.1 所示。

2. 通信者结点的插入

图 16.1 链表初始化

因为是有序(依据编号从小到大)链表,所以首先找到插入位置。找插入位置时,需要找到第一个比要插入结点(p)编号大的结点(p2),p 要插在 p2 之前。为了把 p 插在 p2 之前,需要用指针(p1)记载 p2 之前的结点。这样插入时,即可把 p 插在 p1 之后,p2 之前。插入新结点前如图 16.2 所示。

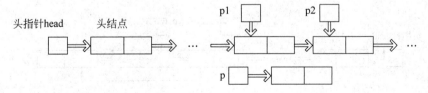

图 16.2 链表新结点插入前

插入结点的关键代码为：

p -> next = p2;
p1 -> next = p;

插入新结点后的结果如图 16.3 所示。

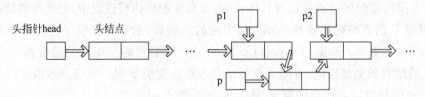

图 16.3　链表新结点插入后

3. 通信者结点的查询

可以分别依据编号和姓名进行查询。

（1）依据编号查询：若设链表中节点按编号升序排列，则查询过程中，从头开始比较。碰到待查编号等于某结点编号时，返回该结点地址；碰到待查编号大于某结点编号时，继续和下一结点比较；碰到待查编号小于某结点编号时，说明链表中不存在等于该编号的结点，返回 NULL。

（2）依据姓名查询：从头开始比较，依次用待查姓名和各个结点的姓名进行比较，相等则返回该结点地址；否则，继续和下一结点比较，直到链表结束，若没有相等节点则返回空指针。

4. 通信者结点的删除

首先调用查询功能找到该结点(p)，删除时还需要找到该结点之前的结点(q)，删除语句为：

q -> next = p -> next;

如图 16.4 和图 16.5 所示。

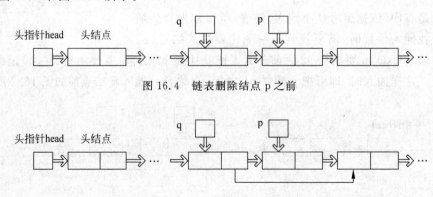

图 16.4　链表删除结点 p 之前

图 16.5　链表删除结点 p 之后

最后通过 free 语句把 p 指向的结点空间释放：(free(p);)。

5. 通讯录链表的输出

依次遍历各个结点的数据信息。

6. 退出管理系统

终止程序。

完整程序代码见例 16.1。

例 16.1　通讯录有序链表管理。

```c
#include "stdio.h"
#include "string.h"
#include "stdlib.h"
/*通讯录结点类型*/
typedef struct
{
    char num[5];                        /*编号*/
    char name[9];                       /*姓名*/
    char sex[3];                        /*性别*/
    char phone[13];                     /*电话*/
    char addr[31];                      /*地址*/
} DataType;
/*结点类型定义*/
typedef struct node
{
    DataType data;                      /*结点数据域*/
    struct node *next;                  /*结点指针域*/
} ListNode;
typedef ListNode *LinkList;
LinkList head;
ListNode *p;
/*函数说明*/
int menu_select();
LinkList CreateList();
void InsertNode(LinkList head,ListNode *p);
ListNode *ListFind(LinkList head);
void DelNode(LinkList head);
void printList(LinkList head);
/*主函数*/
void main()
{
    for( ; ; ){
    switch(menu_select() )
    {
        case 1:
            printf("******************************\n");
            printf("*     通 讯 录 链 表 的 初 始 化    *\n");
            printf("******************************\n");
            head = CreateList();
            break;
```

```c
        case 2:
          printf("********************************** \n");
          printf("*       通 讯 者 信 息 的 添 加         *\n");
          printf("********************************** \n");
          printf("编号(4) 姓名(8) 性别(3) 电话(11) 地址(31)\n");
          printf("********************************** \n");
          p = (ListNode *)malloc(sizeof(ListNode));        /*申请新结点*/
          scanf("%s%s%s%s%s",p->data.num,p->data.name,p->data.sex,
              p->data.phone,p->data.addr);
          InsertNode(head,p);
          break;
        case 3:
          printf("********************************** \n");
          printf("*       通 讯 录 信 息 的 查 询         *\n");
          printf("********************************** \n");
          p = ListFind(head);
          if (p!= NULL)
          {
              printf("编号 姓名 性别 联系电话 地址 \n");
              printf("---------------------------------------------- \n");
              printf("%s, %s, %s, %s, %s\n",p->data.num,p->data.name,
              p->data.sex,p->data.phone,p->data.addr);
              printf("---------------------------------------------- \n");
          }
          else
              printf("没有查到要查询的通信者!\n");
          break;
        case 4:
          printf("********************************** \n");
          printf("*       通 讯 录 信 息 的 删 除         *\n");
          printf("********************************** \n");
          DelNode(head);                                /*删除结点*/
          break;
        case 5:
          printf("********************************** \n");
          printf("*       通 讯 录 链 表 的 输 出         *\n");
          printf("********************************** \n");
          printList(head);
          break;
        case 0:
          printf("\t再 见! \n");
          return;
      }
  }
}
/***************************/
/*     菜单选择函数程序       */
/***************************/
int menu_select()
{
  int sn;
```

```c
    printf("      有序通讯录管理系统 \n");
    printf("  ======================= \n");
    printf("      1.通信链表初始化\n");
    printf("      2.通信者结点的插入\n");
    printf("      3.通信者结点的查询\n");
    printf("      4.通信者结点的删除\n");
    printf("      5.通信录链表的输出\n");
    printf("      0.退出管理系统\n");
    printf("  ======================= \n");
    printf("     请 选 择 0~5: ");
    for( ; ; )
    {
        scanf(" %d",&sn);
        if (sn<0 || sn>5)
            printf("\n\t 输入错误,重选 0~5:");
        else
            break;
    }
    return sn;
}
/***************************/
/* 初始化有序通讯录链表 */
/***************************/
LinkList CreateList()
{
    /* 申请头结点 */
    LinkList head = (ListNode * )malloc(sizeof(ListNode));
    head->next = NULL;
    return head;                                    /* 返回链表头指针 */
}
/******************************/
/* 在有序通讯录链表 head 中插入结点   */
/******************************/
void InsertNode(LinkList head,ListNode * p)
{
    ListNode *p1, *p2;
    p1 = head;
    p2 = p1->next;
    /* p2 指向第一个编号大于 p 指向的结点的结点 */
    while(p2!= NULL && strcmp(p2->data.num,p->data.num)<0)
    {
        p1 = p2;                                    /* p1 指向刚访问过的结点 */
        p2 = p2->next;                              /* p2 指向表的下一个结点 */
    }
    /* 插入在 p1 所指向的结点之后,p2 所指结点之前 */
    p1->next = p;                                   /* 插入 p 所指向的结点 */
    p->next = p2;                                   /* 连接表中剩余的结点 */
}
/******************************/
/*   有序通讯录链表的查找          */
/******************************/
```

```c
ListNode *ListFind(LinkList head)
{
    /*有序通讯录链表上的查找*/
    ListNode *p;
    char num[5];
    char name[9];
    int xz;
    printf("=================\n");
    printf(" 1. 按编号查询      \n");
    printf(" 2. 按姓名查询      \n");
    printf("=================\n");
    printf("    请 选 择：    ");
    p = head->next;                                     /*假定通讯录表带头结点*/
    scanf("%d",&xz);
    if (xz==1)
    {
        printf("请输入要查找者的编号: ");
        scanf("%s",num);
        while (p&&strcmp(p->data.num,num)<0)
            p = p->next;
        if ((p==NULL) || strcmp(p->data.num,num)!=0)
            p = NULL;                                   /*没有查到要查找的通信者*/
    }
    else
        if (xz==2)
        {
            printf(" 请输入要查找者的姓名：");
            scanf("%s",name);
            while (p&&strcmp(p->data.name,name)!=0)
                p = p->next;
        }
    return p;
}
/******************************/
/*    通讯录链表上的结点删除    */
/******************************/
void DelNode(LinkList head)
{
    char jx;
    ListNode *p, *q;
    p = ListFind(head);                                 /*调用查找函数*/
    if (p==NULL)
    {
        printf("没有查到要删除的通信者!\n");
        return;
    }
    printf("真的要删除该结点吗?(y/n):");
    scanf("%c",&jx);
    scanf("%c",&jx);                                    /*消除上一次输入时的换行符*/
    if (jx=='y' || jx=='Y')
    {
```

```
      q = head;
      while ((q!= NULL) &&(q->next!= p))
         q = q->next;
      q->next = p->next;                                /*删除结点*/
      free(p);                                          /*释放被删结点空间*/
      printf("通信者已被删除!\n");
   }
}
/*********************************/
/*    通讯录链表的输出函数        */
/*********************************/
void printList(LinkList head)
{
   ListNode *p;
   p = head->next;
   printf("编号 姓名    性别    联系电话    地址    \n");
   printf("--------------------------------------------------\n");
   while (p!= NULL)
   {
      printf("%s,%s,%s,%s,%s\n",p->data.num,p->data.name,p->data.sex,
      p->data.phone,p->data.addr);
      printf("--------------------------------------------------\n");
      p = p->next;                                      /*后移一个结点*/
   }
}
```

同步练习

对通讯录管理的有序链表,改为不带头结点的链表重新实现。

16.2 数据文件

不管是链表还是数组,它们管理的数据都是存储在内存中,当程序运行结束时,数据空间同时释放,为了让数据持久化的存储,需要使用文件。采用数组在内存中组织数据并存储到磁盘文件中的方法在第2篇已经介绍过,在此不再讨论,下面案例讨论链表方式组织的数据写入以及读出磁盘文件的方式。

案例 通讯录的存储

在上节案例中采用有序链表管理一个通讯录,本节继续讨论将该链表写入磁盘文件和从磁盘文件读取的问题。

链表各个结点的内存空间不是连续的,需要遍历链表,将各个结点依次写入磁盘文件。在通讯录链表完成记录的增、删、改、查操作后就可以将链表写入文件。下面函数 writeFile 的功能是将所有通信者结点写入文件。

```
/*********************************/
/*    通讯录链表的写文件函数      */
```

```c
/*********************************/
void writeFile(LinkList head)
{
    ListNode *p;
    FILE *fp;
    if((fp = fopen("file1.txt","wb")) == NULL)
    {
        printf("\nCannot open file strike any key return\n!");
        getch();            /*等待敲键盘,为显示上一句话*/
        return;             /*结束程序*/
    }
    p = head->next;
    while (p!= NULL)
    {
        fwrite(p,sizeof(ListNode),1,fp);
        p = p->next;        /*后移一个结点*/
    }
    fclose(fp);
}
```

磁盘文件中的通讯录需要使用时,首先需要读取出来,并在内存中重新用链表组织,然后进行增、删、改、查等使用。若使用过程中改变了通讯录的内容,使用完毕后,应该将通讯录链表重新写回文件。

读文件时,需要依次读取每个通信者,对每个通信者组织一个结点插入链表中。读取时因为不知道通讯录中有多少个通信者,所以需要判断文件中数据是否读取完毕。函数 feof()用来判断文件是否读到尾,文件读完最后一条数据时,feof()的返回值仍然为 0,只有再读取(这次读取数据是无意义的)数据时 feof()才为真。fread()函数用来读取数据,当读取失败时,返回值为 0。下面函数 readFile 的功能就是用来把文件的数据读入,并构建通信者链表。

```c
/*********************************/
/*     通讯录链表的读取函数         */
/*********************************/
void readFile(LinkList head)
{
    FILE *fp;
    ListNode *p;
    if((fp = fopen("file1.txt","rb")) == NULL)
    {
        printf("\nCannot open file strike any key init!\n");
        getch();                                /*等待敲键盘,为显示上一句话*/
        return;                                 /*结束程序*/
    }
        /*从文件中读出把通讯录记录读入链表*/
    /* 文件读完最后一条数据时,feof()还不为真,只有再读一次数据时
       feof()才为真,所以此时多读取一次    */
    while(!feof(fp))
    {
        p = (ListNode * )malloc(sizeof(ListNode));      /*申请新结点*/
```

```
        /*文件读取最后一条记录后,多读取的一次返回0,不能加入链表*/
        if(fread(p,sizeof(ListNode),1,fp))
            InsertNode(head,p);
    }
    fclose(fp);
}
```

利用这两个读入和写出函数就可以对通讯录进行读写管理,只要在主控菜单中加入这两个函数的调用即可。但是要注意,读之前链表必须先初始化,用文件中的节点数据构建新的链表;写的时候链表要存在,并且会覆盖原来的文件内容。

同步练习

设计成绩单管理程序:管理一个班级同学的成绩。一个班级人数不超过 100 人,每名同学学习 C 语言、英语、高等数学三门课程。

系统可以完成以下功能:

(1) 输入所有同学姓名、C 语言成绩、英语成绩和高等数学成绩,并且存储到磁盘文件中。

(2) 输出所有同学姓名、C 语言成绩、英语成绩和高等数学成绩信息。

(3) 查找某名同学的各门课程成绩。

(4) 更改某名同学的各门课程成绩。

(5) 添加一名同学。

(6) 删除一名同学。

(7) 对总成绩排序。

注:本例需要使用文件存储数据。

附录 A

ASCII表

码值	字符	码值	字符	码值	字符	码值	字符	码值	字符	码值	字符
0	NUL	22	SYN	44	,	66	B	88	X	110	n
1	SOH	23	ETB	45	-	67	C	89	Y	111	o
2	STX	24	CAN	46	.	68	D	90	Z	112	p
3	ETX	25	EM	47	/	69	E	91	[	113	q
4	EOT	26	SUB	48	0	70	F	92	\	114	r
5	ENQ	27	ESC	49	1	71	G	93	]	115	s
6	ACK	28	FS	50	2	72	H	94	^	116	t
7	BEL	29	GS	51	3	73	I	95	_	117	u
8	BS	30	RS	52	4	74	J	96	`	118	v
9	HT	31	US	53	5	75	K	97	a	119	w
10	LF	32	space	54	6	76	L	98	b	120	x
11	VT	33	!	55	7	77	M	99	c	121	y
12	FF	34	"	56	8	78	N	100	d	122	z
13	CR	35	#	57	9	79	O	101	e	123	{
14	SO	36	$	58	:	80	P	102	f	124	|
15	SI	37	%	59	;	81	Q	103	g	125	}
16	DLE	38	&	60	<	82	R	104	h	126	~
17	DC1	39	'	61	=	83	S	105	i	127	
18	DC2	40	(	62	>	84	T	106	j		
19	DC3	41	)	63	?	85	U	107	k		
20	DC4	42	*	64	@	86	V	108	l		
21	NAK	43	+	65	A	87	W	109	m		

相关课程教材推荐

ISBN	书　名	定价(元)
9787302228295	信息处理技术基础教程(第2版)	34.00
9787302150565	多媒体技术应用基础	25.00
9787302218579	程序设计基础(C语言版)第2版	23.00
9787302220541	程序设计基础(C语言版)第2版 实验指导与习题	13.00
9787302176855	C程序设计实例教程	25.00
9787302180937	计算机应用基础教程	32.00
9787302183013	IT行业英语	32.00
9787302185413	大学计算机基础教程(Windows Vista · Office 2007)	29.00
9787302185635	网页设计与制作实例教程	28.00
9787302201649	网页设计与开发——HTML、CSS、JavaScript实例教程	29.00
9787302203872	大学计算机基础	29.50
9787302191094	毕业设计(论文)指导手册(信息技术卷)	20.00
9787302175384	计算机常用工具软件教程	32.00
9787302173267	C程序设计基础	25.00
9787302194422	Flash8动画基础案例教程	22.00
9787302199274	大学计算机基础	33.00
9787302152200	计算机组装与维护教程	25.00
9787302185055	计算机组装与维护技术实训教程	27.00
9787302216605	计算机组装与系统维护技术	32.00
9787302193838	微型计算机系统装配教程	25.00
9787302220534	微型计算机系统装配实训教程	19.50
9787302200628	信息检索与分析利用(第2版)	23.00

以上教材样书可以免费赠送给授课教师，如果需要，请发电子邮件与我们联系。

教学资源支持

敬爱的教师：

　　感谢您一直以来对清华版计算机教材的支持和爱护。为了配合本课程的教学需要，本教材配有配套的电子教案(素材)，有需求的教师可以与我们联系，我们将向使用本教材进行教学的教师免费赠送电子教案(素材)，希望有助于教学活动的开展。

　　相关信息请拨打电话010-62770175-4505 或发送电子邮件至 liangying@tup.tsinghua.edu.cn咨询，也可以到清华大学出版社主页(http://www.tup.com.cn 或 http://www.tup.tsinghua.edu.cn)上查询和下载。

　　如果您在使用本教材的过程中遇到了什么问题，或者有相关教材出版计划，也请您发邮件或来信告诉我们，以便我们更好为您服务。

　　地址：北京市海淀区双清路学研大厦 A-708　　计算机与信息分社　梁颖　收
　　邮编：100084　　　　　　　　　　　　　　　电子邮件：liangying@tup.tsinghua.edu.cn
　　电话：010-62770175-4505　　　　　　　　　　邮购电话：010-62786544